普通高等院校土建类专业"十四五"创新规划教材

国家重点研发计划课题：田园资源禀赋导引的现代农业产业策划与用地规划研究（2019YFD1101301-02）

建筑与规划概论

主 编 鲁 婵 赵先超

中国建材工业出版社

图书在版编目（CIP）数据

建筑与规划概论/鲁婵，赵先超主编. --北京：
中国建材工业出版社，2021.12
普通高等院校土建类专业"十四五"创新规划教材
ISBN 978-7-5160-3321-0

Ⅰ.①建… Ⅱ.①鲁… ②赵… Ⅲ.①城乡规划—高
等学校—教材 Ⅳ.①TU984

中国版本图书馆 CIP 数据核字（2021）第 201718 号

建筑与规划概论
Jianzhu yu Guihua Gailun
主　编　鲁　婵　赵先超
出版发行：中国建材工业出版社
地　　址：北京市海淀区三里河路 1 号
邮　　编：100044
经　　销：全国各地新华书店
印　　刷：北京鑫正大印刷有限公司
开　　本：787mm×1092mm　　1/16
印　　张：17
字　　数：420 千字
版　　次：2021 年 12 月第 1 版
印　　次：2021 年 12 月第 1 次
定　　价：**59.80 元**

─────────────────────────────────

普通高等院校土建类专业"十四五"创新规划教材
本书编委会

主　编　鲁　婵　赵先超

副主编　杨　英　李　伟　曹诗怡
　　　　姚　瑶　刘　彬

参　编　谭书佳　胡艺觉　龙楚怡
　　　　古黄玲　申　玲　曾彦嘉
　　　　陈紫君　高明惠　钟　皓
　　　　李恩军　乔荣花

前　言

当前，在国家空间规划体系改革和规划管理机构调整的背景下，规划学科发展迎来了又一次蜕变与升华的契机，同时也面临着重构与裂变的挑战，城乡规划、建筑学专业教育因此也应进行适应性转变。"建筑与规划概论"课程是建筑学和城乡规划专业教育重要的基础入门课程，当前国内尚缺少一本较为系统、完善、更新的建筑与规划概论的综合教材。本教材正是为了适应学科的发展与变化而编写的。笔者怀着浓厚的学习和探索兴趣，希望能填补这一空白，为学科建设和城乡规划专业教育尽点绵薄之力。

本教材注重理论与实践相结合，力求体现学科的多元兼容性、系统性、学术性和可操作性，并结合当前国家建立空间规划体系和实施乡村振兴战略的背景，补充了空间规划、乡村规划的最新相关知识点，旨在抛砖引玉，引领建筑学和城乡规划专业的学生入门。同时，本教材每章最后都设置了思政小课堂，深度提炼专业知识体系中所蕴含的思想价值和精神内涵，既是对章节知识的重要拓展，更是对接课程思政的重要落脚点，同时也可培养学生精益求精的大国工匠精神，激发学生科技报国的家国情怀和使命担当。本教材既可作为建筑学、城乡规划本科专业以及农村发展研究生专业的入门教材，普及相关知识，又可作为普通高等院校土木工程、土地资源管理、城市管理、环境艺术、风景园林等其他相关专业的教学参考书。

本教材为 2021 年度湖南省学位与研究生教育教改研究项目"服务乡村振兴战略需求的农村发展研究生教育创新培养改革研究与实践"（编号：2021JGYB184）阶段性成果之一，也是湖南工业大学乡村振兴研究院 2021 年度重大成果之一，还是国家重点研发计划课题：田园资源禀赋导引的现代农业产业策划与用地规划研究（2019YFD1101301-02）成果。

本教材由鲁婵老师负责总体设计、策划、组织和统稿，赵先超教授负责教材框架的进一步细化。各章节的编写人员如下：第一章建筑基本知识和第二章建筑构成由杨英编写；第三章建筑室内外空间和第四章建筑表达与设计方法由李伟编写；第五章城市规划概述和第六章城市规划的思想理论由曹诗怡编写；第七章城镇体系规划由姚瑶编写；第八章国土空间规划和第十章城市规划实施管理由鲁婵编写；第九章乡村振兴和乡村规划由赵先超编写。此外，高明惠、钟皓、陈紫君负责书稿的文字整理和图件绘制工作，刘彬负责文字审订工作，谭书佳、胡艺觉、龙楚怡、古黄玲、申玲、曾彦嘉、李恩军、乔荣花负责本书的资料收集工作。

本教材的编写得到了学院领导和同仁的大力支持和帮助，在编写过程中借鉴、参考、引用了多种论著，其中包括知名高校的有关教材和资料，在此一并表示诚挚的谢意。

本教材涉及学科领域非常广，有许多课题还在探讨和研究中。由于作者水平有限，疏漏或不当之处在所难免，敬请广大读者批评指正。

编　者

2021 年 10 月于湖南工业大学

目　录

第一章

建筑基本知识

建筑的历史源远流长，建筑的种类丰富多样，建筑的形象五彩缤纷，哪里有人哪里就有建筑，建筑是因人类社会生产和生活的需要而产生、发展并不断变化着的，但无论怎么演变，建筑都具有一些区别于其他事物的基本特征、基本属性、构成要素、组成内容及建造、使用、运行等特点，这些是我们认识和学习建筑的基础。

第一节　什么是建筑

一、认识建筑

1. 对建筑的理解

我们的一生都必然与建筑发生着密切联系，那什么是建筑呢？可能你会说，建筑就是房子，但这个回答对建筑学专业来说是不够完整的。房子是建筑，但桥梁、水塔、烟囱、隧道、堤坝、纪念碑等不是房子，如巴黎的埃菲尔铁塔、罗马圣彼得大教堂前广场上的方尖碑、秦始皇陵等都是建筑物，但不能说是房子。因此，广义的建筑物是指人工建设而成的所有东西，既包括房屋，又包括桥梁、水塔等构筑物。狭义的建筑物指房屋，即用建筑材料建成的供人们居住和进行各种活动的场所（不包括构筑物），即能满足人在里面活动的单个人的需求，还要满足人与人之间的交往乃至社会整体的需要，例如学校建筑，不仅应满足学生的学习需要，还要满足教室空间、形状、大小、高低、光线、色彩等，以满足师生要求。

我国根据建筑的功能分为用于生活的民用建筑和用于生产的农业建筑、工业建筑三类，其中民用建筑又分为居住建筑和公共建筑。除了居住以外的民用建筑都可以归为公共建筑，所以公共建筑包括教育、医疗、商业、办公、体育、文化艺术等种类多样的建筑，且随着社会的发展不断丰富。

2. 建筑的本质

建筑物的核心是内部空间，人们通过各种手段（如墙、楼板、屋顶等）从自然界无限的空间中划分出来满足人类生活、生产需求的功能空间，人可以进入里面睡觉、吃饭、学习、工作、健身、表演、购物、交流等。人们通过改变空间各个围合界面来营造空间的形态、体积、明暗、色彩、开敞与封闭等空间感受。建筑空间虽然是自然空间的一部分，但性质与自然空间有了本质的区别，建筑空间的营造是建筑师需要掌握的最重要的设计能力之一。

房屋周围的廊檐、庭院或巷道等外部空间也是不可忽略的。它是依托于建筑而衍生出来的一个特殊空间，可称其为场地设计或景观环境设计，需要与建筑设计同步考虑。它不但组织起供我们使用的外部空间场所，而且对建筑形象有较大的影响。如图 1-1 所示的平遥古城，建筑内部空间及建筑与建筑围合的院落、街道等构成的外部空间，人们居住、观赏、游玩于其间，体验到的是完全不同于现代大都市的亲切宜人的尺度，这也正是建筑的历史性与时代性的表现。有些实心的构筑物如纪念碑等，空间不在其内部，而在周围。如天安门广场上的人民英雄纪念碑周围的空间就属于这座碑的空间，这里是纪念、缅怀、瞻仰英雄的地方。以纪念碑为中心形成的广场空间具有崇高的革命精神和历史纪念意义，其外部空间的场所精神是庄严、沉痛而神圣的。内外空间或单纯的外部空间都是建筑的意义所在。

图 1-1　平遥古城

建筑的空间性是无疑的，虚的空间即人活动的场所是人建造建筑的目的，实的空间（实体）是虚的空间（虚空）的载体，没有实体就没有虚空，两者相辅相成不可或缺。正如我国古代思想家老子在《道德经》第十一章所说："凿户牖以为室，当其无，有室之用。故有之以为利，无之以为用。"因此建筑是依托于建筑实体的内外部空间的总和。每一栋建筑物都包含不同形式和功能的内部空间，但同时它又被反包围于外部空间中。建筑正是以其所形成的各种内部空间和外部空间，为人们的生产、生活创造居住、工作、学习、休憩、商业等丰富多样的环境。

3. 空间的性格特征

空间是建筑的基本特征，建筑绝不止于概念性的空间，因为人对空间的需求是多样而具体的，有些建筑空间具有鲜明的特点，如体育场馆的集中式单一空间，医院、展览馆、博物馆的序列空间，家属楼、宿舍楼的并列空间；再如我们睡觉的时候需要一个尺度适宜的安静、温馨、闭合空间，大型演出时则需要一个能够容纳集中人群的大尺度、开敞共享空间。基于生活经验，对这些在尺度、形态、封闭与开敞度方面存在着较大差别的空间，我们一般都能分辨出来，但对教室、会议室、办公室等特征较为相似的空间，我们又如何辨识呢？如一个长、宽、高分别为 9m、6m、3.3m 的空间，摆放上一排排座椅、讲桌，就是教室，摆上大会议桌就是会议室，放上办公桌椅就是办公室，不同的家具、不同的摆放方式形成了不同的场所环境，决定了人在空间中的活动方式和行为方式，从而形成鲜明的空间性格特点。同时，如果没有环境设施也无法使用空间，可见建筑内部的隔断、家具摆设、设施设备、软质装饰等所形成的场所环境于建筑、空间而言是不可或缺的，从古到今建筑的目的就是获得一种人造或人工的环境，以供人们从事各种生产、生活活动。

二、人与建筑

建筑是为人而设计的，即为人所造，供人所用，这是建筑与人关系中最根本的性质和特征之一，离开人谈建筑就无从谈起，因此，我们真正要了解建筑，就必须了解人、人的需求、人的活动及人类社会。随着生产力的提高，技术不断进步，人们逐渐在建筑空间上慢慢地讲究起来。随着物质文明和精神文明的发展，建筑质量越来越高、数量越来越多，而且类型也越来越丰富。供人们居住的除了住宅楼、公寓楼、宿舍楼，还有宾馆、酒店、度假村等；供社交活动的有文化宫、剧场、体育场馆、博物馆、美术馆、会展中心、展览馆等建筑；供社会活动的有商场、办公楼、学校、医院、疗养院等；供交通运输的有汽车站、火车站、飞机场等；供生产用的有各种厂房等。可以说，建筑的"为人"和"人为"与社会文明的进程是同步的，即建筑与人的关系是同构的，因此研究建筑的过程就是探寻人与人、人与社会关系的过程。

1. 人的生理需求及活动需要与建筑

《易系辞》中说"上古穴居而野处"，即旧石器时代人们将大自然的洞穴作为自己居住的地方，原始先人们为了遮风避雨而构筑的巢穴空间，可以说是建筑的起源。随着人类改造社会能力的提升，为了更好地防寒保暖、抵御侵袭、保证安全，他们开始在地面上营建房屋，出现了半地面、地面建筑。这是人类建筑发展史上突破性的进步。可见人类对建筑的需求首先是满足生理需求。那么，人对建筑的生理需求主要有哪些呢？

从人与建筑的关系来看，基本的生理需求包括视觉（光、色、形），听觉（隔声、交流），温度（御寒、纳阳、隔热），湿度（防潮），空气流通，行为限定，平衡稳定等方面，因此建筑除了建构空间还必须有门、窗（有些博物馆、影像室等特殊建筑的某些空间可能没开窗）等。人最基本的生理需求确定了建筑最原始也最永恒的要素——围合空间（墙体、屋顶、地面）和流通媒介（门、窗），这也是建筑最基本、最重要的特征，即满足功能需求。

一套住宅有起居室、卧室、书房、客厅、餐室、厨房、卫生间、储藏室等空间，形成一个满足居住要求的空间；影剧院建筑有门厅、售票厅、观众厅、舞台、化妆室及其他附属用房；学校由教室、办公室、实验室、报告大厅、医务室、后勤用房等组成。这些建筑是按照人从事某一类活动的要求而构成的特定功能型建筑。当然具体到某一类建筑内部，重点考虑的是功能空间需求是空间与空间、交通空间、灰空间的处理。例如，住宅中的卧室是一个用于睡觉、穿衣、梳妆等活动的空间，构成空间的墙体、地面、顶面、门窗等要符合人们这一活动的特点，空间尺度要亲切，形态不宜复杂，空间的开敞度既要保证私密又要满足通风、采光、日照、观景等需求，光线不宜直射，材质色彩尽量营造宁静而温馨的居室空间。假如墙面形状奇特，布置得五光十色、琳琅满目，或者四周用透明的玻璃而不用墙，这种卧室是否让人满意呢？又如，影剧院观众厅的形状、长宽高的尺寸、光线、座位、过道的宽度、视线与舞台、出入口的数量和通行量等都是按照人们观看演出这一活动的要求设计的。可见，建筑无论空间本身，还是构成空间的实体，都应符合空间使用的目的。

我们几乎每时每刻都要接触建筑，坐卧、休息、学习、交谈、上课、就餐、买卖、就诊、观看演出、参观展览、观看体育比赛、实验室做实验、工厂做工等，除了一些户外活动（如田间劳动、郊游等），人们的大多数活动都在建筑中进行。有些活动虽说是在户外，如广场、街道等，但也是被建筑物或者其他物体所限定而形成的空间。总之，建筑与人的关系实在太密切了。

2. 人的心理需求、精神需求与建筑

人除了生理需求外，还有安全感、私密性、情感、交往、学习、审美、文化、艺术、思想观念、意识形态等心理和精神需求，当然人的高级心理活动必须以视觉、听觉、触觉等生理活动（基础性心理活动）为基础。人的心理和精神需求的丰富性是建筑多样性产生的根源，如随着阶级的出现和生活水平的提高，供统治者死后灵魂"居住"的陵墓，供奉神灵的庙宇和教堂（在某种程度上也是政治权利神化的象征），同样的居住建筑相继产生了供统治阶级居住的宫殿、府邸、庄园、别墅等，如别墅除了卧室、客厅、餐厅、厨房、卫生间等基本的功能空间外，还有车库、工作室、门厅、长廊、露台、楼梯、坡道等附属空间和灰空间及花园、水景庭院等景观环境，在满足基本功能的基础上更注重建筑设计对场地环境、建筑体块和体量、空间尺度及虚实、开敞与封闭空间、景观、光线的艺术处理和使用的审美体验，如图1-2所示。随着生产力的发展，社会分工越来越细，出现了商铺、学校、工厂、银行、火车站、博物馆、艺术馆、科技馆等公共建筑。再如交通建筑从古代的驿站、码头到现代城市的港口、汽车站、火车站、地下铁道、机场等，在服务交通运输的同时也成为地标建筑。反过来建筑文化、建筑艺术、建筑技术、建筑材料、建筑结构又进一步推进了人类文化的积累和文明的发展。沈福熙老师在《建筑概论》一书的第二章第四节"建筑与人的精神活动需求"中把人对建筑的精神需求从低层次到高层次分为安全需求、私密性需求、交往需求、招徕和展示需求、纪念性需求、陶冶心灵需求等，写得颇为详细、深入。

图1-2 住宅

3. 人类社会与建筑

人类社会在生活、生产中创造了建筑，并且不断丰富着建筑的类别、材料、结构、形式等，同时，建筑、建筑史也是人类社会的一面镜子，反映着人类社会的发展演变和历史变迁。

建筑为人所造，供人所用。在古希腊的德尔菲圣地前，有一块石碑上刻着这样一句话——"认识你自己"。其实，如果你要认识建筑，了解建筑，也要认识自己，了解自己。为什么这样说呢？因为无论是人的生理需求还是心理或精神需求，必然有意无意地表现在建筑上，映射着人类社会的过去。如原始社会人类的物质和精神活动、社会结构和生产技术，我们能够从留存下来的或考古发掘的原始时代的建筑中去认识。我国陕西西安的半坡遗址（图1-3）是黄河流域一处典型的原始社会母系氏族公社村落遗址，由居住、制陶、墓葬三个区组成。居住区有壕沟环绕，沟东有陶窑场，沟北是公共墓地。居住区是村落的主体，位于中央，分南北两片，每片都有一座供公共活动用的大房屋，若干小房子围绕布置，其间分布着窖穴和牲畜圈栏。它反映了当时氏族社会的群居特征和家族结构形态，还有当时的生产方式和技术水平。

图1-3　西安半坡遗址

随着文明的进步，社会的各种新的特征相继出现并在建筑中表现出来，如宗教影响下的建筑具有截然不同的风格。古希腊的宗教特征是"神人同性同形"，在古希腊神话中古希腊的神和人，无论形象、行为还是性格特征等都比较相似；神和人可以结婚，还会生儿育女，只是神比人能力更强。古希腊神庙如波塞冬神庙、帕特农神庙及厄瑞克特翁神庙（图1-4）等，确实像人在其中活动的建筑物，反映了古希腊的宗教特征和社会特征，因为只有在奴隶主民主制（对非奴隶者来说则享有自由和民主）的社会中才可能存在这样的宗教观念、形制，并产生神人共用的宗教建筑。中世纪西欧的宗教建筑形式被称为哥特式（Gothic），它映射着基督教、天主教的教义，如巴黎圣母院、米兰大教堂（图1-5）和科隆大教堂高耸、修长的建筑形象，特别是伸向天空的尖塔，似乎有一种向上升腾的感觉，是人与神沟通的媒介，人世间充满着苦难和罪恶，而只有上帝、神才能通过高高的尖塔把人带向"天国的乐土"。西方中世纪的社会现实及观念形态在哥特式教堂建筑形象上得到了映射。

图1-4　厄瑞克特翁神庙

图 1-5　米兰大教堂

阶级、阶层不同，人在社会中的地位就不同，但也有其时代特征。如中国古代长期处于封建制度中，长幼尊卑、等级分明的伦理秩序是非常严格的，这一点在中国古代居住建筑中有所体现。长幼尊卑完全对应到建筑上，如北京四合院建筑，以二进院落为代表，正房位于第二进院落，是主人居住的，坐北朝南，不仅采光通风好，而且是家庭主人"正位，主位"的权利象征；东西厢房则是晚辈居住的；一进院落的倒座是仆人居住及辅助用房，且作为一个过渡区域。现代住宅与古代住宅完全不同，更多的是考虑人对功能的需求及功能的合理性。同为住宅，古代人与现代人对居住空间的差异更多地表现在精神情感上。

建筑反映着人和社会，所以说，研究建筑就必须研究人和社会的物质形态和意识形态，以及人和人类社会的生理、心理、精神、伦理等特征。同时也要认识到社会作为一个整体，与单个人的需求有所不同，甚至可能相悖，而我们对待建筑，既要考虑单个人的活动要求，也要兼顾人际及社会整体的需求。

三、建筑的基本属性

19 世纪中叶以前，西方建筑界认为建筑是"凝固的音乐"。对建筑和音乐的关系，古希腊时期哲学家毕达哥拉斯就已经有所关注。文艺复兴时期的建筑理论家阿尔伯蒂说："宇宙永恒地运动着，在它的一切运动中自始至终贯穿着类似性，所以我们应从音乐家那里借用一切有关和谐的法则。"18 世纪德国哲学家谢林有句名言——"建筑是凝固的音乐"。后来，德国音乐家豪普德曼说"音乐是流动的建筑"。以上对建筑的认识，无疑是把建筑看作艺术的。

不可否认，建筑特别是优秀的建筑作品具有较高的艺术价值和审美趣味。如古希腊的雅典卫城及其神庙建筑虽已残破不全，但依然会吸引无数人前来瞻仰，堪称古希腊建筑设计的典范。古罗马的万神庙、角斗场、凯旋门等建筑都是伟大的艺术品；又如圣索菲亚大教堂、巴黎圣母院、罗马圣彼得大教堂、威尼斯圣马可广场周围的建筑群、莫斯科华西里·伯拉仁诺大教堂、伦敦圣保罗大教堂等宗教建筑，在今天看来都是精美的艺术品，甚至一些著名的现代建筑如法国的朗香教堂（图 1-6）、美国的流水别墅、澳大利亚的悉尼歌剧院等，在满足某种功能的同时都称得上是现代艺术的精品。我国古代的建筑如北京故宫、天坛，山西晋祠圣母殿、应县木塔，江南园林，岭南园林，徽派建筑，江南水乡建筑，福建的客家建筑等，都堪称建筑中的艺术精品。在我国的现代建筑中，也有许多称得上是艺术佳作的建筑，如上海的金茂大厦、浦东国际机场，广州的白天鹅宾馆、广州塔、广州歌剧院，北京的奥运会主会场"鸟巢""水立方"和中央电视台新主楼，王澍设计的中国美院象山校区（图 1-7）、宁波博物馆、贝聿铭的香山饭店、苏州博物馆等。

图 1-6　朗香教堂

图 1-7　中国美院象山校区

建筑的艺术性是其特征之一，或者说好的建筑作品更容易让人记住它的形象，而突出了其艺术特征，但是，我们不能说建筑就是艺术。建筑与艺术最大的不同是建筑首先必须具有某种特定的功能，而不是纯粹的艺术欣赏，这种功能是以满足人或人群开展某一活动所需要的空间场所而进行设计的，从逻辑上说，功能是第一的、原生的，艺术价值是实现功能基础上的更高追求。建筑的基本属性除了功能性之外还有工程技术性、经济性、文化性，而且工程技术是现代建筑最为重要的属性特征，建筑材料、结构、构造、工艺等都依赖于建筑技术。从 18 世纪下半叶的工业革命开始以来，新的生产、生活方式及社交、文化的丰富多样性，都对建筑提出了新的要求，创新和变革是建筑的时代要求。从 19 世纪下半叶开始，欧美一些发达国家开始对建筑进行新的认识和探索，并且出现了许多新的建筑形式，最有影响力的便是 1851 年落成的英国伦敦水晶宫——第一次国际工业博览会展馆建筑。它是用钢铁为骨架、玻璃为主要材料建造的建筑，完全打破了传统建筑封闭的内部空间，整个建筑的特点是轻、光、透、薄，采用的都是新材料、新结构、新技术、新形式，而且工期短、造价低。它开辟了建筑形式的新纪元，是现代建筑的先声，是建筑设计的一个里程碑。

建筑的创新与发展在西方世界如同雨后春笋，新的设计观、设计理论影响着建筑设计。著名的德国建筑师格罗皮乌斯提出："建筑，意味着把握空间。"另一位法国建筑师勒·柯布西耶提出，建筑是"居住的机器"。这些见解意味着人们对建筑有了新的认识。建筑首先应该是给人们提供活动的空间，这些活动则无疑包括物质活动和精神活动两个方面，所以，美国著名建筑师赖特认为："建筑，是用结构来表达思想的科学性的艺术。"他承认建筑的艺术性，但同时强调结构和科学性是建筑艺术的基础。可见，现代建筑已经突破了建筑是艺术的局限性，而更多地注重建筑的空间、功能、结构、科学等，所以，建筑具有以实用功能为出发点，依靠工程技术为支撑，同时兼顾经济性和文化艺术性的基本属性。正如古罗马建筑师维特鲁威在其《建筑十书》中提出的"坚固、实用、美观"三原则一样，深刻地揭示了建筑的本质，作为建筑设计的标准指导着建筑的实践活动，几千年来一直被遵循。

古典建筑尤其是西方古典建筑更加重视建筑的造型艺术，重视建筑的外观实体处理，如建筑的立面造型、构图比例、形体组合、墙面划分及细部装饰等方面，如图 1-8 所示的万神庙的平面、立面、剖面图充分体现了古典建筑的和谐统一之美。近现代建筑则更加强调建筑空间与人的心理感受、精神愉悦的现实意义，认为建筑就是空间，是由长、宽、高三个空间维度与人活动于其中的时间维度所构成的四维时空艺术，如图 1-9 所示的贝聿铭设计的美国国家美术馆东馆，建筑形体通过平面的三角形几何图案转化为正立面严格对称的轴线进行控制构图，各个展馆和办公及附属空间相对独立、闭合，中庭交通枢纽则形成一个水平开敞、垂直贯通的开阔大空间，玻璃顶不仅放大了空间的开敞度，而且增加了自然采光，形成了丰富的光影变化，明暗虚实对比强烈，外观端庄稳重，内部开阔明朗。简而言之，传统建筑重视视觉审美感受，而现代建筑注重空间功能和心灵感受，当然，这两者对建筑都是很重要的。

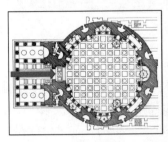  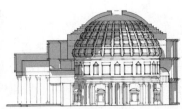

图 1-8　万神庙平面、立面、剖面图

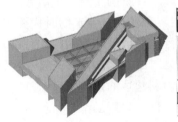 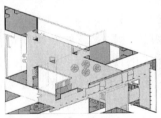 

图 1-9　美国国家美术馆东馆

第二节　建筑的基本要素

一、建筑功能

建筑功能即建筑对人们物质生活和精神生活需求的满足，建筑的普遍性功能主要就是满足人的生理与心理需求、满足各种活动的要求、满足人流组织需要。当然某些有特殊要求的如歌剧院、影剧院、博物馆建筑还要满足声效、避光、视距等要求。

1. 人体尺寸

在建筑的功能中首先需要把握的是人体尺寸与设计尺寸的关系，使两者取得合理的空间尺度而符合人的某种活动需求。人体尺寸包括静态尺寸与动态尺寸，未成年人与成年人的人体尺寸也不同，在设计中需要根据实际情况进行确定。人体尺寸及活动内容是建筑内部空间大小及门窗、楼梯、台阶踏步、过道、扶手、栏杆等确定尺度的主要依据。人在建筑所形成的空间里活动，人体的各种活动尺寸与建筑空间都具有十分密切的关系。例如幼儿园建筑设计与大学建筑设计就有很大不同，台阶踏步高度小于 0.13m，窗台高度小于 0.60m，这是由 3～6 周岁幼儿的身高决定的。因成年人与未成年人人体尺寸的差异，人体活动所占空间尺度可以按照普通计算方法估算，即人体净尺寸加衣物及间隔尺寸，人体活动尺度需包括一般衣服厚度及鞋的高度（各为 20mm），寒冷地区按冬季棉衣厚度适当增加（人体宽度及高度各增加 40mm）。人的组合间隔空间可采用以下数据要求：人与人之间间隔≥40mm，人与墙之间的间隔≥20mm。如图 1-10 为四人用小圆桌就餐区的最小尺寸，不仅考虑就座时的固定尺寸，同时要考虑人通行、移动椅子时的活动尺寸。可见建筑中的家具、设备等也要根据人体尺寸进行设计。图 1-11 所示为小学教室设计中应考虑的人体尺度。

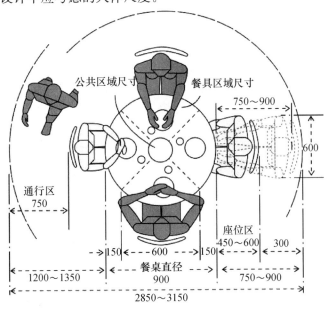

图 1-10　四人用小圆桌就餐区的最小尺寸

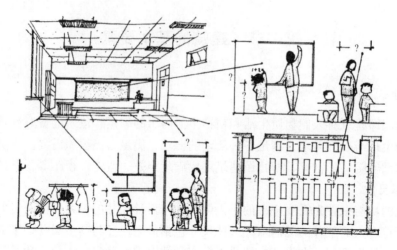

图 1-11　小学教室设计中应考虑的人体尺度

2. 人的基本生理和心理需求

人的生理、心理与建筑的关系在前面有所概述，在此结合实例做进一步阐述。如图 1-12 所示为一户住宅的基本空间和布置情况，反映的是住宅建筑的功能关系。我们做设计主要考虑以下几个方面：一是朝向。朝向决定了户型的基本采光、纳阳、通风，好坏与否直接影响人的基本生理需求。主卧、客厅、书房等主要空间应位于南向；厨

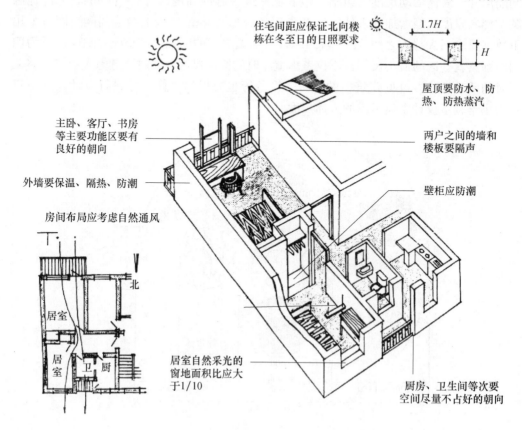

图 1-12　住宅户型平面布置的功能要素

房、卫生间、楼梯间等次要空间位于北向。二是考虑面积及各个功能区的大小和特点，这关系到是否满足人体尺度和活动要求并提供足够的活动空间（包括必要的家具、设备布置）。客（餐）厅是全家人共同活动的区域，在套型中面积最大，且具有开敞性特点；卧室是私人空间，具有私密性和封闭性特点。三是考虑楼层和景观。结合小区规划的合适的楼层可以获得良好的景观视野和较好的空气质量，以及由此带来的身心愉悦感。这是建筑设计中必须考虑的有关人的基本生理和心理需求。

正如图 1-13 所示，建筑设计中的通风、采光、日照、保温、隔热、防潮等是人的基本生理需求，这是我们做设计的一个基本依据和参照，具体的设计方案还需要考虑建筑所在的气候区、地形地貌、气候特点、地域文化、建筑材料、建筑构造等。因此，满足人的生理需求是建筑设计的最低要求，满足人的心理和精神需求则是建筑设计永无止境的追求目标。正因为如此，才出现了丰富多彩、形式多样的建筑形象。

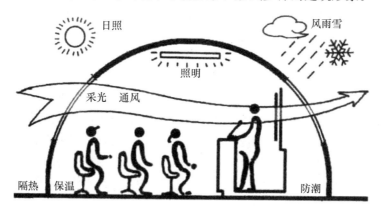

图 1-13 要考虑人的基本生理需求

3. 使用过程和特点要求

使用过程和特点要求就是说建筑设计必须考虑一个人、多个人、人与人之间在建筑中从事一项独立活动或多个连续活动之间的关系，并且把这种人、事、物的关系用科学合理的建筑设计语言、词汇进行表现。这一功能特点在交通集散建筑中体现得最为突出。如火车站建筑主要分为售票、进站、出站三大功能区，同时还有餐饮、商店售卖、行李寄存、行李托运、卫生间等辅助功能区。进站流线为：站前广场——售票厅或取票处（购票或取票）——检票口——安检处——大厅——候车室——从候车室到站台的交通走廊——站台。出站流线为：站台——地面、地下或地上通道（包括坡道、台阶、楼梯、自动扶梯等）——检票口——站前广场。这样的交通建筑有明确的人流路线，建筑设计都是根据人乘坐火车购票、进站、出站三大活动中行进（线型动态特征）或等待休息（相对静态滞留特征）的行为方式所需要的空间场所环境决定的。售票厅或取票处应与进站口就近布置，进站人流量大（集中人流和分散人流都有），程序多，因此建筑功能分区多且设立不同的空间层次以合理组织人流的导引（进站口用线型、折线型栏杆组织）、分流（安检完在大厅短暂停留，到车次所对应的候车室）、集散（候车厅：不同方位和楼层的布置以集聚或分散人流，且要考虑与各站台的交通对接）；站台因为要考虑火车的尺寸和运行特点，会用大跨度结构建造功能空间。出站流线相对简单，但要考虑在功能空间要求上与进站流线的交集处理，如行李的存取与中转。

不同建筑有不同的使用功能，涉及社会生活的方方面面。作为设计师，我们一定要时刻谨记建筑是为人服务的，建筑要为使用者提供合理、安全、舒适的场所以满足主要功能及辅助功能。因此，功能是建筑最重要的特征，它赋予建筑基本的存在意义和价值。

二、建筑技术

建筑要为人所用就不能仅仅停留于图纸设计上，要把设计方案建成一栋栋房子，就必须依赖建筑结构、建筑材料、建筑设备、建筑施工等技术才能实现，即用什么材料和什么方法来建造建筑。房子的建造简单来说可分为两大过程，一是平整场地、建造地基；二是建造房屋框架（承重结构）、砌墙封顶，完成主体结构。在第二个过程中还需同步完成以下工作：门窗、楼梯构造和设置，保温、隔热、防潮、防水等构造处理；水、电（包括电信、网络线等）、气、暖等设备线路的预埋和走线；内外墙面饰面工程等初步装修。房子建造过程就是建筑技术运用的过程。

1. 建筑结构

建筑结构是建筑的承重体系，包括基础、梁、柱、墙、楼地层、屋顶、楼梯等部分。其主要功能是为建筑构建空间、承受建筑物的全部荷载、抵抗由于外界环境作用（如风雪、地震、土壤沉陷、温度变化等）可能引起建筑物的损坏。结构的力学性能和坚固程度直接影响着建筑物的使用安全和使用寿命。人类社会早期对自然的改造能力有限，建筑结构在很大程度上限于自然资源及本土材料。我国古代建筑结构主要有木结构、砖木（砖墙和木屋架）结构，而以欧洲为代表的西方国家主要是柱梁板结构和拱结构。

直到 19 世纪中叶以后，随着水泥、混凝土和钢筋混凝土的广泛应用，砖混结构建筑迅速兴起，从此建筑结构突破了就地取材的限制而进入新篇章。砖混结构是用砖墙承重、钢筋混凝土梁柱板等构件构成的混合结构体系。砖混结构适合开间、进深较小、房间面积小的低层或多层建筑，因此承重墙体不能改动，使用寿命和抗震等级也要低一些，现在较少使用。

19 世纪末，随着科学技术的进步出现了钢筋混凝土（梁板柱）结构，即用钢筋和混凝土制成的一种承重构件结构，钢筋承受拉力，混凝土承受压力，优点是坚固、耐久、防火性能好，而且能够建造成大空间。如果说砖混结构是建筑结构从传统走向现代的过渡，那么钢筋混凝土框架结构就是建筑结构的历史性革命，一是解放了墙体，墙体可不承重，只作为空间隔断的界面；二是解放了墙体对空间的限制，出现了大尺度的建筑空间，提高了空间处理和使用的灵活性与多样性。

钢结构的主要承重构件是钢材，自重轻、跨度大，并且可以回收利用，特别适合大型的公共建筑。随着科技进步，对结构受力可以进行分析和计算，相继出现了桁架、网架、悬挑结构，以及薄壳、折板、悬索、充气薄膜等新型结构，为建筑获得灵活多样的空间提供了坚实的物质技术条件，同时也使建筑形象出现了日新月异的变化。如图 1-14 所示，鸟巢是典型的钢结构与桁架、网架的结合；国家大剧院是薄壳结构；伦敦的千年穹顶，屋盖采用圆球形的张力膜结构，膜支撑在 72 根辐射状的钢索上。如图 1-15 所示，日本建筑师藤本壮介与法国两家事务所合作完成的白色巨树（高层塔楼），集公寓、餐厅、艺术画廊、全景酒吧及办公室于一体，从底部到顶部延伸出来的阳台就是悬挑结构。如图 1-16 所示的由托马斯·赫尔佐格设计的德国汉诺威会展中心 26 号展厅就是典型的悬索结构。合理的建筑结构不仅具有良好的刚度、柔韧度和性价比，而且建筑结构的创新也推动着建筑形象的变化。

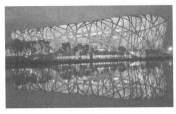

鸟巢　　　　　　　　　国家大剧院　　　　　　　　伦敦的千年穹顶

图 1-14　建筑结构及技术对建筑形象的影响示意图

图 1-15　白色巨树

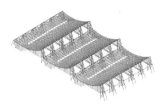

图 1-16　德国汉诺威会展中心 26 号展厅

2. 建筑材料

建筑材料可分为天然（如石材、木材等）和人工（如钢、铁、铝合金、玻璃、复合木材等）两大类，现在大部分建筑主要使用的是人工材料。建筑材料的更新对建筑结构的发展起着重要的推动作用。如砖的出现使拱结构得以发展，钢材和水泥的发明推动了高层框架结构与大跨度空间结构的发展，高分子聚合物薄膜材料的出现带来了全新的薄膜结构建筑，如图 1-17 所示的北京国家游泳中心"水立方"采用的就是 ETFE（乙烯-四氟乙烯共聚物）膜材料作为立面维护体系，自重轻、延展性好、耐腐蚀性强、透明且自洁性能好，是新型环保节能膜材料在国内首次用于建筑上。材料对建筑形象、建筑审美、建筑节能都有较大影响，如玻璃材料的出现不仅改善了建筑的采光、纳阳、借景，而且影响着建筑的审美；再如混凝土在"金贝儿美术馆"和"光之教堂"（图 1-18）两种不同类型的建筑中展现不同的性格和气质，前者透露出细腻、简约和稳重；后者将纯净和专一的宗教气氛表现得淋漓尽致。

图 1-17　水立方

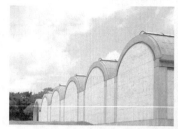

金贝儿美术馆(路易斯·康，1972年)　　　　　　　　光之教堂 (安藤忠雄，1989年)

图 1-18　建筑结构材料带来建筑形态的发展变化图

　　建筑材料按功能又可分为结构材料、维护和隔绝材料、装饰材料、其他功能材料（太阳能板、耐高温材料等）。对建筑材料的研究有专门的教材及书籍，在此不做过多的阐述，只是让初学的人对建筑材料有初步的认识并意识到它的重要性，所以我们在学习建筑时一定不能忽略对建筑材料的认识，积累建筑材料与建筑设计的相关知识，为日后设计的展开奠定基础。

3. 建筑设备

　　在建筑物特别是现代建筑中，还有一些不可缺少的设备系统，如强弱电、照明、给排水、暖通空调、消防、电梯、机械通风、智能化控制等设备设施，起到完善建筑使用功能的作用，提高了方便性和舒适性。这些设备系统有的在建造主体结构（楼板、墙体）时以敷设管道提前预理的方式保证使用的安全性、耐久性、美观性，有的外露在空间中。它们就像人体的血管和器官一样重要，关系着建筑是否可以健康运行，影响着建筑内外的能耗和环境质量。

4. 建筑施工

　　建筑施工就是把设计方案通过施工技术和施工组织变为现实的过程。建筑施工一般包含两个方面：一是施工技术，包括施工工具和机械、施工方法与流程，以及人的操作熟练程度等；二是施工组织，包括建筑材料运输、施工进度安排、资源和人力调配等。在人类建筑发展进程中，建筑施工长期处于手工业和半手工业状态，直到工业革命后科学技术带来了社会生产力的快速发展，建筑施工逐渐开始向机械化、工厂化和装配化的工业化生产方式转变，极大地提高了建设效率，促进了建筑产业的发展。

　　建筑工业化必须以设计的定型化为前提。现代工业化建筑施工技术主要分为预制装配式和现场浇筑式。预制装配式施工技术的优点是施工速度快、湿作业少，缺点是构件连接节点多、结构抗震性能欠佳；现场浇筑式施工技术的施工速度不如前者，湿作业多，但结构整体性好、抗震性能好。建筑工业化已经成为快速推进建筑建造、城市建设的施工方式而被大量应用，如图1-19所示。黑川纪章设计的日本东京中银舱体大楼就是通过工业化标准建筑单元组装而成的，是装配式建筑的先锋代表，如图1-20所示。

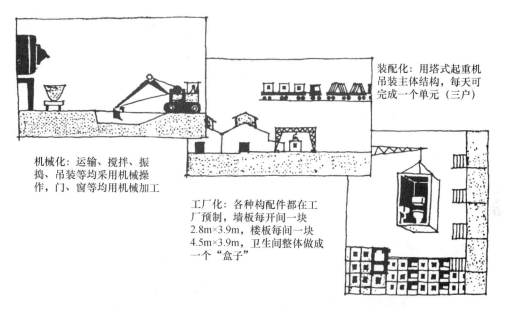

装配化：用塔式起重机吊装主体结构，每天可完成一个单元（三户）

机械化：运输、搅拌、振捣、吊装等均采用机械操作，门、窗等均用机械加工

工厂化：各种构配件都在工厂预制，墙板每开间一块2.8m×3.9m，楼板每间一块4.5m×3.9m，卫生间整体做成一个"盒子"

图1-19　北京劲松小区十号住宅楼框架挂板施工示意图

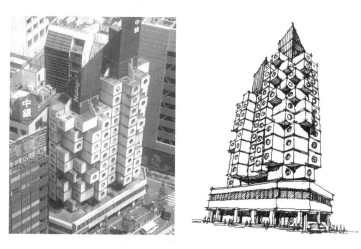

图1-20　中银舱体大楼

　　建筑设计中的一切构想最后都要接受实际施工建造的检验。因此，我们在进行建筑设计时不仅要考虑方案的优劣，而且必须考虑建筑结构、材料的可行性，同时还要对建筑施工方案有所思考，有时在建筑的建造过程中需深入现场了解施工情况，以协助施工单位解决施工过程中可能出现的各种问题。

如果把建筑当作人体来看的话，结构就是骨架，决定着建筑是否安全、牢固和耐久；建筑材料就好像人的皮肤和肌肉一样，对建筑起着完善、保护、美化的作用，形成不同的建筑外观，展现出不同的风格；建筑设备就像血管和器官，保证建筑正常健康地运行；建筑施工就是把建筑结构、建筑材料、建筑设备变为现实的过程。

三、建筑形象

建筑形象就是建筑的观感，凡是给人印象深刻或第一眼吸引你的建筑大多具有优美的形象。建筑形象受地域自然环境、生产生活方式、文化传统、思想观念、意识形态、宗教及经济技术、时代背景等方面的影响，同时也受设计师或建造方观念的影响。如图 1-21 所示，同样是单体住宅建筑，形象差异却很大。形态、空间、色彩及质感、光影是影响建筑形象的主要因素，如图 1-22 和图 1-23 所示，安藤忠雄设计的杭州"良渚文化艺术中心"与扎哈·哈迪德设计的阿塞拜疆共和国"阿利耶夫文化中心"，在直面与曲面、冷灰与纯白的对比中形成了理性与感性、冷静与激情的强烈对比，但都遵从了统一与变化、比例与尺度、均衡与稳定、节奏与韵律、对比与微差等形式美原则，给人以独特的心理感受和审美愉悦。如赖特的流水别墅就像从山石、水面上生长出来的一样，成为自然环境不可缺少的一部分。

再如同样都是博览类建筑，风格却大相径庭，如图 1-24 所示。

流水别墅(赖特)　　　　　二分宅(张永和)　　　　　House N (藤本壮介)

图 1-21　单体住宅建筑的形象

图 1-22　良渚文化艺术中心

图 1-23　阿利耶夫文化中心

古根海姆博物馆(赖特)　　古根海姆博物馆(盖里)　　苏州博物馆(贝聿铭)　　鄂尔多斯博物馆(MAD)

图 1-24　建筑形象的多样性

弗兰克·劳埃得·赖特设计的古根海姆博物馆：建筑物外部向上、向外螺旋上升，像一朵面向天空盛开的花朵，内部融参观和交通于一体的连续曲线坡道一直通到 6 层，平滑的白色混凝土坡道实墙与建筑的外墙形成的两个层次不同高度的螺旋形曲面在明暗、虚实的对比中更加强化了内部空间的层次、节奏与韵律感。螺旋形围合的中间形成一个完全敞开的大空间，玻璃圆顶不仅满足了中庭的采光，形成丰富的光影、虚实、明暗美感，而且与中庭的集中、开敞式空间特点相呼应，无论外观还是内部都像一座巨大的白色雕塑体块，让人不禁想起了万神庙的大圆洞顶。

弗兰克·盖里设计的古根海姆博物馆：流动的建筑形体和表面强反光材料（钛合金板）十分抢眼，层层升起的体块像一艘轮船漂浮在水面上，水里的倒影弱化了过于厚重的建筑体块，呈现出迷幻、张扬、强烈的艺术气质，成为城市的新标志。

贝聿铭设计的苏州博物馆：结合传统的苏州建筑风格，把体量、高度较小的博物馆置于院落之间，白色墙面与灰色花岗岩窗框形成主色调，融入几何形状的双坡玻璃屋顶已被重新诠释，将自然光线引入室内，铺满鹅卵石的水池、片石假山、直曲小桥、八角凉亭、竹林等组成的创意山水园，神似而形不似，使建筑与景观的人文气息、精神气韵结合得恰到好处，可以说是建筑文化传承与创新的典范。

MAD 建筑事务所设计的鄂尔多斯博物馆：博物馆像一个巨大的蒙古包漂浮在如沙丘般起伏的广场上，好像是空降在沙丘上的时光洞窟，自由曲线流动起伏的体块，各种弧线、弧面的门窗洞口使自然光线流动的内部空间充满诗意的静谧；内墙上的自由开洞、墙体的自由流转、空中的连桥、穿梭在墙洞之间的楼梯等好像把人引入一个自然的洞穴、峡谷、隧道里，似乎置身于原始而又未来的戈壁景观中，与外界的现实世界形成巨大反差，正如金属质感铝板外表皮的光滑明亮与内部 GRG 石膏板所形成的柔和纯净一样。

建筑形象也是发展变化的，在相同功能要求和技术条件下，可以创造出不同的建筑形象。有时候，有些建筑为了达到纪念性、象征性等要求，强调美的意境或得到某种形象效果，建筑形象又处于主导地位，起着决定性作用。

建筑的构成要素相辅相成，缺一不可。建筑功能是目的，是主导因素；建筑空间是核心、是重点；建筑技术是实现手段，依靠它可以达到和改善功能与空间；建筑形象既是建筑设计前期的预设构想与最终的成果展现，又是人在接触、使用建筑时感受的综合印象。所以，建筑各构成要素之间是相互影响、辩证统一的关系。

第三节　建筑的构造组成

建筑物的基本构造组成有基础、墙或柱、楼地层、楼梯、屋顶、门窗六大部分，它们分别起着承重、围护（主要是保温、隔热、隔声、防水、防潮、防火等作用）和分隔空间的作用。其中墙、柱、梁、楼板、屋架等承重结构称为建筑构件；而屋面、地面、墙面、顶棚、门窗、栏杆等称为建筑配件。建筑物除以上六大基本构造组成外，还有其他附属构造组成部分，如台阶、雨篷、阳台、散水、电梯、自动扶梯等，如图1-25所示。台阶是建筑出入口处室内外高差之间的交通联系部件；雨篷是设置在建筑出入口上部的挡雨设施；阳台是室内外环境的过渡空间，同时对建筑外部造型也有一定的影响；散水是建筑物外墙与室外地面交接处的排水设施；电梯、自动扶梯属于垂直交通设施。在临空或露空处（如阳台、回廊、楼梯梯段临空处、上人屋顶周围等）要对女儿墙、栏杆扶手的高度提出具体的设计要求，以保证人员的安全。

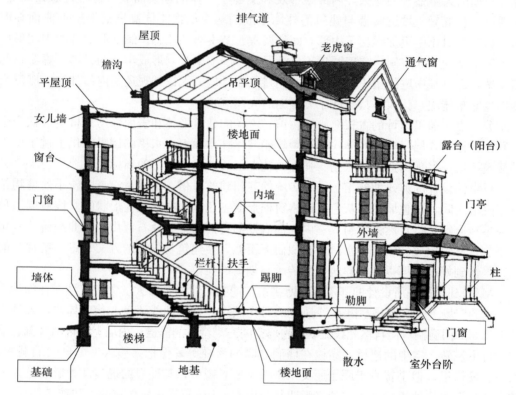

图 1-25　房屋的构造组成

一、基础

　　基础是建筑物埋在地面以下的与地基直接接触的垂直承重构件，它承受建筑物上部结构传递下来的全部荷载，并把这些荷载连同本身的自重传递给地基（图1-26）。因此基础必须坚固稳定、安全可靠。建筑物基础类型按形式不同可分为独立基础、条形基础和联合基础。

　　地基和基础是两个相互关联却不同的概念。地基是承受由基础传递荷载的土层，不属于建筑物的构造组成部分。地基分为天然地基与人工地基。天然地基是土层具有足够的承载能力，不需要经过人工加固，可以直接在上部建造建筑物。当土层的承载力较差或者虽然土层承载力较好，但建筑物上部荷载过大时，为了使地基具有足够的承载力，

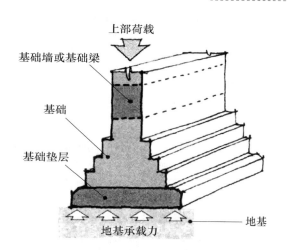

图 1-26 基础的组成

应对土层进行加固，这种经过人工处理的土层称为人工地基。人工地基加固的常用方法有压实法、换土法和桩基法。

二、墙体

墙体因在建筑物中所处位置不同主要分为外墙和内墙。位于建筑物周边的墙称为外墙，是建筑的外围护结构，具有界定室内外空间、遮风、挡雨、保温、隔热、保护室内空间环境的作用。位于建筑内部的墙称为内墙，沿建筑物短轴方向布置的墙称为横墙，沿建筑物长轴方向布置的墙称为纵墙。无论建筑物是否采用坡屋顶，横向外墙又常称为山墙。窗与窗或门与窗之间的墙称为窗间墙；窗洞下部的墙称为窗下墙；凸出于屋顶之上的墙称为女儿墙。

墙体按照结构受力分为承重墙与非承重墙。墙承重结构体系的墙起着承重、围护与分隔空间的作用；在框架结构体系中，梁、柱为承重构件，墙体为非承重墙，只起围护与分隔空间的作用，设置较为灵活。墙体按建造材料可分为土墙、石墙、砖墙、砌块墙、混凝土墙及轻质墙体；按构造形式可分为实体墙、空体墙和组合墙三种。无论什么样的墙体，都要有足够的强度和稳定性，具有保温、隔热、隔声、防火、防水等功能。

三、楼地层

楼地层是建筑的主要水平构造部分，为使用者提供活动所需要的功能平面，并起到分隔上下垂直空间，同时将由此而产生的各种荷载（包括家具、设备、人体自重等荷载）传递到支承它们的垂直构件上去，还对其上部的墙体或柱子起到水平支撑作用。楼地层分为楼板层和地坪层，分隔上下楼层空间的是楼板层，分隔地面和底下层空间的是地坪层。楼地层要坚固耐用、隔声、防潮、防水，对热工和防火也有一定的要求。

四、楼梯

楼梯是建筑物内不同楼层之间上下联系的主要垂直交通设施，用于人行及搬运家具、设备等，要求上下通行方便，宽度和疏散能力符合标准，同时要坚固、耐用、安全、防火和美观。无论什么样的楼梯都是由梯段、平台及栏杆、扶手组成的，如图 1-27 所示。

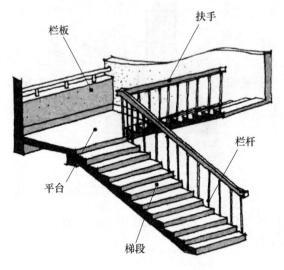

图 1-27　楼梯的组成

1. 梯段

梯段是用于连接两个不同标高平台的倾斜构件，一个梯段为一跑。梯段由若干踏步组成，踏步又分为踏面（人行走时踏脚的水平部分）和踢面（连接踏步高差的垂直面），踏步尺寸影响着楼梯的坡度和人上下楼的舒适度，因此，应按照规范进行设计。

2. 平台

平台是连接两个梯段之间的水平转折面，用于改变行进方向、连通楼层或供使用者攀爬了一定的高度后稍作休息。与楼层标高一致的平台称为楼层平台或正平台，位于两个楼层标高之间的平台称为中间平台或半平台。

3. 栏杆、扶手

栏杆、扶手是设在梯段和平台临空边缘保护人们安全的构件。栏杆分为空心栏杆和实心栏杆（又称栏板）；扶手是附设于栏杆或栏板顶部的连续构件，供人上下楼依扶之用。附设于墙上的扶手称为靠墙扶手。

楼梯根据功能需要和设计要求常有直跑楼梯（分单跑和多跑）、平行双跑楼梯（节省面积、人流行进距离短）、折角式楼梯（常见为 90°折角，分单方向的折角和双向折角）、剪刀式楼梯（供双向通行选择）、圆弧形楼梯和螺旋形楼梯（造型优美）。在层数较多或有特殊需要的建筑物中，往往设有电梯或自动楼梯。楼梯可兼作交通和防火疏散通道，必须满足消防要求。

五、屋顶

屋顶是建筑最顶部的围护覆盖部分，主要起承重和围护作用，一是承受作用于屋顶上的风、雪和屋顶自重等荷载；二是围护并抵御自然界的风、雨、雪、太阳辐射热和冬季低温等的影响。屋顶在达到功能设计上的要求外，还要考虑形式对建筑形象的影响。

屋顶的形式主要有坡屋顶、平屋顶、其他形式的屋顶。坡屋顶通常是指屋顶坡度大于10％的屋顶。平屋顶通常是指屋顶坡度小于5％（常用坡度为2％～3％）的屋顶。随着建筑材料和建筑结构的发展出现了悬挑、拱形、桁架、网架、折板、薄壳、悬索、膜结构等新型屋顶。这些屋顶形式与大跨度屋顶结构体系密不可分。

六、门窗

门和窗在建筑中的作用主要是采光、通风、分隔、围护，门还具有交通联系的功能；构造上门窗要有一定的保温、隔声、防雨、防火、防风沙等功能，同时要开启灵活、关闭紧密、坚固耐用。门窗的形状、尺寸、材料（有木、钢、铝合金、工程塑料、玻璃等）对建筑的立面效果和整体风格影响较大，在设计中需仔细考虑。

1. 门

门主要由门框和门扇两部分组成，根据其开启方式可分为平开门、推拉门、弹簧门、折叠门、转门、卷帘门、上翻门、升降门等，其中平开门、推拉门、弹簧门在建筑设计中应用较多。建筑设计中门的尺寸常指门洞的高、宽尺寸，洞口尺寸根据通行、搬运要求及建筑物的比例关系确定，同时要符合建筑模数。一般民用建筑门洞的高度不宜小于2100mm，如门设有亮子（门扇上方的窗，现在不常用），亮子高度为300～600mm，门洞高度一般为2400～3000mm；公共建筑门洞高度可根据需求适当加高。门洞宽度单扇门为700～1000mm，双扇门为1200～1800mm，宽度大于2100mm时，可设三扇、四扇门或双扇带固定扇的门，因为门扇过宽易产生变形，同时也不方便开启。次要空间（如卫浴、储藏室）门洞的宽度可窄一些，一般为700～800mm。

2. 窗

窗主要由窗框和窗扇两部分组成，根据窗的开启方式不同可分为平开窗、推拉窗、悬窗、立转窗、固定窗等。窗洞尺寸主要是根据内部空间采光、通风需要和立面效果进行设计，其推拉窗、中平开窗应用较多。

第四节　中外建筑基本知识

一、中国古代建筑概述

我们的祖先和世界上的古老民族一样，在上古时期都是用木材和泥土建造房屋的，但后来一些民族逐渐以石料代替木材。唯独我们国家仍以木材、泥土为主要建筑材料，持续了五千多年，在世界古代建筑中独树一帜。这一完整的体系从简单的单体建筑到城市布局，都形成了完善的做法和制度，形成了一种完全不同于其他体系的建筑风格和建筑形式，是世界古代建筑中延续时间最久、体系最为完善的一个体系。

1. 中国古代建筑发展演变简述

陕西西安半坡遗址中已经发现的木骨泥墙半穴居建筑（图1-28）是中国原始社会时期（六七千年前到公元前21世纪）北方建筑的代表形式，而浙江余姚河姆渡文化遗址中的干栏式建筑（图1-29）则是长江流域多水地区建筑的代表，且当时人们已经发明了结构稳固、低能耗的榫卯木建筑构件，并一直沿用到今天。

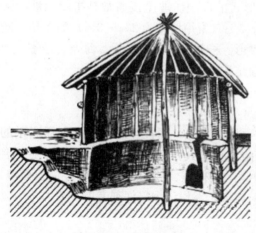

| 图 1-28 半穴居建筑 | 图 1-29 干栏式建筑 |

4000 前的夏、商、周社会是中国的奴隶制社会，基本确定了中国传统的木构架建筑形式。河南偃师二里头宫殿遗址说明，夏朝时我国传统建筑院落式布局已经开始出现。安阳发掘的殷墟遗址是商代后期的都城，大量的夯土房屋台基上还排列着整齐的卵石柱础和木柱，其复原想象图如图 1-30 所示。

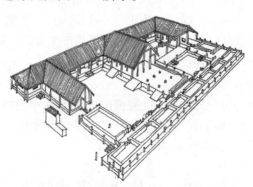

图 1-30 河南安阳殷墟遗址复原想象图

从公元前 5 世纪末的战国时期到清代后期前后 2400 多年是我国封建社会时期，也是我国古代建筑逐渐发展、成熟的时期。

秦汉时期，我国古代建筑有了进一步发展。秦朝现存的阿房宫遗址是一个横阔1000m 的大土台，虽然当时的建筑已完全不存在，但可大致看出主体建筑的规模。从发掘出土的文物中可知，秦汉时期已有完整的廊院和楼阁，建筑主要由屋顶、屋身、台基三部分组成，木构架建筑逐渐成熟，砖石建筑和拱券结构有了发展。

魏晋南北朝时期（220—589），佛教广泛传播，寺庙、塔和石窟建筑得到很大发展，产生了灿烂的佛教建筑和艺术。

隋唐是我国封建社会最繁盛的时期，农业、手工业的发展和科学文化都达到了前所未有的高度，建筑类型以都城、宫殿、佛教建筑、陵墓、园林为主，建筑恢弘大气，是我国古代建筑发展的成熟时期。如图 1-31 所示的河北赵县安济桥（又名赵州桥，605—617）由隋朝工匠李春所建，工程技术和建筑艺术水平都很高，迄今已有 1400 多年。

图 1-31 安济桥

唐代以后五代十国并列，直到北宋又完成了国家的统一，社会、经济、文化得到恢复和发展。北宋人总结了隋唐以来的建筑成就，制定了设计模数和工料定额制度。该时期由李诚编著的《营造法式》是我国现存时代最早、内容最丰富的建筑学著作。

辽、金、元时期的建筑，基本上保持了唐代的传统。

明清时期是我国古代建筑的高潮期，有不少建筑完好地保存到现在。如图 1-32 所示的天坛祈年殿，始建于明朝（1420），是中国古代明清两朝历代皇帝祭天之地，也是天圆地方的典型写照。同时，民间建筑和少数民族建筑得到了较大的发展，成就显著，大大充实了传统建筑文化的内容。

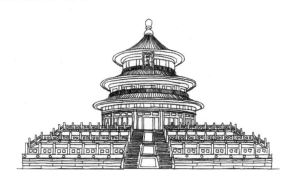

图 1-32 祈年殿

我国古代建筑丰富而多彩，其中以为统治阶级服务的宫殿、庙宇占主要地位，这些建筑运用并发展了民间建筑的丰富经验，是广大劳动人民智慧的结晶。我国古代长期处于封建社会的体制，建筑都遵循严格的等级制度，如建筑物的规模、大小、用料、色彩、装饰纹样都有详细的规定，不得乱用。清代工部颁布的《工程作法则例》是一部各类建筑做法的著作，也是明清以来官式建筑做法的总结。

近百年来，由于我国社会制度发生了根本变化，封建制度解体，新功能、新材料、新技术使建筑形式发生了深刻变化，但是中国古代建筑仍有值得我们学习借鉴的地方，在以后的建筑设计中需批判地继承和发扬。

2. 中国传统建筑的基本特征

（1）建筑外形

中国古代建筑外形特征最为显著，有屋顶、屋身和台基三部分，完全是由建筑物的功能、结构和艺术高度结合而产生的。

（2）建筑结构

中国古代建筑主要采用木构架结构，质量都由构架承受，墙不承重，因此我国有句谚语叫"墙倒屋不塌"。木构架的基本做法是以立柱和横梁组成构架，类似于今天的框架结构。我国早期的木构架建筑大多已不存在，现存的古代建筑，多数是明清时代建造的，在我国古代建筑中具一定的代表性。

（3）建筑群体布局

中国古代建筑如宫殿、庙宇、住宅等（除受地形条件限制或特殊功能要求，如园林建筑外），一般都以院子为中心，四面布置建筑物，每个建筑物的正面朝向院子，并在这一面设置门窗，形成内向型空间特征，再由单个院落型建筑物围合成建筑群。

规模较大的建筑由若干个院子组成，都有明显的中轴线。中轴线上布置主要建筑物，两侧次要建筑多做对称式布置，院落与院落之间用门或门洞连接，单个建筑之间用廊子或道路连接，群体四周用围墙环绕。北京故宫集中体现了这种组合原则，如图1-33所示。

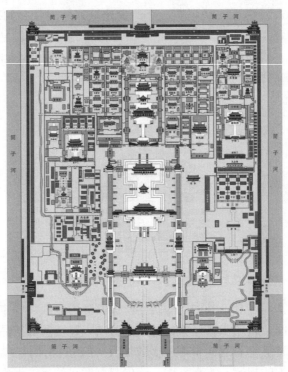

图1-33 故宫平面图

（4）建筑装饰及色彩

中国古代建筑的装饰部位一般为梁枋、斗拱、檩椽等结构构件，还有额枋上的匾额、柱上的楹联、门窗上的棂格等，装饰手法有雕刻、绘画、书法，丰富多彩、变化无穷。但普通民居限于等级制度和经济基础，较少装饰。

中国古代建筑具有独特的审美价值和民族风格，以汉族木结构建筑为主体，也包括各少数民族的优秀建筑，在漫长的封建社会中发展成熟，是世界上延续历史最长、分布地域最广、建筑体系最为完善的国家之一，并且对日本、朝鲜和越南古代建筑产生了直接的影响。中国古代建筑除了以上特征外还有三个最基本的特征：一是审美价值与政治伦理价值的统一；二是植根于深厚的传统文化，表现出鲜明的人文主义精神；三是整体性、综合性较强。

二、西方古代建筑概述

古埃及、古印度、两河流域等地的建筑文明辉煌灿烂，对人类建筑发展史有着重要的影响，但我们主要对以欧洲为主的西方古代建筑进行简要介绍，因为它对近现代乃至今天世界的建筑都有着非常重要的影响。

1. 古希腊、古罗马时期的建筑

古希腊是欧洲文化的摇篮，古希腊建筑是西欧建筑的开拓者，深深影响着欧洲两千多年的建筑史。古希腊建筑的主要成就是纪念性建筑和建筑群的艺术形式的完美。纪念性建筑在公元前8—公元前6世纪大致形成，公元前5世纪成熟。古典文化时期雅典社会经济文化达到了高度繁荣，最具代表性的建筑是雅典卫城（图1-34），建筑类型除神庙外，还有露天剧场（图1-35为埃比道拉斯剧场）、竞技场、广场和敞廊等供奴隶主与自由民进行公共活动的场所。公元前4世纪后期，城邦制没落，随着马其顿帝国（横跨欧、亚、非三洲，包括埃及、小亚细亚、波斯等）的统治，古希腊的古典文化也就随着马其顿的远征而传到了非洲与西亚。

图1-34　雅典卫城

图1-35　埃比道拉斯剧场

古罗马（公元前8—4世纪）建筑包括今意大利半岛、西西里岛、希腊半岛、小亚细亚、非洲北部、亚洲西部和西班牙、法国、英国等地区的建筑。古罗马建筑（图1-36）按其历史发展可分为三个时期：伊特鲁里亚时期（公元前8—前2世纪）的建筑在石工、陶瓷构件与拱券结构方面有突出成就；罗马共和国时期（公元前2世纪—前30年）大力修建公路、桥梁、城市街道与输水道，除了神庙建筑之外，剧场、竞技场、浴场、巴西利卡等公共建筑成就突出；罗马帝国时期（公元前30—476）建造了雄伟壮丽的凯旋门、纪功柱和以皇帝名字命名的广场、神庙、剧场、浴场等，规模宏大、豪华富丽，歌颂权力、炫耀财富、表彰功绩成为建筑的重要任务。古罗马建筑在空间、结构、材料、柱式等方面均取得了很大成就。重视空间的层次、形体及组合，并使之达到宏伟和富于纪念性的效果；结构体系发展了梁柱与拱券的结合；建筑材料用砖、石、木和火山灰制成的天然混凝土；柱式从古希腊的陶立克、爱奥尼克、科林斯三种发展为五种柱式（增加了塔斯干和复合柱式）。

| 大角斗场 | 君士坦丁凯旋门 | 戛合输水管道 |

图 1-36　古罗马建筑

2. 中世纪的建筑

欧洲的中世纪也叫"中世"或"中古"，指欧洲封建制时代，一般为 476 年西罗马帝国灭亡至 1640 年英国资产阶级革命这一千多年的时间。

（1）拜占庭建筑

330 年罗马帝国迁都拜占庭，395 年罗马帝国分裂为东西两个帝国。西罗马帝国定都拉文纳，后于 476 年为日耳曼人所灭。东罗马帝国以君士坦丁堡为中心，又称为拜占庭帝国。

拜占庭建筑综合了古西亚的砖石拱券、古希腊的古典柱式和古罗马宏大的规模体量，拱、券、穹隆的结合使建筑统一而富有变化，空间大小、主次、序列层次丰富。教堂大致有三种形式：巴西利卡式、集中式（平面圆形或多边形，中央有穹隆）、十字式（平面十字形，中央有穹隆，有时四翼上也有穹隆）。建筑喜欢用彩色云石琉璃砖镶嵌或彩色面砖装饰。

最典型的代表是君士坦丁堡的圣索菲亚大教堂（图 1-37），由查士丁尼皇帝建造。教堂用集中式平面，上覆圆顶，体量巨大，其形制影响东方教堂建筑长达一千多年。1453 年，该教堂被土耳其人改为清真寺，并在西侧竖起了四个尖塔。

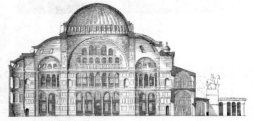

图 1-37　圣索菲亚大教堂

（2）罗马风建筑（9—12 世纪）

9 世纪左右，西欧一度统一后又分裂成为法兰西、德意志、意大利和英格兰等十几个民族国家，并正式进入封建社会。建筑以教堂为代表，还有封建城堡与教会修道院等，规模不及古罗马建筑，设计施工比较粗糙，建筑材料大多来自古罗马废墟，继承了古罗马的半圆形拱券结构，形式上又略有古罗马风格，故称为罗马风建筑。它所创造的扶壁、肋骨拱与束柱在结构与形式上对后来的建筑影响很大，典型代表是比萨主教教堂建筑群（图 1-38）。

图 1-38　比萨主教教堂建筑群

（3）哥特式建筑

12—15 世纪，哥特式建筑完全脱离了古罗马的影响，以尖券、尖形肋骨拱顶、大坡度两坡屋面和教堂中的钟楼、飞扶壁、束柱、花窗棂等为特点。哥特式建筑仍以教堂为主，但反映城市经济特点的城市广场、市政厅、手工业行会、商人公会与关税局等也不少，市民住宅也有很大发展。典型代表是巴黎圣母院（图 1-39），立面的古典式平衡是壮丽的，沉重的矩形体量掩盖了主厅和侧厅的不同高度，三个大门将人引向室内，一个圆窗照亮主厅，横越立面的是一列或多列立像和连拱饰。

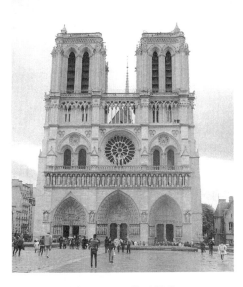

图 1-39　巴黎圣母院

（4）文艺复兴时期的建筑

15 世纪，从意大利开始的文艺复兴将欧洲建筑推进到一个新的历史时期，在反对封建、倡导理性的人文主义思想指导下，提倡复兴古罗马建筑风格，以取代象征神权的哥特式风格。人们重新发现并重视古典柱式，并将其更加人性化地使用在建筑设计中，建筑体现了对人价值的尊重。这一时期出现了一些著名的建筑师，如帕拉第奥等（图 1-40 为帕拉第奥设计的圆厅别墅）。

图 1-40　圆厅别墅

16—17 世纪之间出现了重视视觉效果的巴洛克建筑，崇尚古典柱式，强调外型端庄雄伟，内部奢华的法国古典主义风格，注重室内装饰的洛可可风格等。18 世纪开始，随着工业革命和科学技术的发展，建筑进入了跨时代的发展。

3. 西方现代建筑概述

西方现代建筑开创了建筑设计的新时代，并影响着世界建筑的发展。1851 年，英国为第一次世界博览会建造的水晶宫采用钢结构与玻璃的组合，呈现出与西方传统古典建筑完全不同的面貌（图 1-41），它是现代建筑的报春花。1889 年完工的法国埃菲尔铁塔则成为另一个标志性的建筑（图 1-42）。

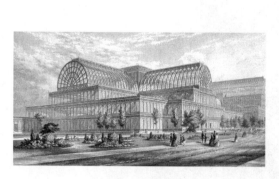

图 1-41　水晶宫

图 1-42　埃菲尔铁塔

工业的飞速发展和城市的不断扩张，银行、商场、车站、港口等各种新建筑相继出现，越来越多的建筑师意识到，把各种新功能放到一个古典建筑形式中已经不太合适了，美国建筑师沙利文提出"形式追随功能"的口号，以功能设计为根本原则推动了近现代建筑的进步。

从 19 世纪中叶开始，各种新材料、新技术、新结构的发明推动了建筑形式不断创新。20 世纪 20 年代开始，"现代主义"建筑思潮逐渐形成。现代主义建筑师们批判因循守旧的复古主义思想和古典主义风格，提倡建筑应跟随时代发展的需要努力创造工业时代的新建筑风格，强调建筑的实用功能，并灵活地进行设计，同时主张建筑师关心社会和经济问题。其中有四位代表性的建筑师，他们是德国的格罗庇乌斯、密斯·凡·德罗，法国的勒·柯布西耶，美国的赖特。

格罗庇乌斯是现代建筑革命的奠基人之一，1937 年后旅居美国。他提倡建筑设计与工艺的统一，技术与艺术相结合，讲究功能、技术和经济效益，主张走建筑工业化道路。格罗庇乌斯在包豪斯学校任校长期间，努力培养新型建筑人才。包豪斯校舍采用当时的新材料与新结构，强调功能，平面布局自由灵活，是现代建筑史上一个重要的里程碑。

密斯是现代建筑运动的代表人物，提出"少就是多（Less is more）"的建筑设计观，注重新材料和新技术在建筑中的应用，喜欢用钢框架结构和玻璃结合，骨架外露，细部精致，极其简洁，灵活多变、隔而不离的流动空间开创了空间设计的新思维。建成于 1929 年的巴塞罗那国际博览会德国馆（图 1-43）是流动空间的代表。伊利诺工学院克朗楼采用灵活开敞的建筑布局，规则平面下自由变化的共享空间，对后世产生了重要影响。

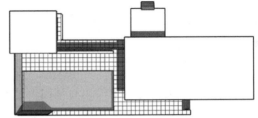

图 1-43　巴塞罗那国际博览会德国馆

柯布西耶是机器美学的重要奠基人，提倡功能主义，提出了"房屋是居住的机器"，在著名的《走向新建筑》中提出建筑的五个新观点：底层架空、屋顶花园、自由平面、自由立面、横向长窗。萨伏依别墅（图 1-44）充分再现了他的观点。他本人在建筑设计、城市规划等方面多有建树。他设计的朗香教堂被誉为 20 世纪最为震撼、最具有表现力的建筑，富有想象力的造型与充满神秘感的室内空间。

赖特是美国 20 世纪最著名的建筑师，在世界范围内享有盛誉，其"有机建筑"理论强调建筑与自然环境融合，连续流动的空间，重视表现材料的本性，提倡技术为艺术服务和有诗意的形式。这些设计观在最负盛名的"流水别墅"（图 1-45）中得到了充分体现。

图 1-44　萨伏依别墅　　　　　　　　　图 1-45　流水别墅

20 世纪 50—60 年代，由于第二次世界大战后城市重建的迫切需要，现代主义建筑在世界范围内被广泛应用，造成了千篇一律的"国际式"面孔。建筑师开始针对现代建筑进行反思和批判，重视建筑的本土人文特征，呈现出多元化建筑风格，出现了野性主义、典雅主义、高技术派、人情化等多种流派。20 世纪 70 年代出现了"后现代主义"建筑。后现代建筑师在尊重历史文化的同时提倡折中主义，尊重建筑的复杂性和矛盾性，本质是对现代主义的修正和调整。这个时期具有代表性的建筑师有文丘里（图 1-46 为文丘里设计的母亲住宅）、约翰逊等。

勒·柯布西耶设计的马赛公寓（图 1-47）低层架空粗大的支柱上粗下细，混凝土表面不做粉刷，整体风格粗犷有力，是野性主义倾向的代表作。

图 1-46　母亲住宅　　　　　　　　　　　　　图 1-47　马赛公寓

雅马萨奇（山崎实）设计的西雅图世界博览会联邦科学馆（图 1-48）的连续尖券造型让人联想到哥特式建筑，简洁的体形再现了古典主义建筑的典雅与端庄，是典雅主义倾向的代表作。

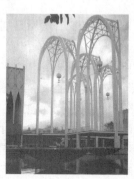
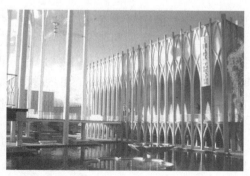

图 1-48　西雅图世界博览会联邦科学馆

建筑师在前人的基础上不断地借鉴社会各门科学艺术的发展对建筑进行思考，在 20 世纪末出现了结构主义建筑与解构主义建筑设计，钢结构的结构体系与构件全部暴露，各种管道设备悬挂在建筑外部，体现了机器美学，是高技术派倾向的代表作。

如图 1-49 所示为芬兰建筑师阿尔瓦·阿尔托（Alvar Aalto）设计的山纳特赛罗市政厅（Finland Santo Capello City Hall），延续了传统的欧洲庭院-塔楼式市政厅形式，将古典纪念性建筑元素和现代主义建筑形式融合，建筑材料不拘泥于传统，建筑造型不拘泥于水平和垂直线条，利用地形巧妙布局，建筑体量与人体尺度相宜，建筑与自然环境相得益彰，体现了建筑设计奠定"人情化"的倾向。

图 1-49　山纳特赛罗市政厅

第五节　绿色建筑和人居环境

一、绿色建筑

绿色建筑对环境无害，可充分利用自然环境资源，在全寿命期内最大限度地节约资源（节能、节地、节水、节材）、保护环境、减少污染，为人们提供健康、适用、高效的使用空间。因此，它又被称为可持续发展建筑、生态建筑、节能环保建筑等。

20 世纪 60 年代，美国建筑师保罗·索勒瑞提出了生态建筑的理念。20 世纪 70 年代，石油危机使太阳能、地热、风能等各种节能技术应运而生，节能建筑成为建筑发展的先导。1990 年世界首个绿色建筑标准在英国发布。绿色建筑技术注重低耗、高效、经济、环保、集成与优化，是人与自然、现在与未来之间的可持续发展的建设方式。

我国在 2006 年 3 月颁布了《绿色建筑评价标准》（GB/T 50378—2006），这是中国发布的第一部绿色建筑的国家标准，用于评价住宅建筑和公共建筑的能耗情况。十多年来，在国家科学发展观的引领下，各地纷纷出台政策、法规促进建筑生态化发展。在城市化、新城镇化的进程中，必须用节约、智能、绿色、低碳等生态理念指导建筑及城市建设。2019 年 3 月，住房城乡建设部发布《绿色建筑评价标准》公告，批准《绿色建筑评价标准》为国家标准，编号为 GB/T 50378—2019，自 2019 年 8 月 1 号起实施。该标准用于评价住宅建筑和办公、商场、宾馆等公共建筑，评价指标体系主要包括：安全耐久、健康舒适、生活便利、资源节约、环境宜居五大指标体系。

在建筑设计实践中利用建筑表皮特殊构造收集雨水，将太阳能转化为电能，通过种植、过滤海水淡化等绿色建筑设计层出不穷，如集雨摩天楼、迪拜太阳能垂直村落、绿屋顶法国中学、澳大利亚墨尔本的像素建筑、英国伦敦的西门子"水晶大厦"等，建筑形象颇为美观，可谓技术与艺术结合的典范。

波兰 H3AR 建筑事务所设计的集雨摩天楼（图 1-50），顶部和外壳设有系统的排水设施，大楼通过外表面设计的排水系统收集流经大楼侧面的雨水，并运送到楼板下的管道储存起来，然后输送到大楼中央巨大的漏斗形储水库（以便收集足够多的雨水）和芦苇（利用植物收集与处理雨水的结构原理，解决自身水的不足和剩余问题）处理区，把收集到的水处理成可用的水，然后通过传输水网运送到各个区域。这些经过大楼处理过的雨水可以作为卫生间、洗衣机、植物浇灌、清洗地板等生活用水。大楼平均每日每人用水约 150L，其中 85L 可能由雨水代替。水循环再利用技术使建筑中的日常用水消耗可以被雨水取代。

图 1-50 集雨摩天楼

格拉夫特建筑设计事务所（Graft Lab）设计的迪拜太阳能垂直村落（图 1-51）利用建筑表面吸纳大量阳光，将炙热的阳光变成电能，不仅降低了建筑内部温度，还缓解了电耗。太阳能垂直村落为多功能建筑，塔楼可作为住宅，建筑基座也可以设置电影院、宾馆、购物中心等。太阳能收集器（覆盖在建筑表面的太阳能电池板能够收集太阳光）位于这个多功能建筑群的南端，自动旋转枢轴可实现最大化日照时间。塔楼部分也采用了呈斜向的平板矩形，可以减少下面的阳光渗透，但又保证住宅有足够的采光。

图 1-51 迪拜太阳能垂直村落

如图 1-52 所示为法国绿屋顶中学（马塞尔·塞姆巴特中学），位于法国索特维尔·莱·鲁昂地区。这所中学紧挨着一家公园，建筑与周围的绿草和树林融为一体，几乎让人看不到它的存在。其扩建项目由一家餐馆、学生宿舍、员工宿舍及工作坊构成，绿色屋顶波浪起伏，能够起到天然的隔热作用。

图 1-52　法国绿屋顶中学

绿色建筑不仅限于立体绿化、屋顶花园的设计层面，还有赖于新技术、新材料等多种学科的综合。如西班牙泡泡形淡水工厂 Bubble-Shaped Freshwater Factory（Design Crew for Architecture）就是采用无电力消耗的海水净化系统的摩天大厦，塔内的几个储水罐填充有略含盐分的水（brackish water，比净水咸但不及海水），密封在圆形温室中，Brackish water 通过潮汐能（tidal power）将海水运送到塔中的循环装置，即通过红树装置（mangrove plants）吸收咸水中的物质并渗出淡水，宝贵的淡水钻出红树体外后蒸发并凝结成露水，工厂内的淡水池则负责收集露水。未来绿色建筑将是站在可持续发展与生态平衡的高度的跨学科合作研究。

二、建筑与环境

建筑离不开环境，如何利用并与环境取得和谐，甚至达到"虽由人作，宛自天开"的境界，就需要建筑师在设计中重视基地特征、周边环境和传统文脉，尊重自然环境、人文环境的同时融入时代文化，在传承中有创新，如我国的江南水乡建筑、布达拉宫、瓦尔斯温泉浴场、流水别墅、六甲山集合住宅都是如此，如图 1-53 所示。环境的制约往往成为设计最大的亮点，也体现了建筑师的智慧，中外优秀的建筑都充分证明了这一点。

| 江南水乡 | 瓦尔斯温泉浴场 | 六甲山集合住宅 |

图 1-53　建筑与环境的关系

建筑环境的营造需要考虑人的行为需求和心理需求。人类在长期的生活实践中形成了特定的行为模式和心理体验，人的行为和活动需要某种特定的建筑空间或环境场所，同时，建筑空间或环境场所中的设计暗示因素也会鼓励或禁止人们的某些行为。生产、生活方式的转变使人们的活动和行为方式变得更加丰富和复杂，作为建筑师，必须关注人的心理需求与建筑环境之间的关系，在功能合理的前提下提升建筑的体验感，在现代建筑中不仅体现为设计的艺术性，更要融入设计的技术性以推动绿色建筑设计的发展。

三、人居环境

人居环境的核心是"人"，基础是大自然，即人类的栖息地，人居环境经历了从自然环境向人工环境、从低级人工环境向高级人工环境的发展演变，从散居、村、镇、城市、城市带和城市群等演变，并仍将持续进行下去。理想的人居环境是人与自然的和谐统一。

人居环境科学是以人类聚居为研究对象，包括乡村、城镇、城市等在内的所有人类聚居形式为研究对象的科学，重点研究人与环境之间的相互关系，强调把人类聚居作为一个整体，从政治、社会、文化、技术等各个方面，全面地、系统地、综合地加以研究，目的是要了解、掌握人类聚居发生、发展的客观规律，从而更好地建设符合于人类理想的聚居环境。就内容而言，它包括自然、人类、社会、居住、支撑五大系统，包括全球、国家与区域、城市、社区、建筑五大层次。人居环境建设中的五大原则是生态观、经济观、科技观、社会观、文化观。

城市的发展引起了社会学家及专业人士对人居环境的探讨，如霍华德（E. Howard）的"田园城市"。19 世纪末产业迅猛发展使城市恶性膨胀，居住条件恶化，于是人们开始怀念旧式小城的安宁生活，发出了"回到自然中去"的呼声，在这种背景下，霍华德提出了"田园城市"的理想模式。该模式属于单核同心圆状结构：六条干道自中心城向外延伸，地域职能按同心圆层层展开。中心区是空旷的公园，作为休憩和公众集会的场所；四周是公共建筑群，布置行政、文化、娱乐等市级公共机构；中间是居住区；外层是公园绿地带；再外层是商业区，开展零售、批发业务与商业展览等。

如菊儿胡同（图 1-54）就是吴良镛先生人居环境主张的实践。菊儿胡同聚合南方住宅"里弄"和北京"鱼骨式"胡同体系的特点，突破了北京传统四合院的全封闭结构；在建筑形式上，与北京旧城的肌理有机统一，保持了城市文脉的延续。它是"有机更新"思想及建造"类四合院"住房体系的结合，既能满足现代生活需求，又适应了旧城

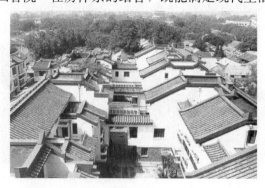

图 1-54　菊儿胡同

环境风貌；探索了旧城保护中住宅建设规划的新途径，是一次成功的旧城改造的试验。这组建筑群的设计得到了"联合国人居奖"等奖项和赞誉。

组合型城市地域结构模式。1973 年，格伦（V. Green）提出将城市地域分为城市景观与技术景观两部分。城市景观的功能是居住、轻型加工、行政管理、商务、教育科研和文化娱乐等，可采取细胞群布局方式，并保持适当距离，以免干扰；技术景观的功能是采矿冶炼、重型加工、交通运输、供水供能、仓储、污染物处理和防灾等。

"园林城市"是我国学者提出的一种单核多心的理想模式，含有圆环和扇形两种结构，全市分为市中心——居住区中心——居住小区中心构成三级中心，各级中心分别布置不同等级的公共设施和商业服务机构。居住区含 6 个居住小区，每个小区视情况可分为 2～4 个居住单元。

四、节能技术

被动式建筑节能技术和低碳建筑技术设计是绿色建筑的两大节能技术。

被动式建筑节能技术是指以非机械电气设备干预手段实现建筑能耗降低的节能技术，即在建筑规划设计中通过合理布置建筑朝向、设计立面和屋顶遮阳设置，提升建筑围护结构的保温隔热技术，设计利于自然通风的建筑开口等降低建筑通风、空调、采暖等能耗。

低碳建筑技术设计是在建筑材料与设备制造、施工建造和建筑物使用的整个生命周期内，减少化石能源使用，利用核能、太阳能、风能、生物质能等可再生能源技术提高能效，降低二氧化碳排放量。

思政小课堂

中国传统建筑有悠久的历史和丰富的文化内涵，是人类建筑史上的璀璨明珠。它承载着中华民族的建筑艺术、宗教、民俗、营造技术及建筑环境等多方面的理念和智慧，记录、传承了中国古建筑的建筑布局、形制等级、构造形式、结构类型、色彩运用和营造特征。

从结构形式看，我国传统建筑主要分为抬梁式、橡斗式、穿斗式、井干式。其中抬梁式建筑，先在地面上起土台、石础、立木柱，柱子上架梁，梁之间使用枋连接，梁上架檩，檩上架椽。橡斗式建筑由枋、檩、柱构成，在四川、湖南、江西等地较为常见。穿斗式结构又称立帖式，这是用柱距较密、柱径较细的落地柱与短柱直接承檩，柱间不施梁而用若干穿枋联系，并以挑枋承托出檐。这种结构在我国南方使用普遍，优点是用料较少，山面抗风性能好；缺点是室内柱密而空间不开阔。井干式结构中，使用原木嵌接成框状，层层相叠的木材构成墙壁。木墙既负责承重，又充当围护结构。

从外观上来看，我国传统建筑由屋顶、屋身、台基等构成。其中屋顶有大小之分，大式屋顶包括攒尖、歇山、庑殿等。小式屋顶包括卷棚、悬山、硬山等类型。屋顶的质量由梁柱承担。屋身由柱、围护墙壁及门窗构成，其中柱间处理较为灵活。屋中的不同空间常使用帷幕、屏风、隔断、围墙等进行分割。台基可衬托建筑的威严和高大，成为传统建筑的重要构成部分。一般房屋的台基为单层，较为隆重的殿堂使用两层或三层台基。台基多呈现长方形，包括须弥座、普通台基两类，前者由佛座演变而来，具有很强的装饰性，常用在宫殿、坛庙、塔等高级建筑物中。

中国传统建筑结构的美学特征可归结为序列层次美、自然和谐美、结构精巧美、规格稳定美、造型意境美。中国传统建筑利用精巧的结构形成了稳定的构图比例与优美的曲线特征，建筑与自然和谐相处并在园林中形成了众多精巧的艺术构思，印证了中国传统哲学思想中天人合一的浪漫主义情怀与高雅的审美趣味，礼仪与等级制度影响下的色彩选择也给建筑带来了丰富的感官体验，体现了儒家思想文化下的理性的等级秩序。它是中国几千年来发展中结合中国传统文化特征与地理因素形成的人类智慧，具有鲜明的地域与民族特征，对中国的未来建筑发展的价值体系具有重要的参考作用。因此我国古代建筑之美，不仅使中华民族的务实精神得到了很好的诠释，中华民族对美的深刻认识也在建筑上体现得淋漓尽致。

中国建筑要面向未来，但更不能忘记它还背靠五千年中华文明。应认真梳理和汲取拥有强大生命力的中国传统建筑风格和元素，坚持以人为本的建筑本原，既研究传统建筑的"形"，更传承传统建筑的"神"，妥善处理城市建筑形与神、点与面、取与舍的关系，在建筑文化泛西方化和同质化的裹挟面前清醒地保持中国建筑文化的独立与自尊。在与西方建筑技艺交融对话中不断发展中国建筑文化，努力建造体现地域性、文化性、时代性和谐统一的有中国特色的现代建筑。

思考题

1. 建筑的本质是什么，如何理解？
2. 建筑的基本属性是什么？
3. 理解建筑的基本构成要素及其之间的关系。
4. 用案例比较分析建筑形象的审美价值及设计师的审美观。
5. 建筑物的基本构造组成有哪些？请谈谈各自的功能。
6. 试述中国传统建筑的基本特征及形成的历史渊源。
7. 西方传统建筑特点与中国传统建筑特点的比较分析。
8. 现代主义、后现代主义建筑产生的原因、主要思想及风格特征。
9. 什么是绿色建筑？绿色设计与绿色技术具体包含哪些内容？试举例说明。
10. "天人合一"在建筑设计中如何体现的？试用案例进行论证。

第二章 建筑构成

把传统的平面构成、色彩构成、立体构成与建筑设计进行结合，是为了将建筑中较为复杂的形（造型、形态）、色（材质、色彩、肌理）、结构、空间等用构成中的秩序和规律进行理性分析，把建筑的平面、立面、屋顶、空间解构成点、线、面、体等基本元素，再研究其在空间构成、建筑设计中的运用和表现，形成从二维到三维、四维的认知过程。

第一节　构成的基本知识

一、构成的理解

构成就是把各种要素（形态或材料）进行分解、打散，并按照一定的秩序重新进行组织。构成的概念始于 20 世纪 20 年代的包豪斯，是一种现代造型概念，试图用新的观念理解设计和艺术，其核心是"要素重组"，形成简洁的结构。

蒙德里安作于 1930 年的"红黄蓝构图"（图 2-1）是几何抽象风格的代表作之一。粗重的黑色线条把画面分成七个大小不同的矩形，右上角鲜亮的红色矩形面积最大，控制着整个构图；左下角的小块蓝色、右下角的一点点黄色及四块灰白色与红色正方形在画面上取得平衡。红黄蓝三原色面积的差异因为黑白灰的分割使冷暖达到了均衡，垂直线和水平线划分的矩形块面理性而富有节奏，看似稳重的画面充满着比例与尺寸的生动美感。通过直线和直角（水平与垂直），三原色（红、黄、蓝）和非色素（黑、白）实现了几何抽象原则蕴含的无限力量和象征的永恒存在，充分体现了统一与变化、比例与尺寸、均衡与稳定、节奏与韵律的形式美原则。

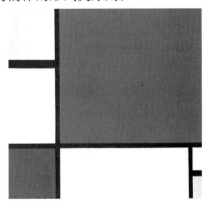

图 2-1　红黄蓝构图

传统的构成分为平面构成、立体构成和色彩构成。当其应用于建筑设计中并与建筑结合进行研究时，这三大构成可以整合、拓展到建筑空间形成空间构成，甚至可以从二维、三维发展到四维，这样就可以通过空间构成来研究建筑空间的形态、大小、开合、关系等，同时贯穿材质和色彩、形状和形态的认知。

二、构成的基本要素和基本形式

构成的基本要素可以概括为造型要素和情态要素两个方面。造型要素包括形态要素（点、线、面、体等）、色彩、结构、材料等；情态要素则是由造型要素引发的情感联想和情感反应。

构成的基本形式主要有重复、渐变、发射、近似和对比构成等。

学习构成可以帮助我们从抽象概念系统的视角认识形（形状、形态）、色（材质、色彩、肌理）、体块、空间和形式美法则。如基本形及其不同排列组合方式对建筑平面布置和立面设计的影响；认识色彩的特点及情感倾向及建筑色彩规律；立体构成空间建构的要素、方法、特点对建筑设计和建筑空间的启发。因此构成的基本思维和方法对建筑设计有很大帮助（图2-2）。

图2-2　东京中银舱体大楼

三、形式美规律和法则

形式美规律和法则是构成中通用的原理，或者可以说它适合所有的设计与艺术，适合所有美的东西。

统一与变化：统一是要形成整体感和系统性，变化是要打破统一的单调，通过对比达到调和，例如大小、虚实、轻重、明暗等。只有统一没有变化会单调、沉闷，变化太多突破统一就会显得琐碎、凌乱，因此，统一中有变化，变化又能融于统一之中，使其产生对比与调和的美感。

比例和尺度：比例是数量之间的对比，在建筑上体现为长、宽、高的尺寸关系。黄金分割比、斐波那契数列、等差数列、等比数列等都是谋求统一或均衡的数量秩序。尺度则是指整体与局部、局部与局部之间的大小关系，相对于某一固定物体的比例关系，建筑中的尺度可以理解为建筑、空间、构件尺寸与人体尺寸的相对比例关系，以及其与周围环境特点的适应性。

均衡与稳定：均衡有对称均衡和不对称均衡两种形式，但无论哪种形式，都要取得视觉上的稳定和平衡感。过于对称会显得单调呆板，均衡可以追求变化的秩序美。如图2-3所示的德·沃尔住宅中对称平面与均衡平面都是稳定的，但不对称的均衡构图则显得生动活泼。

节奏与韵律：节奏与韵律是源于人们对音乐的感知，但后来指建筑中有规律地重复和有秩序地变化，从而产生审美感受。如图2-4所示，悉尼歌剧院的帆船造型就非常有节奏感。

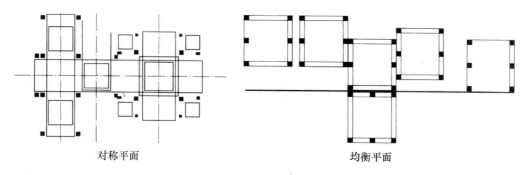

对称平面   均衡平面

图 2-3　德·沃尔住宅

图 2-4　悉尼歌剧院

第二节　平面构成

一、平面构成的要素和特征

平面构成是将既有的形态（包括具象形态和抽象形态——点、线、面）在二维平面内，按照形式美法则和一定的秩序（构成形式）进行分解、组合，从而创造出新的形态和理想的组合方式、组合秩序。

1. 形态要素

点是视觉设计中最小的单位，点的存在是相对的。点在平面设计中有许多特性，如点的集合会吸引视线；点的密集会有面的感觉；大小不同的点摆在一起会产生空间感；大小一致的点按照一定的方向有规律地排列，形成线的连续感。点的大小排布会产生曲面的效果。

线是点的延长和延续，设计中的线既有长度，又可以具有宽度和厚度。等距离密集排列的线形成面的效果；不同粗细、疏密变化的线可以产生空间透视效果；线的排列制造立体的效果。直线和曲线产生的美感不同，直线简洁、明快、直率、静态、理性，具有男性气质。曲线是女性化的象征，柔美自由，几何曲线明确，易于理解，具有双重性；自由曲线较复杂，富于变化。

面是点的密集或线移动的轨迹，体现了充实、厚重、整体、稳定的视觉效果。几何图形形成的规则面，表现出规律、平稳、理性的视觉效果；不规则的曲面、直线围成复杂的面；自然形的面给人以生动、厚实的视觉效果；有机形的面显出柔和、自然、抽象的形态；偶然形的面显得自由、活泼。点、线、面构成如图 2-5 所示。

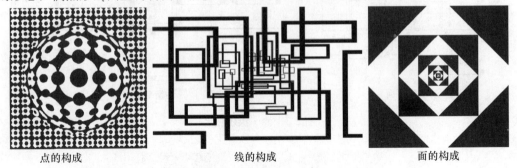

点的构成　　　　　　　　线的构成　　　　　　　　面的构成

图 2-5　点、线、面的构成

2. 基本形和骨骼

基本形是指构成图形的基本元素单位。一个点、一条线、一块面都可以成为基本元素。基本形的设计应该简练一些，以免由于构成形式本身的丰富多样而使画面过于烦琐。

骨骼是按照一定的规律将基本形组合起来的编排方式。骨骼可以分为有规律骨骼和无规律骨骼，如重复、渐变、发射、特异等都是有规律的骨骼。

基本形可以丰富设计形象，而骨骼是管理基本形的编排方式，两者相互依存，犹如肉和骨的关系，基本形和骨骼的关系如图 2-6 所示。基本形和骨骼的变化如图 2-7、图 2-8所示。

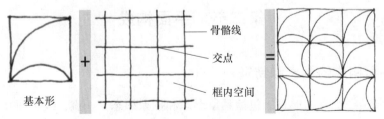

基本形　　＋　　　　　━━ 骨骼线
　　　　　　　　　　　━━ 交点
　　　　　　　　　　　━━ 框内空间　　＝

图 2-6　基本形和骨骼的关系

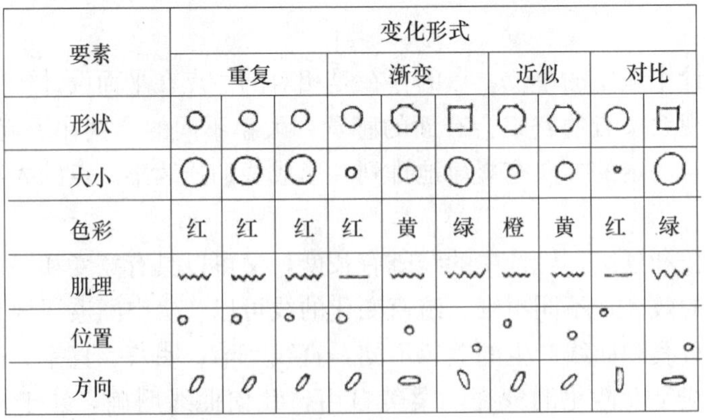

要素	变化形式									
	重复			渐变			近似		对比	
形状	○	○	○	○	⬡	□	⬡	⬠	○	□
大小	○	○	○	∘	○	○	○	○	∘	○
色彩	红	红	红	红	黄	绿	橙	黄	红	绿
肌理	〜	〜	〜	－	〜	〜	〜	〜	－	〜
位置	∘	∘	∘		∘	∘	∘	∘	∘	∘
方向	0	0	0	0	－	◡	0	0	◡	－

图 2-7　基本形的变化

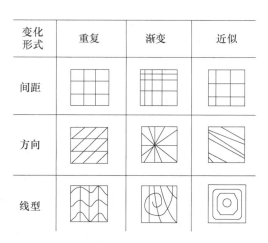

变化形式	重复	渐变	近似
间距			
方向			
线型			

图 2-8　骨骼的变化

3. 图底关系

我们通常把平面上的形象称为"图"，图周围的空间称为"底"（图 2-9）。"图"和"底"是共存的。在视觉上有凝聚力，有前进性的，容易成为"图"；起陪衬作用，具有后退感的，依赖图而存在的则成为"底"。"图"和"底"关系是辩证的，两者常常可以互换。这也是我们在处理平面构成时需要注意体会和分析的。

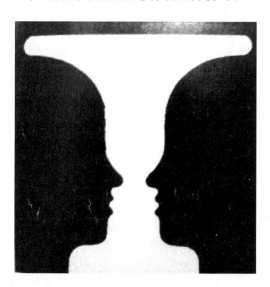

图 2-9　图与底

二、平面构成的基本形式

1. 重复构成

重复构成即同一形态或同组形态连续地有规律地反复出现，分为基本形的重复和骨骼重复。通过变化加强人对形象的视觉记忆，创造丰富感。重复构成形式在设计中的应用极其广泛，给人以壮观、整齐的美，如建筑中整齐排列的窗户、阳台，地面的瓷砖，纺织面料的纹理等。如图 2-10 所示，重复的构成形式整齐、和谐，富有韵律美。

2. 渐变构成

渐变构成即形态接近基本形或骨骼逐渐地、有规律地循序变化。常见的视觉现象如月亮圆缺、树叶长大、花儿开放、人的衰老等都是一个渐变的过程。其类型有形状渐变、大小渐变、增减渐变、方向渐变、骨骼渐变、位置渐变、色彩渐变等。如图 2-11 所示，渐变块面向中心积聚，具有强烈的向心性和节奏感。

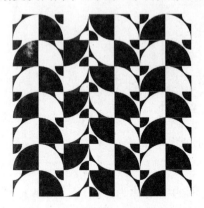
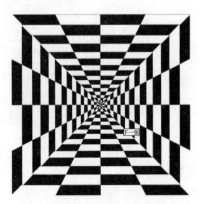

图 2-10　重复构成　　　　　　　图 2-11　渐变构成

3. 近似构成

近似构成是形态的接近或相似（统一中呈现生动的变化），如图 2-12 所示。近似分形状近似和骨骼近似。形状近似：以一个基本形为原始形，在此基础上做加、减、变形、正负、大小、方向、色彩的变化；两个基本形相加减；同一基本形在空间中旋转方向；用变形的手法，把基本形伸张或变形。骨骼近似：骨骼单位的形状、大小有一定变化；将基本形以不同的方式、形状分布在设计的骨骼内，近似形是同族类的关系。

4. 发射构成

如图 2-13 所示，发射构成是基本形和骨骼有序变化的特殊的重复或渐变。它有两种特征：一是有明确的中心并向四周扩散或向中心聚集；二是以一点或多点为中心，向周围发射、扩散，形成空间感或光学的动感，具有较强的节奏。发射有一点式、多点式及旋转式发射，形式有离心式、向心式、同心式、多心式。设计中可多种形式组合，以取得丰富多变的视觉效果。

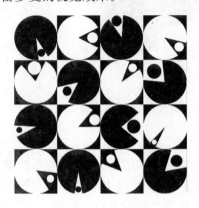

图 2-12　近似构成　　　　　　　图 2-13　发射构成

5. 特异构成

特异构成是在有序的关系中，使少数个别要素突破秩序、打破规律的构成手法，如图 2-14 所示。特异在视觉上容易形成焦点，打破单调，形成"万绿丛中一点红"的意境。特异可以分为基本形特异、骨骼特异和形象特异等。还可将形象部分进行切割、重新拼贴，采用压缩、拉长、扭曲形象或局部等进行夸张表达。

6. 密集构成

密集构成是数量众多的基本形在局部密集、局部稀疏，聚、散、虚、实之间有种渐移的引力，如图 2-15 所示。需要注意的是，密集的基本形面积小、数量多才有效果，如果基本形大小差别太大就成对比了。其类型有点的密集、线的密集、自由密集。生活中如小雨点落在池塘水面上形成的点，大雨从空中落下画出的线条，聚集在一起的蜜蜂、蚂蚁等，都是密集构成。

图 2-14 特异构成　　　　　　　图 2-15 密集构成

7. 分割构成

分割构成是按照一定的比例和秩序进行切割或划分的构成形式。其类型有等形分割、等量分割、自由分割、比例与数列分割等，产生理性、严谨、秩序感。

黄金比例分割 1：0.618 黄金比矩形的画法：以一个正方形的一边为宽，先量取正方形底边的二分之一点，画弧交到正方形底边的延长线上，此交点即为黄金比矩形（图 2-16）长边的端点。

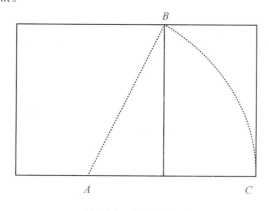

图 2-16 黄金比矩形

斐波那契数列是数列相邻两项的数字之和，第一项为1，第二项为0加1，还是1，第三项为1加1得2，第四项为1加2得3，第五项为2加3得5，依次类推，如：0，1，1.2，3，5，8，13，21，34，55，89，…。这种数列在造型上比较重要，它的美妙就在于邻接两个数字的比近似于黄金比例。

等级差数数列又叫算术级数数列，即数列各项之差相等，如1，2，3，4，5，6，7，8，…。这种数列是每项数均递增相等的数值。

三、平面构成在建筑设计中的运用

建筑设计中，平面、立面和空间造型中都用到构成的手法，以下列举几种常用的平面构成形式。

1. 平面切割手法

切割手法可以理解为"减法"过程，把一个整体形态用某种形式分割成若干个基本形进行再构成。平面切割的基本形是一个整体，经过切割之后的变化如果尚可以看出原形，则各个局部之间的形态张力会有一种复归原形的力量，增强形态的整体感。如美国国家美术馆东馆（图2-17），其设计者贝聿铭通过平面切割的手法，将用地分为两个三角形，从而解决了原来梯形用地形态不明确的弱点。

有的基本形平面切割之后，进而对切割后的基本形进行缺减、消减、移位等操作，操作后能识别出原来的基本形，这样不管如何切割都有一种整体的、纯粹的感觉，从而达到有序变化的目的。

2. 平面积聚手法

将平面中的基本元素汇集和群化，从而产生各种力感和动感，我们可以将它们归类到平面积聚手法。在建筑平面设计和立面设计中经常使用。如图2-18所示，马赛公寓立面就是按次序把矩形积聚起来的。

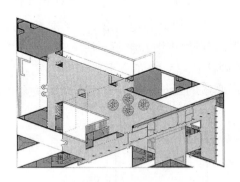 

图2-17　美国国家美术馆东馆　　　　　图2-18　马赛公寓

积聚的单体数量越多，产生新形态的感觉越强，单体的个性和独立性越弱，因此在积聚时单体多的时候要以简单的基本单体为宜；单体数量少时，单体的形体更重要。

3. 肌理表现

肌理处理在建筑立面最为常用，不管是在建筑外墙还是内部房间的墙面，都可以运用肌理的变化，产生特殊的效果。不同性质的建筑对肌理的要求也有所不同，肌理设计往往要和建筑功能契合，同时还要和光线的作用结合起来，通过光影的变化丰富建筑的立面。如图 2-19 所示，王澍设计的中国美院象山校区、宁波历史博物馆、三合宅，采用了中国传统建筑的砖、瓦、竹、木、石等建筑材料，产生了朴素、宁静的美感。

中国美院象山校区　　　　　　宁波历史博物馆　　　　　　三合宅

图 2-19　建筑的肌理

如果在设计中过分追求形式，可能影响功能的不足，如何让两者在设计中达到平衡并相互促进呢？可以借鉴古典主义建筑设计的思想，将理性的几何分析和设计方法运用到平面功能布置中，这就使建筑在设计的初始就有构成理念，而不会造成两者的背离，也可以扩展运用平面分割构成来组织建筑平面。

第三节　色彩构成

黑白产生纯粹、复古，但色彩能确切表达事物的特征，使形象更逼真完整。作为考虑美感的构成手法，自然要把色彩作为立足点，这样才能使构成设计更加形象、更有表现力（图 2-20）。

图 2-20　建筑的色彩

一、色彩的基本知识

1. 色彩的概念

色彩是不同波长的光刺激眼睛的视觉反应，是光源中可见光在不同质的物体上的反应。根据色彩产生的原理我们不难发现，光是产生色彩的直接原因，而"建筑是捕捉光的容器，就如同乐器如何捕捉音乐一样，光需要可使其展示的建筑"（著名建筑师罗杰斯语），色彩必然在建筑上得以呈现。

2. 色彩三要素

色彩的三要素如图 2-21 所示。

色相：色彩的相貌。在可见光谱中，红、橙、黄、绿、蓝、紫每一种色相都有自己的波长和频率，它们从短到长排列，构成色彩体系中的基本色相。

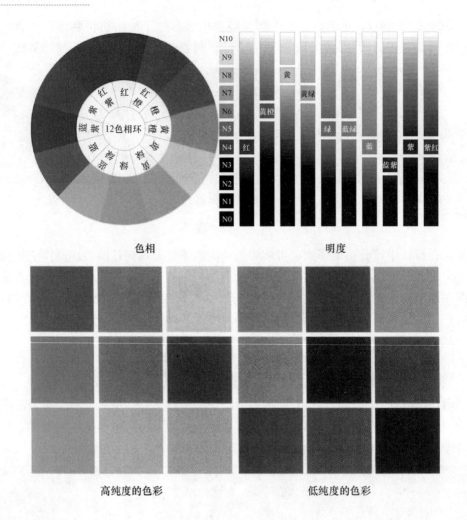

图 2-21 色彩的三要素

明度：色彩的明暗程度。无彩色中，白色明度最高，黑色最低；有彩色中，黄色最高，紫色最低。加黑、加白可改变明度。

纯度：色彩的鲜艳程度（饱和度或彩度）。可见光谱中的各单色光最纯。其中红、黄、蓝三原色纯度最高，绿、紫、橙三间色纯度次高，色彩混合越多纯度越低。加白、加黑、加灰（黑白调和）、加互补色，是改变纯度的四种方法。

3. 色彩之间的关系

对比关系：两种颜色互相混合成为另一色相的颜色，如红、黄、蓝三原色两两混合就会出现另一种原色的补色，如红与蓝调和出现紫色，紫色是黄色的补色；黄与蓝调和出现绿色，绿色是红色的补色；红与黄调和出现橙色，橙色是蓝色的补色。一对补色在色相上呈现出最强烈的对比关系。

互补关系：色彩中的互补色有红色与绿色互补、蓝色与橙色互补、紫色与黄色互补。互补色相互调和会使色彩纯度降低，变成灰黑色。在光学中，若两种色光以适当比例混合而能产生白色感觉时，则这两种颜色就被称为互补色。

调和关系：两种临近色或相邻色相互混合后仍明显具有其色相的颜色是调和关系，如红与黄、黄与橙、黄与绿、绿与蓝、蓝与紫、红与紫等。

复色关系：三种以上的颜色混合称为复色。

色彩有一些普遍性的心理现象和心理情感。例如色彩的视知觉现象：色彩的对比、膨胀与收缩、前进与后退、色彩的错视等。再如色彩的情感（图2-22）：色彩的冷与暖、软与硬、素与艳、流动感、兴奋与沉静感、轻重感、明快与忧郁感、音乐感等。

| 冷与暖 | 软与硬 | 素与艳 | 流动感 |

图 2-22　色彩的情感

二、色彩构成

色彩构成（Interaction of Color）是从人对色彩的知觉和心理效应出发，用科学分析的方法把复杂的色彩现象还原成基本要素，利用色彩在空间、量与质上的可变幻性，按照一定的规律组合、调整色彩之间的相互关系，再创造出新的色彩效果的过程。

1. 对比构成

色彩的对比构成如图 2-23 所示。

| 色相对比 | 明度对比 | 纯度对比 |

图 2-23　色彩的对比构成

以色相变化为基础的对比构成：两种以上色彩调和后，由于色相差别而形成的色彩对比效果称为色相对比。这是色彩对比的一个根本方面，其对比强弱程度取决于色相之间在色相环上的距离（角度）。距离（角度）越小则对比越弱，反之则对比越强。

以明度变化为基础的对比构成：两种以上色相组合后，由于明度不同而形成的色彩对比效果称为明度对比。它是色彩对比的一个重要方面，是决定色彩方案感觉明快、清晰、沉闷、柔和、强烈、朦胧与否的关键。

以纯度变化为基础的对比构成：两种以上色彩调和后，由于纯度不同而形成的色彩对比效果称为纯度对比。它是色彩对比的另一个重要方面，但因其较为隐蔽、内在，故易被忽略。在色彩设计中，纯度对比是决定色调感觉华丽、高雅、古朴、粗俗、含蓄与否的关键。其对比强弱程度取决于色彩在纯度等差色标上的距离，距离越长对比越强，反之越弱。

2. 调和构成

色相环上大角度的对比色相配色过于炫目，色彩刺激感太强，易引起视觉疲劳，长时间会使人心理失去平衡而产生焦躁、紧张、不安等情绪。过于调和的色彩视觉可辨度差，显得模糊、呆板、乏味、单调，看多了容易产生沉闷、厌烦、疲劳。

因此，色彩调和就是寻求色彩的平衡与协调，色调既鲜艳夺目、生机勃勃，又不过于刺激、尖锐、眩目，达到视觉的最佳舒适感，这就要运用调和构成的手法。

（1）共性调和（图 2-24）。

色相调和　　　　　　　　　明度调和　　　　　　　　　纯度调和

图 2-24　共性调和

在多种色相色彩对比强烈组合的情况下，为使其达到整体统一、和谐协调之目的，往往用加入某个共同要素而让统一色调去支配全体色彩的手法，称为色彩统调，一般有色相、明度、纯度三种方式的调和。

色相调和：使色彩同时都含有某一共同的色相，如红、橙、黄橙、黄等色彩组合，其中由黄色统调，使配色既有对比又有调和。近似色、邻近色、相邻色都具有共性调和的特征。

明度调和：在诸多色彩中，使其同时都含有白色或黑色，以求得整体色调在明度方面的近似，如粉绿、嫩黄、粉红、浅雪青、天蓝、浅灰等色的组合，由白色统一成明快、优美的"粉彩"色调。

纯度调和：在众多参加组合的所有色彩中，使其同时都含有灰色，以求得整体色调在纯度方面的近似。如蓝灰、绿灰、灰红、紫灰、灰等色彩组合，由灰色统一成雅致、细腻、含蓄、耐看的灰色调。

（2）面积调和（图2-25）：加大不同色相对比的面积，使较大面积的色彩占主导地位，小面积的色彩处于从属地位，恰似"万绿丛中一点红"的效果。

（3）秩序调和构成（图2-26）：将色彩按照一定规律有秩序地排列、组合的一种调和形式，如色相秩序、明度秩序、纯度秩序、互补秩序、综合秩序等。其特点是具有强烈的明亮感和闪光感，富有浓厚的现代感和装饰性，甚至还能形成幻觉空间感。

图 2-25　面积调和

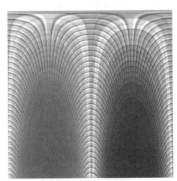
图 2-26　秩序调和

3. 调性构成

在优化或变化整体色调时，最主要的是先确立基调色的面积。一幅多色组合的作品，大面积、多数量使用鲜色，就会形成鲜调，大面积、多数量使用灰色，就会形成灰调，使色调产生明显的统一感，如图2-27所示，其他色调依此类推。如果只有基调色而没有变化冲突，会使色彩搭配单调、乏味。如果设置了小面积对比强烈的点缀色、强调色、醒目色，其不同色感和色质的作用，会使整个色彩气氛丰富、活跃。但是整体与变化是矛盾的统一体，如果对比、变化过多或面积过大，易破坏整体，失去统一效果而显得杂乱无章。反之，若面积太小则易被四周包围的色彩同化、融合而失去预期的作用。

图 2-27　鲜灰调式

三、色彩构成在建筑设计中的运用

1. 建筑设计中色彩构成的基本原则

建筑色彩是城市景观中的主体部分，相应地，建筑色彩是城市色彩的主角，它的处理得当与否直接影响城市色彩的审美。我们在把握好建筑主色调的基础上，可以利用色彩对比的原理使统一中富有变化。建筑色彩设计应把握好三个原则：考虑建筑环境，依据建筑功能，表达审美思想。

2. 建筑设计中色彩构成的运用

色彩构成对建筑外部形体和内部空间的塑造上的作用非常明显。突出建筑形体之间的关系可以运用色彩对比的原理，通过背景体块和分离体块之间色彩的对比，把各部分的形体凸显出来。色彩的前进和后退等色彩感觉还能够增强建筑形体的雕塑感。建筑色彩与建筑功能具有一定的对应关系，以符合或者反映其功能特点。如疗养院、医院建筑选用白色或中性灰色为主调，使其在心理上给人以清洁、安静之感（图 2-28）。

图 2-28　灰色调建筑

（1）色彩的物理作用。不同的色彩对太阳辐射的吸收是不同的，热吸收系数（取值介于 0～1）也就不同，因此会产生不同的物理效能。例如，炎热的夏天，浅淡色的服装使人感觉凉爽；而寒冷的冬季，红色、橙色等暖色调的衣服使人感觉温暖。然而城市里大多数建筑的外墙为什么都无彩色或只有淡雅的色彩呢？这是因为浅淡色调吸热系数小，节能省电（图 2-29 所示的千喜教堂是迈耶白色派建筑的典型代表）；深色调吸热系

图 2-29　千喜教堂

数大，墙面温度高，外墙面粉刷易脱落，影响美观。另外，不同色彩对光的反射系数也不同，黄色、白色反射系数最高，浅蓝色、淡绿色等浅淡色彩次之，紫色、黑色反射系数最小，因此在建筑外墙上采用高反射系数的色彩可以增加环境的亮度。

（2）色彩的装饰作用。色彩在建筑中的首要功能就是装饰。形形色色的建筑经过色彩的装点，很好地与地面、植物、天空等背景融合在一起，构成了丰富多彩的环境景观，建筑因色彩而独具魅力。同时，建筑也可以从周围环境中"跳"出来，充分显示个性。如图 2-30 所示的吉拉迪住宅，由墨西哥建筑师路易斯·巴拉干设计，建筑用红色、黄色、蓝色加粉红色、淡紫色、白色，通过平面和光线的巧妙设计，使光与色彩、空间、墙体、水面、地面产生了梦幻般的美感。

图 2-30　吉拉迪住宅

（3）色彩的标识作用。色彩在装饰建筑的同时，也在不同的建筑之间和同一建筑的不同组成部分之间起着重要的区分标识作用，增加了建筑的可识别性。

譬如，勒·柯布西耶设计的马赛公寓（图 2-31），在不同单元之间的隔墙上涂抹了各种鲜艳的颜色。这些高饱和度的红色、黄色、蓝色等为每个单独的居住单元抹上了个性化的色彩，同时形成了明显的标识作用，使居住者在楼外可以凭借不同的颜色方便地找到自己的居住单元。

图 2-31　马赛公寓

（4）色彩的情感作用。色彩的情感作用是从人们的心理情感及需求出发，赋予建筑的一种抽象意义。

譬如，城市中的居住建筑，目前大多采用高明度、低彩度、偏暖的颜色，这样的颜色能给人带来温暖、明亮、轻松、愉悦的视觉心理感受；办公建筑为了体现理智、冷静、高效率的工作气氛，往往采用中性或偏冷的颜色，如白色、淡蓝色、浅灰色、灰绿色等。所以，色彩的情感作用来自对它的联想与象征。

（5）建筑色彩的文化意义。建筑色彩在历史发展中被赋予了某种象征意义，传统建筑色彩在一定程度上代表了国家、地域的文化。色彩表达了宗教、等级、地位等观念，如我国魏晋时期，金色在佛教建筑上是必需的色彩；自唐朝开始，黄色成为皇室特用的色彩，皇宫寺院用黄色、红色、绿色、青色、蓝色等为王府官宦建筑用色，民舍只能用黑色、灰色、白色等色，利用色彩来维护统治阶级的利益（图3-32）。周代阴阳五行理论中，以五种颜色代表方位：青绿色象征青龙，表示东方；朱色象征朱雀，指南方；白色象征白虎，表示西方；黑色象征玄武，表示北方；黄色象征龙，指中央。这种方位思想一直延续到清末。

图 2-32　建筑色彩的文化意义

第四节　立体构成

平面构成、色彩构成都是二维构成，但建筑是三维的，是不是可以把平面构成中的形态要素转化成体量形象，再推敲出它们的构成形式呢？这就是立体构成，它是使用各种基本材料，将空间体量从分割到组合或从组合到分割的过程，也是将造型要素按照美的原则组成新的立体的过程。

一、立体构成的基本要素

形态要素、色彩要素、材料要素是立体构成的三大要素。

1. 形态要素

形态要素包括点、线、面、体。立体构成中的点、线、面、体是相对连续、循环的关系。例如"点"按一定方向连续就会变成"线"；而"线"的排列又会形成"面"；"面"的组合就形成"体"。"体"也是相对的，例如，一幢幢建筑是体块，在整个城市中看来却只能是点而已。点、线、面构成如图 2-33 所示。

图 2-33　点、线、面构成

（1）点材

"点"是平面几何"点"的三维化。材料支撑的点往往和线材、面材和体材相结合，共同形成立体构成。点的视觉凝聚力最强，点具有灵动性、跳跃性的特点。

（2）线材

在实际生活中，线材包括硬材料和软材料。硬材料有木材、塑料、金属等条状材料；软材料则有棉、麻、化纤及可以弯的金属线等。

线材构成是通过线群的集聚和框架的支撑形成面，从而形成空间形体，其表现空间和形体的能力较弱。线群及网格的疏密变化形成节奏和韵律。

（3）面材

面材构成亦即板材组合构成，具有平薄与延伸感，较线材空间感更强。面材构成可分为空心造型和实心造型。空心造型是通过面材的切割与折面围合的空间造型，如建筑中墙体围合的空间；实心造型则是用类似、渐变或相同的面材结构叠加形成的面层效果。

（4）体材

体材的立体构成在建筑设计中最常见。体材构成主要通过加法和减法实现，如削减法、添加法、组合法、分离法等。体材变化组合关系如图 2-34 所示。体材连接组合关系如图 2-35 所示。

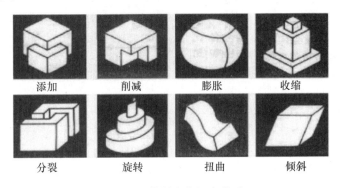

图 2-34 体材变化组合关系

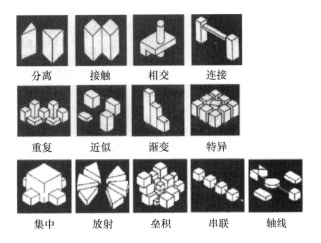

图 2-35 体材连接组合关系

2. 色彩要素

色彩与材料有着密切的联系，如木材、沙石、泥土等自然材料本身就具有色彩美，人工材料中的色彩更加灵活而丰富。色彩面积、搭配要注意以下几点：一是整体色彩感；二是不同角度的色彩关系；三是光影下的色彩变化。

3. 材料要素

任何立体构成都与材料密切联系。立体构成充分展示材料的本质特性，反映出材料的肌理和质感，而肌理有视觉肌理和触觉肌理之分，如粗糙感、光滑感、软硬感。同时材料之间还需要结构进行组合，因此，造型时还要从材料的强度、力学性质、结合方式进行考虑。

二、立体构成在建筑中的运用

1. 纯粹的几何体

自古以来，单纯的几何体因其独立而完整的造型经常被应用到建筑设计中，如四棱锥的埃及金字塔［图2-36（a）］，半球体与圆柱体结合的罗马万神庙［图2-36（b）］，立方体和长方体由于其内部功能的适应性而普遍被采用，如国家游泳中心"水立方"［图2-36（c）］。

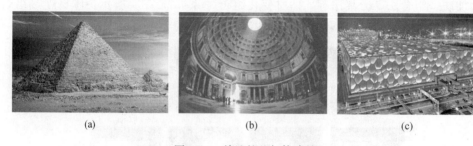

(a)　　　　　　　　　(b)　　　　　　　　　(c)

图 2-36　单纯的几何体建筑

2. 重复

不断重复某个几何体的群化效果会产生某种特别的氛围，形体之间出现的独特空间也值得我们关注。路易斯·康在印度经济管理学院（图2-37）的设计中，重复同一形式而形成了教学楼建筑群体，二十几栋宿舍楼也是相同形式的组合。

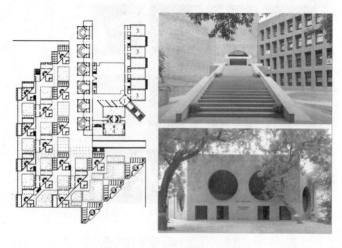

图 2-37　印度经济管理学院

3. 连接

在保证各部分几何轮廓特征的前提下，用某种方法将它们连接起来。路易斯·康在宾夕法尼亚大学理查医学院研究中心的平面设计中将正方形的服务空间与附在其周围的工作空间作为一个单元，再将它们连接成一个整体（图 2-38）。

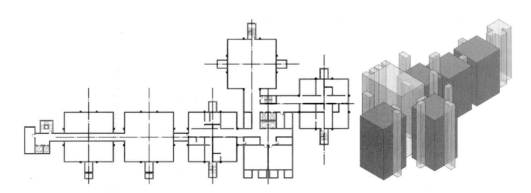

图 2-38　宾夕法尼亚大学理查医学院研究中心

4. 分割

把整体的几何体分成更小的几何体，是一种分解的过程，在外轮廓保持简单的基础上，考虑内部形态。安藤忠雄在住吉长屋的设计中，把内部分成三个部分，中间是虚空——庭院，两边是实体——两个居住体块，在院内设计楼梯和过道，各功能空间简洁明了（图 2-39）。

5. 套匣

在某几个几何体的内部将渐次缩小的几何体完全嵌套在相同的形体中。毛纲毅旷设计的"反住器"是将三个立方体以套匣的方式套在一起，最里面是起居室和餐厅，立方体之间的空隙是类似于走廊或楼梯的空间。类似的建筑还有藤本壮介的 House N（图 2-40）。

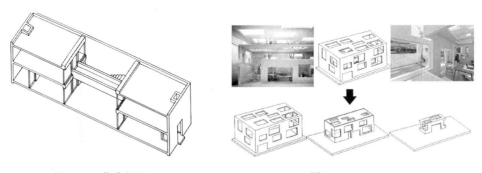

图 2-39　住吉长屋　　　　　　　　　　图 2-40　House N

6. 穿插

把多个几何体在同一空间中穿插组合在一起，当几何体过于统一时要避免削弱每个几何体本身的表现力。安藤忠雄的光之教堂（图 2-41），斜墙的穿插给方盒子增加了灵动性的同时，将柔和的光线引进教堂内部，掩蔽了现存于内院中的牧师住宅，为不同功能体块的共生创造了条件。

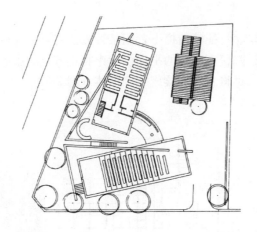

图 2-41　光之教堂

7. 切削

从完整的几何形体中切掉更小的几何体，从而改变几何体的完整性。詹姆斯·斯特林在斯图加特国立美术馆（图 2-42）的扩建设计中，将扩建中心切掉了一个圆柱体构成庭院，这个庭院不仅是建筑内部空间，也是外部展示空间。

图 2-42　斯图加特国立美术馆

8. 分散

将多个几何体相互分离开来，形成相互之间更松散的状态。伊东丰雄在仙台媒体中心（图 2-43）的设计中，将圆形的钢管结构体置于自由的空间位置上，这种非一般概念上的散逸开的柱子结构，产生了新的构成形式。

图 2-43　仙台媒体中心

9. 变形

对几何体本身进行变形也是常用的立体构成手法。雷姆·库哈斯设计的中央电视台新大楼（图 2-44）就是把几何形体变形扭转，从而产生了引人注目的效果。

图 2-44　中央电视台新大楼

第五节　空间构成

空间包括物理空间和心理空间两个方面。物理空间指物质实体所界定围闭的空间；心理空间是由物理空间的位置、大小、尺度、形状、色彩、材质、肌理等要素形成的空间感受。

一、空间的性质

1. 空间的形态

空间的形态给人的视觉和心理感受最为强烈。建筑空间形态一般取决于使用功能和人的精神感受。规则的几何空间因其适应性强而较常见，非规则几何空间更具有视觉吸引力。彼得卒姆托设计的布雷根茨美术馆如图 2-45 所示。扎哈·哈迪德设计的广州大剧院如图 2-46 所示。

图 2-45　布雷根茨美术馆　　　　　　　图 2-46　广州大剧院

2. 空间的比例和尺度

空间的比例是指空间长、宽、高尺寸之间的数量关系；尺度是空间与空间之间的尺寸、空间与人体尺寸之间的数量关系。形状相同的空间因比例和尺度的差异也会造成不同的心理感受。

3. 空间的围合程度

空间的围合程度就是限定空间的实体对空间的限定程度。空间的围合程度主要是由空间性质和使用要求决定的，该围的围，该透的透。围合程度高的空间具有完整性和独立性；相反，围合程度低的空间则便于空间之间的联系和流动，这样可以有意识地把人的注意力引到某个确定的方向。例如，刘家琨设计的鹿野苑石刻博物馆（图 2-47）西边坡道入口处的灰空间，用架起的桥及两边的栏杆限定了一个通道空间，把人的视线吸引到入口处，两侧立面及顶面几乎完全开敞，植被景观、桥下的水景、天空、阳光、风霜雨露、春夏秋冬景色的变化赋予了从室外到室内这一过渡空间诗一般的意境。

图 2-47　鹿野苑石刻博物馆

4. 空间的界面

除了空间的形状、比例、尺度和围合程度等，空间界面的处理也是影响空间性格特征的要素。空间界面处理主要可以分为色彩处理和材质处理等。

二、空间的组合方式

空间组合关系有集中式、长轴式、辐射式、组团式、网格式、混合式。

1. 集中式

集中式是一种稳定的向心式布局，中心空间居中，一般是功能、交通、行为或象征的中心，分布在外围的次要空间是辅助功能，如万神庙、帕拉第奥的圆厅别墅（图 2-48）、体育场馆类建筑等。

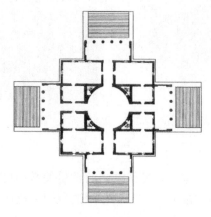

图 2-48　圆厅别墅

2. 长轴式

长轴式是一种具有线性特征的序列式空间框架，长轴一般终止于主导空间或形体，有的也融合于场地、地形。长轴式又可分为贯穿式和联结式：贯穿式是各个单一空间相互连通，排列为线形，路径贯穿各空间（图 2-38）；联结式是以线状交通联系各个单一空间，路径在单一空间之外（图 2-49）。

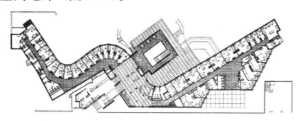

图 2-49　麻省理工学院贝克公寓学生宿舍

3. 辐射式

以一个中心发出多条轴线，核心空间的布局体现了整体组合的规则性。此种布局既独立又通过中心紧密联系在一起，利于分流及各部分的采光、通风（图 2-50）。

4. 组团式

相同或相似的空间单元组成整体，单元之间具有类似集中式的特征，但是不具有明确的中心单元。组团式布局具有灵活和随机的特点，有增长性和局部同构性等概念。彼得·卒姆托设计的瓦尔斯温泉浴场就是把方形空间进行了组团式的布局，各个组团用过道、坡道、台阶等进行连通（图 2-51）。

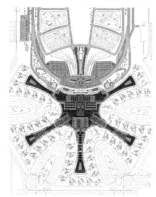

图 2-50　北京大兴国际机场

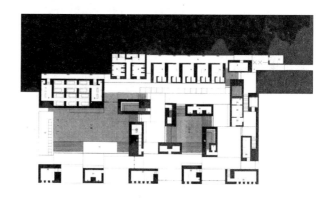

图 2-51　瓦尔斯温泉浴场

5. 网格式

网格式框架是把空间或空间单元归整为统一的三度匀质体系。网格图形在空间中确立了一个由参考点和参考线所连接而成的固定场位。路易斯·康的耶鲁大学英国艺术中心（图 2-52）和宾夕法尼亚大学理查德医学研究中心（图 2-53）。

6. 混合式

有些建筑空间用多种方式进行组合设计，在各种框架之间灵活地切换，这样的空间体验更为丰富多变。如图 2-54 所示为格雷夫斯设计的迪士尼海豚旅馆，就采用了混合式空间模式。

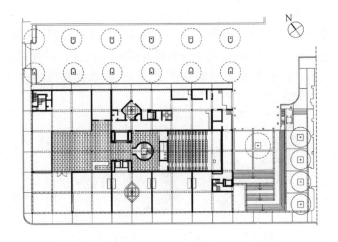

图 2-52　耶鲁大学英国艺术中心

方形框架+8英尺网格

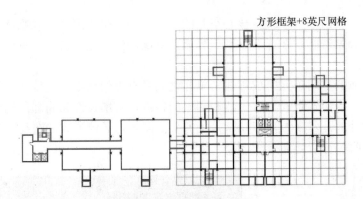

图 2-53　宾夕法尼亚大学理查德医学研究中心

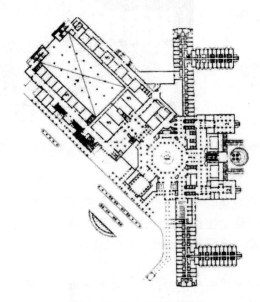

图 2-54　迪士尼海豚旅馆

三、空间组合的处理

1. 分隔与联系

建筑室内空间的设计从某种意义上看就是根据不同要求，在水平面和垂直方向上对空间进行分隔与联系处理。

室内空间分隔的方式主要有竖向（垂直面）分隔与横向（水平面）分隔两种基本形式。竖向分隔的方式有围合、设立，横向分隔则有肌理变化、凸起、凹陷、架空、覆盖等方式。因人在空间中活动方式的特点，垂直面是水平空间分隔与联系的界面，对空间分隔的感觉更为强烈，而水平面则是垂直空间分隔与联系的界面，对空间的分隔显得较为隐性，但这两种形式直接影响着空间的封闭与开敞度，是营造空间特征、空间感重要的因素。

分隔按照空间分隔的程度又可分为通隔与半隔。通隔就是与空间完全分隔，半隔则指分隔面只占据界面的一部分。根据视线的穿透率，分隔界面可以是实面、虚面或透明材料。如图 2-55 所示的 Green Edge House（绿色边缘之家），用悬吊的方式形成围墙，上部三分之二的高度与外界完全分割，下部三分之一的高度向外部开敞，保证了内部隐私的同时与天井形成良好的循环系统。建筑外立面则全部用透明玻璃进行划分，四周景观完全映入室内。

图 2-55　Green Edge House

2. 对比与变化

建筑空间的差异越大，对比越强烈，人们在此空间进入彼空间的过程中体验感越丰富，就会引起强烈的心理情感变化。对比与变化可以通过形状、尺度、开合、色彩、肌理、方向等手段来达到。

纵向空间显得越发深远，富于闭合感和期待感；横向或方形空间则呈现出更为舒展、宽阔的开敞感；圆形平面的空间具有向心感，使空间具有凝聚力与向心力（图 2-56）。

图 2-56　大山崎山庄美术馆

3. 衔接与过渡

衔接与过渡是空间之间进行转换时经常会遇到的状况。过渡空间作为内外、前后空间之间的媒介和转换点，无论是在功能上还是在艺术创作上，都有独特的作用。如图 2-57 所示的真言宗本福寺水御堂，在进入位于地下的内部空间前通过墙（直面墙和弧面墙）和台阶把人引向地下，这是进入主空间前的过渡，同时也是人从世俗世界向宗教世界的过渡。

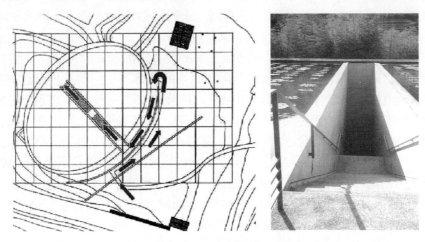

图 2-57　真言宗本福寺水御堂

4. 重复与节奏

空间的重复是相对于空间的变化而言的，只有空间的简单重复，可能会使人觉得过于单调；而过多对比的空间，又会使空间显得杂乱无章。只有将重复与对比空间的组合手法结合使用，使之相辅相成，才能使空间效果显得既统一而又富于变化。

如图 2-58 所示的贝聿铭设计的美秀美术馆，建筑外形及内部空间都以三角形为母题，空间相互穿插，但是在空间形态、尺度、开敞与封闭等方面则进行变化，既丰富而又统一，光影关系又一次强化了空间的节奏感。

图 2-58　美秀美术馆

5. 引导与暗示

空间引导要根据不同的空间功能和布局来组织。一般而言，规整的布局要有轴线形成导向，而自由的组合则可以灵活多变一些。引导与暗示可以通过水平方向（道路的方向、铺装、边界、景观等）、垂直方向（立面的开洞、半分割、半透明、抬起或下降）、材质、光线等实现。如图 2-59 所示的槙文彦设计的风之丘火葬场，通过"走廊"（走廊一边是闭合的实墙，另一边是开敞的柱子，给人倚靠的感觉，做好最后的心理准备）把人从外部引导到内部"等候厅"（等待火化，光线柔和而平静，营造温暖氛围，平复人的心情）；火葬厅在顶面开洞，并用强烈的明暗对比手法，构建空间，塑造意境，保持一种在幽闭空间中对外界的知觉。

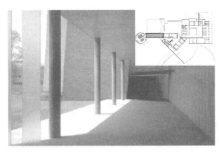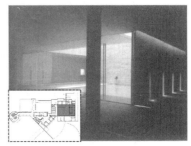

图 2-59　风之丘火葬场

6. 渗透与层次

渗透是指两个相邻的空间相互连通或彼此渗透，从而增强空间的层次感。空间渗透的方法有围而不闭（空间被分隔但不被围闭，空间之间可以相互为对景、远景或背景，横向连通）、通过洞口与缝隙扩展延伸空间（透空的隔断、墙上挖洞、列柱、连续的拱廊、透空的栏杆）等，使被分隔的空间保持一定的连通关系，相互因借。渗透可以是水平方向的渗透，也可以是垂直方向的渗透。如图 2-60 所示的隈研吾设计的长城脚下的公社——竹屋，利用开洞、竹子的半围合、玻璃的透射使空气、光线、视线与外部大自然相互渗透。

图 2-60　长城脚下的公社——竹屋

7. 序列与秩序

空间序列就是指空间的先后次序，即为了展现空间的总体秩序或者突出空间的主题而创造的空间组合方式。比较完整的空间组合序列可分为"起-承-转-合"四部分。"起"是前奏，是序列的起始与开端，引起人的注意并指向后序空间中去；"承"是引子，是前奏后的展开与过渡，对高潮的出现具有引导、酝酿、启示与期待的作用；"转"即高潮，是序列的中心与重心，是期待后的心理满足和情绪的顶峰；"合"是尾声，从高潮恢复到平静，并与前奏进行呼应，形成完整的空间印象和心理感受，好的尾声会使人充满回味，意犹未尽。

　　序列布局可分为对称与非对称、规则与自由等模式，主要受空间性质的影响。庄严肃穆的纪念性、政治性、宗教性建筑多采用对称与规则的布局；而追求轻松活泼的观赏性、娱乐性及居住建筑等多采用非对称与自由式布局。如图 2-61 所示的圣索菲亚大教堂的平面和立面均采用对称的布局形式；如图 2-62 所示的美秀美术馆采用的是灵活多变的自由式布局形式。

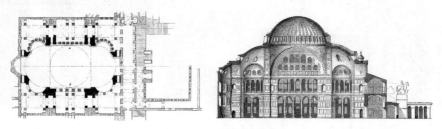

图 2-61　圣索菲亚大教堂

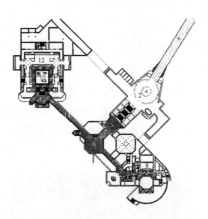

图 2-62　美秀美术馆自由式布局形式

　　序列长短受建筑功能的影响。序列越长，高潮出现得越晚，空间层次也必然越丰富。长序列的内部空间常常用来强调高潮的重要性、宏伟性与高贵性，如纪念性与观赏性建筑。短序列的室内空间则注重通过的效率与速度，如交通、办公、商业等公共建筑，应快捷、便利，尽量降低空间的迂回曲折。如图 2-63 所示的以色列耶路撒冷高等法院中间的一条通道把各个功能空间串连起来，空间序列快捷便利，工作效率较高。

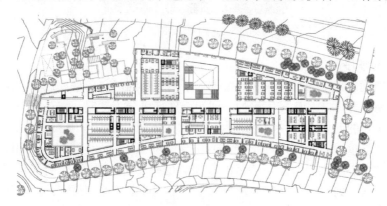

图 2-63　以色列耶路撒冷高等法院

序列高潮是整个空间序列的中心与精华。长序列空间中高潮的位置通常在序列中偏后，以创造丰富的空间层次和引人入胜的期待效果；短序列空间由于空间层次少，高潮往往较早出现，如商业建筑常将高潮放在建筑的入口或中心处，以引发出其不意的新奇感和惊叹感。为了突出高潮，高潮前的过渡空间多采用对比手法，如先抑后扬、欲明先暗等，从而强调和突出高潮的到来。

思政小课堂

百年红色建筑：中国共产党第一次全国代表大会会址。

2021 年是中国共产党成立 100 周年，百年征程波澜壮阔、百年初心历久弥坚，建筑是凝固的历史，是时代的缩影，红色建筑是百年党史最鲜明的历史见证。中国共产党第一次全国代表大会会址（简称中共一大会址）是中国共产党的诞生地。会址位于上海市兴业路 76 号，属典型上海石库门风格建筑。中共一大会址在 1952 年后成为纪念馆，1959 年 5 月 26 日被确定为上海市文物保护单位，1961 年被国务院列为全国重点文物保护单位，1997 年 6 月成为全国爱国主义教育示范基地，2016 年 9 月入选"首批中国 20 世纪建筑遗产"名录。

一、历史沿革

中共一大会址房屋建于 1920 年秋，建成后不久，李汉俊（上海共产主义小组发起人之一）及其兄李书城（同盟会发起人之一）租用望志路 106 号、108 号为寓所，将两幢房屋的内墙打通，成为一家，人称"李公馆"。

1921 年 7 月 23 日，中国共产党第一次全国代表大会在此召开。出席者有上海的李汉俊、李达；北京的张国焘、刘仁静；长沙的毛泽东、何叔衡；武汉的董必武、陈潭秋；济南的王尽美、邓恩铭；广州的陈公博；留日学生周佛海以及陈独秀委派的包惠僧；共产国际代表马林、尼克尔斯基。中国共产党第一次全国代表大会通过了中国共产党的第一个纲领和第一个决议，选举产生了中央领导机构，宣告了中国共产党的诞生。

1922 年，李氏兄弟迁居退租，该屋为其他居民租用。

1924 年改建，增建了厢房，楼下开设商店，房屋面目全非。

中华人民共和国成立后，为迎接建党 30 周年，1950 年 9 月，中共上海市委根据中央的指示，寻找中共一大会址。经多方勘察，李达、董必武、包惠僧和李书城夫人等多位历史当事人、见证人现场踏勘，确认兴业路 76 号为中共一大会址。

1952 年 9 月，中共一大会址修复，建成纪念馆并对外开放。

1961 年 3 月，国务院公布中共一大会址为全国重点文物保护单位。

1997 年 6 月，成为全国爱国主义教育示范基地。

2018 年 10 月，被评为全国中小学生研学实践教育基地。

2021 年 6 月 3 日，中国共产党第一次全国代表大会纪念馆全新开放。

二、建筑格局

中共一大会址原楼建造于 1920 年秋，为上海典型石库门式样建筑，砖木结构，外墙青红砖交错，镶嵌白色粉线，黑漆大门上配有铜环，门楣有矾红色雕花，门框围以米黄色石条，门楣上部有拱形堆塑花饰。

中国共产党第一次全国代表大会会址纪念馆原有的建筑为二排九幢一上一下的楼房，砖木结构，坐北朝南。其中南面一排5幢房屋沿兴业路（原望志路）排开，会址即在西首两幢；北面一排4幢在黄陂南路（原贝勒路）树德里弄内。全部占地面积600m²，建筑面积约900m²。会址于1958年重新按当年建筑原貌进行修复，使其从房屋建筑到内部布置都恢复了原状。

为了更好地保护中共一大会址这一具有重要历史意义的革命旧址，进一步发挥其在爱国主义教育和社会主义精神文明建设中的积极作用，1996年6月，中共上海市委决定实施中共"一大"会址纪念馆扩建工程。扩建工程位于中共"一大"会址西侧，新建筑的外貌与中共"一大"会址建筑相仿，保留原建筑风格。新建筑占地面积715m²，建筑面积2316m²。1999年5月27日，中共"一大"会址纪念馆工程在庆祝上海解放50周年纪念日竣工并正式对外开放。新扩建的纪念馆分两层，地上一层为观众服务设施，设有门厅、多功能学术报告厅和贵宾厅，二层为《中国共产党创建历史文物陈列》展览厅。

思考题

1. 构成的基本要素和基本形式有哪些？
2. 形式美规律和法则在建筑设计中是如何应用的？试举例说明。
3. 平面构成的要素及其特征是什么？
4. 简述平面构成的形式及在建筑中的具体应用。
5. 谈谈色彩的三要素及其之间的关系。
6. 如何理解色彩的对比与调和，以及色彩构成与建筑色彩之间的关系？
7. 建筑设计中运用了哪些立体构成的手法？试用案例说明。
8. 空间的性质特征及组合方式有哪些？
9. 空间限定的方式有哪些？试举例论证限定方式与空间特征之间的关系。
10. 空间组合的处理手法有哪些，分别能形成什么样的空间特点？

第三章

建筑室内外空间

建筑的室内外空间是一种人为的空间。墙、地面、屋顶、门窗等围成建筑的内部空间；建筑物与建筑物之间、建筑物与周围环境中的树木、山峦、水面、街道、广场等形成建筑的外部空间。建筑以它所提供的各种空间满足着人们生产或生活的需求。取得合乎使用的空间是建造建筑物的根本目的，强调空间的重要性和对空间的系统研究是近代建筑发展中的一个重要特点。

第一节　建筑内部空间的概念与认知

一、空间概念

1. 空间的基本类型

建筑空间的基本类型如图 3-1 所示。

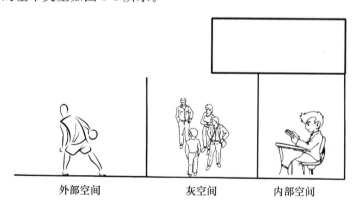

外部空间　　　　灰空间　　　　内部空间

图 3-1　建筑空间的基本类型

建筑内部空间：墙体、面、屋顶等围成建筑的内部空间。

建筑外部空间：建筑物与建筑物之间、建筑物与自然环境中的物体形成外部空间。建筑有内外之分，但是在特定条件下，室内外空间的界限似乎又不是那样泾渭分明，例如四面敞开的亭子、透空的廊子、处于悬臂雨篷覆盖下的空间等。

灰空间：上述介于室内与室外之间的过渡空间，也就是那种半室内、半室外、半封闭、半开敞、半私密、半公共的中介空间。这种特质空间在一定程度上抹去了建筑内外部的界限，使两者成为一个有机的整体，空间的连贯消除了内外空间的隔阂，给人一种自然有机的整体的感觉。一般建筑入口的门廊、檐下、庭院、外廊等都属于灰空间。

2. 空间与实体

我们通过实体的墙和屋顶来进行建造活动，但我们使用的是被实体所围合的虚的部分。这虚的部分就是内部空间，才是建筑的真正"实体"。因此挪威建筑学家诺伯格·舒尔茨从建筑空间的角度出发，提出建筑的组合元素是实体、空间、界面，并提出"存在空间——建筑空间——场所"的观念。空间是建筑创作的目的，实体是创造空间的手段，界面则是围合空间的要素。

如图 3-2 所示的电影院所拥有的使用价值就是提供放映的空间。作为满足使用功能的实空间，必定是由围合实体所组成的，围合实体对空间的形成是起到相应的作用的。所以不能因过分注重空间而忽略围合体所起到的作用。有了围合体就从自然空间、虚空间变为人造空间、实空间，而且围合实体的多变能反映出空间的层次变化，空间的组合变化又确定了围合实体的形式。

图 3-2 空间与实体关系——电影院

3. 空间与空间界面

要理解建筑空间这一现象，必须从概念上区分两个因素：空间和空间界面。建筑师戴念慈先生指出："建筑设计的出发点和着眼点是内涵的建筑空间，把空间效果作为建筑艺术追求的目标，而界面、门窗是构成空间必要的从属部分。从属部分是构成空间的物质基础，并对内涵空间使用的观感起决定性作用，然而毕竟是从属部分。至于外形，只是构成内涵空间的必然结果。"

因此，我们对建筑空间的理解是从以下观点出发的：

（1）空间是可以从它的界面感受到的；

（2）处于空间中的人和空间限界因素之间存在着可以感受和测量的关系。

二、对空间观念的认识

人类最早居住的草棚与洞穴中已经隐含了空间概念的基本特征，然而提出空间概念是很晚的一件事。

《空间、时间和建筑》（*Space Time and Architecture*）一书的作者，著名建筑史学家 S. 吉迪翁（Sigfried Giedion）把人类的建造历史描述为三个空间概念阶段：

1. 有外无内时期

虽然证据显示穴居人类有惊人的创造力，但只是利用空间而非建造空间。公元前 2500 年，开始出现了真正意义上的建筑，如美索不达米亚人和埃及人的金字塔（图 3-3），但这些只是服从于外部的建造，真正的内部空间还没有出现。这可以称为第一个空间概念阶段，即有外无内时期。

2. 内外分隔时期

公元100年，古罗马万神庙（图3-4）出现了第一个塑造的室内空间，圆形的穹顶至今让人感到震撼，但外部形式被忽略了。技术和观念的困境使外部形式与内部空间的分离又持续了2000年。这可以称为第二个空间概念阶段，内外分隔时期。

图3-3 埃及金字塔

图3-4 古罗马万神庙

3. 流动空间时期

1929年，密斯·凡·德·罗的巴塞罗那国际博览会德国馆（图3-5），使千年来内外空间的分隔被一笔勾销。空间从紧身衣一般的封闭墙体中被解放出来，"流动空间"开始出现，这称为第三个空间概念阶段。

图3-5 巴塞罗那国际博览会馆

当我们设计建筑时，会画一张外观的渲染图，还会拿出平面、立面和剖面图。换句话说，把建筑分为围成和分割建筑体积的各个垂直面和水平面，分别加以表现，反而忽略了空间的概念，在设计过程中图形信息很难表达设计者对建筑空间的实际感知。图示语言本是为了更好地表达空间，结果反而桎梏了我们对空间的想象力和创造力。很多设计外表丰富但是内部平淡无奇，缺乏激动人心的力量。

正如意大利有机建筑学派理论家赛维（Bruno Zevi）在《建筑空间论》中所说"空间现象只有在建筑中才能成为现实具体的东西""空间空的部分应当是建筑的主角"。因此，我们在建筑设计基础的课程中增加了空间思维的训练。建筑师只有真正认识并且学会感知空间，才有可能在设计中建立起建筑空间观，将空间融入自己的设计，而不是仅仅停留在二维的平面上。

三、学会认知与体验

1. 量度：空间的形状和比例

由各个界面围合而成的室内空间，其形状特征常会使活动于其中的人们产生不同的心理感受。著名建筑师贝聿铭先生曾对他的作品——具有三角形斜向空间的华盛顿国家美术馆东馆（图3-6）——有很好的论述；认为三角形、多灭点的斜向空间常给人以动态和富有变化的心理感受。

图 3-6　华盛顿国家美术馆东馆

如图 3-7 所示的哥特式教堂在外部造型与内部空间上都强调竖向性和向上的感觉。设计师们正是利用这样的几何空间特点，发挥教堂的使用特点，让人产生希望和超越一切的精神力量，向上追求另一种境界。

图 3-7　哥特式教堂

深远的轴向空间会诱导人在心理、情绪上发生变化，使人对空间的深处产生好奇、期待。随着深度的增加，这种心理的变化更强烈。曲面围合的无顶空间会让人产生旋转上升的动势感，在静止中制造出空间的变化之感。

2. 尺度：其含义是建筑物给人感觉上的大小印象和真实大小之间的关系问题

人体各部分的尺寸及其各类行为活动所需的空间尺寸（图 3-8）是决定建筑开间、进深、层高、器物大小的最基本的尺度。一般而言，建筑内部空间的尺度感应与房间的功能性质相一致。纪念性建筑由于精神方面的特殊要求往往会出现超人尺度的空间。

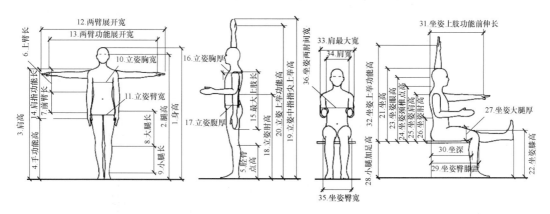

图 3-8 人体基本尺寸

如图 3-9 所示，日本京都桂离宫松琴亭茶室以席为单位，每席约为 190cm×95cm，居室一般为四张半席的大小。日本建筑师芦原义信曾指出："日本式建筑四张半席的空间对两个人来说，是小巧、宁静、亲密的空间。"日本的四张半席空间约相当于我国 10m² 的小居室，作为居室其尺度感可能是亲切的，但这样的空间不能满足公共活动的要求。

纪念性建筑由于精神方面的特殊要求往往出现超人尺度的空间，如拜占庭式或哥特式建筑的教堂，又如人民大会堂，以表现出庄严、宏伟、令人敬畏的建筑形象。

如图 3-10 所示，古埃及纳克阿蒙神庙的柱式尺度巨大，营造出肃穆神秘的宗教空间。

图 3-9 日本京都桂离宫松琴亭茶室

图 3-10 古埃及卡纳克阿蒙神庙

3. 限定要素：空间的界面构成方式

对建筑空间来说，它的限定要素是由建筑构建来担当的，包括天花（屋顶）、地面、墙、梁和柱、隔断等。空间限定是指利用实体元素或人的心理因素限制视线的观察方向或行动范围，从而产生空间感和心理上的场所感（图 3-11）。

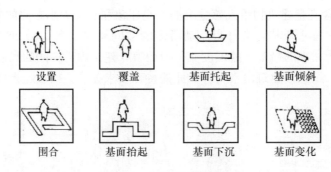

图 3-11　空间界面构成方式

　　实体如墙等围合的场所具有确定的空间感，能保证内部空间的私密性和完整性，如图 3-12 所示。利用虚体限定空间，可使空间既有分割又有联系。利用人的行为心理和视觉心理因素及人的感官，也可限定出一定的空间场所。

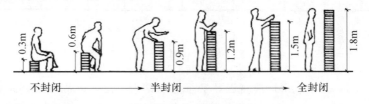

图 3-12　空间围合关系

　　例如在建筑的休息区，一条座椅上如果有人，尽管还有空位，后来者也很少会去挤在中间，这就是人心理固有的社交安全距离所限定出的一个无形的场。这个场虽然无形，却有效地控制着人们彼此的活动范围。

4. 材质：空间限定要素所使用的材料人际距离空间的分类

　　现代建筑使用的材质很多：砖的运用使围合体界面形成了丰富的层次纹理变化，体现出建筑的朴实质感；粗糙的石、混凝土等材质的运用容易形成粗犷、原始甚至冰冷的质感；天然的木纹理的运用可以让室内空间很贴近自然，容易产生温柔、亲切的感受；特别是玻璃材质的出现使建筑技术得到了新的发展，它明亮、通透的质感，改变了以往的建筑形式，使室内与外界有了一定的联系，增加了室内的明亮；金属构件则给人精致、现代的印象。

　　材质还具有历史意义及地域特征，如中国建筑主要以木构为主，欧洲建筑则以石材为主，而西亚建筑以黏土砖和玻璃砖为主。

　　如图 3-13 所示的托莱多艺术博物馆玻璃展厅，设计师妹岛和世选择了用连续的曲面玻璃来围合展厅，营造了透明的如气泡般纯净的空间。

图 3-13　托莱多艺术博物馆玻璃展厅

如图 3-14 所示的沙里宁设计的麻省理工学院小教堂，内部使用了砖和木材两个元素。砖砌法的变化，体现出细腻、精致的质感。

图 3-14 麻省理工学院小教堂

如图 3-15 所示的阿尔瓦罗·西扎的作品波诺瓦茶室（Boa Nova Tea House，Portugal）建于 1958—1961 年，整个建筑的体址与屋顶形式，使其如同是从满布岩石的海岬地段中生长出来，强盖暖红板瓦的单坡屋顶、木窗木板的装修、白色粉墙等都源自地中海岸传统的建筑材料的运用。

图 3-15 波诺瓦茶室

如图 3-16 所示的梅丽亚别墅的室内，阿尔瓦·阿尔托只用了白色和红褐色的主调，是石灰涂料和木头的颜色，在这个大空间里的木色柱子，疏密自然，就像室外树林的镜像。

图 3-16 梅丽亚别墅

5. 光线特征：建筑内部空间产生光的效果

光是建筑的灵魂，人对空间的感知和体验必须有光的参与。没有光，视觉无从谈起，建筑形式元素中的形态、色彩、质感依托光的能量，使我们体验到建筑在四季中的变化及一天中早、中、晚的差异。光与影所渲染的建筑，能够提升环境质量，使我们自然地融入光与建筑交织所凝结的意境之中。

建筑中的光不但是室内物理环境不可缺少的要素之一，而且有着精神上的意义。

如图 3-17 所示的海德堡的圣灵大教堂，彩色玻璃窗的光象征着神的光辉。

如图 3-18 所示的阆中古城的民居中，光透过天井一直延伸到厅堂，形成了自然的光影变化。

图 3-17　圣灵大教堂（德国海德堡）　　　　图 3-18　阆中古城（四川）

光影效果在空间概念中加入了时间因素，光影变化使人们不再从静止的角度观赏空间，而可以动态地体验空间序列的流动感。

6. 文化意义及心理因素的影响

日本著名建筑师丹下健三为东京奥运会设计的代代木国立竞技馆（图 3-19），尽管是一座采用悬索结构的现代体育馆，但从建筑形体和室内空间的整体效果看，它又有日本建筑风格的某些内在特征。体现出建筑和室内环境既具时代感又尊重历史文脉的整体风格。当人们处于这样的空间中，不自觉地将该空间与历史进程、社会环境、文化心态等模式联系在一起，形成空间的历史性及文化意义。

图 3-19　东京代代木国立竞技馆（丹下健三设计）

第二节　建筑内部空间设计

一、空间分割

空间分隔在界面形态上分为绝对分隔、相对分隔、意象分隔三种形式。空间分割按照分割方式可以分为垂直要素分割与水平要素分割两种。这是最容易操作的方法之一。美国建筑师查尔斯·穆儿在《度量·建筑的空间·形式和尺度》一书中有趣地指出："建筑师的语言是经常捉弄人的。我们谈到建成一个空间，其他人则指出我们根本没有建成什么空间，它本来就在那里存在了。我们所做的，或者我们试图去做的只是从统一延续的空间中切割出来一部分，使人们把它当成一个领域。"

1. 水平要素分割：覆盖、肌理变化、凸、凹、架起

顶面（覆盖）：覆盖是具体而使用的限定形式，上方支起一个顶盖使下部空间具有明显的使用价值。然而利用覆盖的形式限定空间并不一定是为了具体的使用功能，从使用的角度衡量，覆盖所限定的空间是明确可界定的，从心理空间的角度分析，它所限定的空间并不能明确界定。

基面（肌理变化）：利用表面材料的纹理、色彩、质地的差别限定其上部空间的性质。地面不同色彩肌理的材料变化，不仅仅是装饰和美化，也是形态操作中限定空间的素材。但是利用肌理变化来限定空间，是靠人的理性来完成的，空间具体的限定度极弱，因此这种限定几乎没有实用的界定功能，仅能起到抽象限定的提示作用，故而空间形态的积极性较弱，实体形态的积极性较强。

凸：将部分底面凸出于周围空间。这是一种具体的限定，限定范围明确肯定。当凸起的次数增多，重复形成台阶形状时，凸起对空间的限定性反而减弱了。

凹：凹进与凸起的形式相反，性质和作用形似。凸起的空间明朗活跃，凹进的空间含蓄安定。

架起：架起同样是把被限定的空间凸起于周围空间，所不同的是在架起空间的下部包含有从属的副空间，如图 3-20 所示。相对于下部的副空间，被架起的空间限定范围明确肯定。在架起的操作中，实体形态显得较为积极，而空间形态往往是其他部位空间的从属部分，应注意处理它们的流通共融和联结关系。

图 3-20　水平要素分割——架起

2. 垂直要素分割：围和设立

围：围是空间限定最典型的形式。围可以造成空间产生内外之分。

设立：物体设立在空间中，指明空间中某一场所，从而限定其周围的局部空间，我们将空间限定的这种形式称为"设立"（图 3-21）。设立是一种中心限定，对周围空间产生一种聚合力。

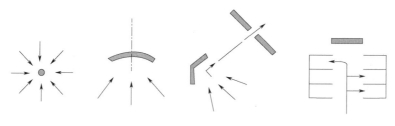

图 3-21　垂直要素分割——设立

二、空间组合

在建筑设计中，单一空间是很少见的，我们不得不处理多个空间之间的关系，按照这些空间的功能、相似性或运动轨迹，将它们相互联系起来，有以下几种常用的组合方式。

1. 包容性组合：在一个大空间中包含另一个小空间，称为包容性空间

日本建筑师妹岛和世设计的森林别墅是现代建筑中两层围护实体包容性的典型个案（图 3-22）。该别墅是一个艺术收藏家住宅，要求有展厅和工作室等比较特殊的功能。建筑师妹岛和世的策略是首先将功能进行分类，展厅作为核心空间，厨房和餐厅以及起居、交通等功能交错编织在一起作为公共空间，卧室、工作室、卫生间等功能性明确的空间相对独立。两层圆形的围护实体偏心嵌套在一起。小圆包裹核心空间，通高，靠玻璃屋面采光。公共部分布置于两层表皮之间形成的环形空间内，功能性较强的空间外化为盒体突出于外环之外。两层围护实体上的洞口可以设置成对位或错开的关系，改变了环状空间内的方向性，丰富了空间体验。

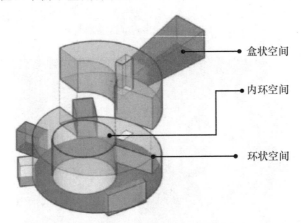

盒状空间

内环空间

环状空间

图 3-22　森林别墅结构图

2. 邻接性组合：两个不同形态的空间以对接的方式进行组合，称为邻接性组合

它让每个空间都能得到清楚的限定，并且以自身的方式回应特殊的功能要求或者象征意义。如图 3-23 所示的 PKSB 设计的手工艺收藏者的临时公寓，两个相邻空间之间，在视觉和空间上的连续程度取决于既将它们分开又把它们联系在一起的面的特点。

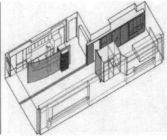

图 3-23　手工艺收藏者的临时公寓（PKSB 设计）

3. 穿插性组合：以交错嵌入的方式进行组合的空间，称为穿插性组合

穿插性组合的空间关系来自两个空间领域的重叠，在两个空间之间出现了一个共享的空间区域，如图 3-24 所示。用一句话来形容就是"你中有我，我中有你"，所形成的空间相互界限模糊，空间关系密切。华盛顿国家美术馆东馆，其建筑中庭部分成功地塑造出交错式空间构图，交错、穿插空间形成的水平、垂直方向空间流动，具有扩大空间的功效，空间活跃、富有动感。

图 3-24　穿插性组合

4. 过渡性组合：以空间界面交融渗透的限定方式进行组合，称为过渡性组合

空间的限定不仅决定了本空间的质量，而且决定了空间之间的过渡、渗透和联系等关系。不同空间之间以及室内外的界限已不再仅仅依靠"墙"来进行限定和围合，而是通过空间的渗透来完成。过渡性空间可以说是两种或两种以上不同性质的实体在彼此邻接时，产生相互作用的一个特定区域，是空间范围内相对矛盾冲突与相互调和的焦点。这种过渡性空间一般都不大，所限定的空间没有明显界限，但是韵味无限。

5. 因借性组合：综合自然及内外空间要素，以灵活通透的流动性空间处理进行组合，空间之间相互借景，称为因借性组合

中国传统建筑中非常善于运用空间的渗透与流通来创造空间效果，尤其古典园林建筑中"借景"的处理手法就是一种典型的因借式关系。明代造园家计成在《园冶》中提出"构园无格，借景有因"，强调要"巧于因借，精在体宜"。把室外的、园外的景色借进来，彼此对景，互相衬托，互相呼应。苏州园林是这方面的典范。在现代建筑空间中，也可以利用这种手法，将空间的开口有意识地对应或错开，"虚中有实""实中有虚"，都是为了在观赏者的心理上扩大空间感（图 3-25、图 3-26）。

图 3-25　胡雪岩故居（杭州）

图 3-26   日本美秀博物馆入口（贝聿铭设计）

三、空间序列

空间序列是指人们穿过一组空间的整体感受和心理体验，如图 3-27 所示。要获得良好的整体感受，空间序列设计时要注意空间的大小高低、狭长或开阔的对比，以及空间中实体建筑界面的变化和联系。通过建筑空间的连续性和整体性给人以强烈的印象、深刻的记忆和美的享受。

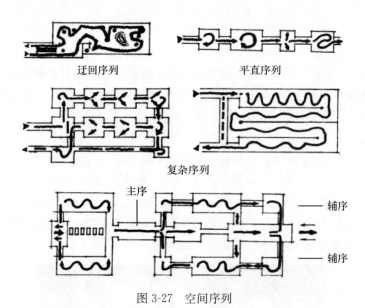

图 3-27   空间序列

在进行空间序列的设计时，必须注意以下几个方面：

（1）方向：在空间中常常运用不同的构成元素指示运动路线，明确运动方向。这些构成元素以不同的形式联系着一个区域与另一个区域，强调明确前进方向，引导人们从一个空间进入另一个空间，并为人在空间的活动提供一个基本的行为模式。

（2）轴线：轴线是空间序列中强有力的支配与控制手段。主要的空间沿轴线展开，暗示了序列的视觉中心。轴线可以简单地由对称布置的形式和空间来构成，也可以采用非对称的均衡构图来达成。

（3）主从：在建筑中，各个空间的重要程度不同，因此在序列中的地位也不相同。一个空间在建筑组合中的重要性和特别意义可以通过与其他空间尺寸、形状的对比或关键性的位置来体现。

（4）渗透与层次：好的空间应具有渗透力、层次感和连通性。完全封闭的空间是令人乏味的，而且外部空间应该具有一定的层次感，使呈现在人们眼前的画面不过于简单而有近、中、远的空间变化。调整限定空间的界面形式的虚实关系，我们可以获得丰富的空间层次。

四、界面处理

空间形态必须通过界面才能形成，界面处理的手法通常不是独立的，而是与空间分割、构造形式、物理需求等因素综合一起考量（图 3-28）。

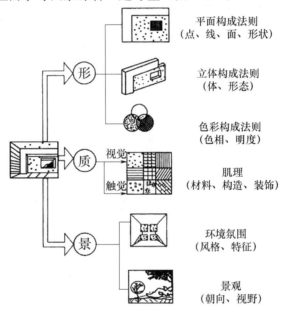

图 3-28　界面设计模型

如图 3-29 所示的波尔图大学建筑学院图书阅览室内部，葡萄牙建筑设计师西扎将光、构造、结构和场地富有诗意地组织在一起，形成简洁而明亮的顶界面设计。

界面设计主要包括以下内容：

（1）结构与材料：结构和材料是界面处理的基础，其本身也具备朴素自然的美。

（2）形体与过渡：界面形体的变化是空间造型的根本，两个界面不同的过渡处理造就了空间的个性。

（3）质感与光影：材料的质感变化是界面处理最基本的手法，利用采光和照明投射于界面的不同光影，成为营造空间氛围最主要的手段。图 3-30 为阿尔伯托·坎波设计的贝纳通幼儿园内景，运用光影完成界面。

（4）色彩与图案：在界面处理上，色彩和图案是依附于质感与光影变化的，不同的色彩图案赋予界面鲜明的装饰个性，从而影响整个空间。图 3-31 为扎哈设计的 Moonsoon 饭店，红黑色的搭配十分大胆。

图 3-29 波尔图大学建筑学院图书阅览室

图 3-30 贝纳通幼儿园内景

图 3-31 Moonsoon 饭店

（5）变化与层次：界面的变化与层次是依靠结构、材料、形体、质感、光影、色彩、图案等要素的合理搭配而构成的。例如赫尔佐格和德梅隆设计的 Prada 东京旗舰店的外墙由菱形框格组成，形成虚幻如水晶般的视觉效果，人们既可以从店外透视店内陈列的服饰产品，也可以从店内欣赏店外的景致。

（6）在界面围合的空间处理上，仍应遵循对立与统一、主从与重点、均衡与稳定、对比与微差、节奏与韵律、比例与尺度的艺术处理法则。

五、室内物理环境

室内物理环境设计主要是对室内空间环境的质量及调节的设计，即对室内体感气候、采暖、通风、温湿调节等方面的设计处理，是现代室内设计中极为重要的方面，也是体现设计"以人为本"思想的组成部分（图 3-32）。

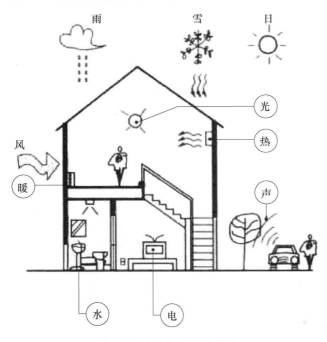

图 3-32　室内物理环境模型

为了营造更舒适安全的室内物理环境，就有必要对上述各种因素加以适当的控制。从建筑学角度来说，我们更为提倡依靠设计手段，利用被动式的低能耗的节能技术，来解决室内物理环境问题。

如图 3-33 所示，诺曼·福斯特设计的英国塞恩斯伯里视觉艺术中心草图清晰地展示出建筑师对技术性因素的考虑。

图 3-33　塞恩斯伯里视觉艺术中心草图（诺曼·福斯特设计）

第三节　建筑外部空间环境的概念

一、外部空间环境的相关概念

1. 环境

环境就是被围绕、包围的境域，或者理解为围绕着某个物体以外的条件。

一般而言，我们所说的是人类的居住环境，就是包围我们的周围的一切事物的总和。

当我们身边的环境能用一个画面来展示时，就形成了视觉美学意义的"景观"概念，或者我们更愿意称之为"风景"。

环境最基本的分类如下：

（1）自然环境，亦称地理环境，是指环绕于人类周围的自然界，包括大气、水、土壤、生物和各种矿物资源等，如图 3-34 所示。

（2）人工环境，是人类居住的人工构成部分，即那些由人类直接或间接参与创造而产生的物体、现象和空间环境。如建筑物（包括内部和外部）、构筑物、环境小品、城镇、风景区等（图 3-35）。

图 3-34　三清山　　　　图 3-35　西班牙大阶梯

（3）半自然半人工环境，外部空间中既有自然生成的环境，又有人工构成部分的集合体，是被改造了的自然环境。如森林公园、中式园林等（图 3-36）。

图 3-36　苏州拙政园

在建筑外部空间环境课题中，我们主要关注和讨论的是人工环境，即分析人工构建的建筑外部环境。

2. 外部空间

美国风景建筑师奥姆斯特德在1858年提出了"风景建筑学"的概念，他对建筑的外部环境质量的提高做出了有益的贡献，把园林扩大到了城市环境。芦原信义曾说"外部空间就是从大自然中依据一定的法则提取出来的空间，只是不同于浩瀚无边的自然界而已。外部空间是人为的、有目的地创造出来的一种外部环境，是自然空间中注入了更多含义的一种空间。由建筑家所设想的这一外部空间概念与造园家考虑的外部空间，也许稍有不同。因为这个空间是建筑的一部分，也可以说是"没有屋顶的建筑"。

外部空间的分类：

（1）街道：街道空间的类型很多，如步行商业街、街心花园、街角空间等。街道从来就是人们重要的交往空间，是非常有人情味的地方（图3-37）。

（2）广场：指的是面积广阔的场地，通常是大量人流、车流集散的场所，是一个可让人们聚会休息的空间，在广场中或其周围一般布置着重要建筑物，往往能集中表现城市的艺术面貌和特点。

（3）庭院：是指正房前面的宽阔地带，也泛指院子，是建筑外部空间环境中重要的一种类型，包括游赏性庭院、休息性庭院，还可分为前庭、侧庭、屋顶庭院等（图3-38）。

（4）公园：通常意义上的公园指的是城市或市镇作为风景区，供公众游憩用的一片土地（图3-39）。

图3-37　美国纽约第五大道　　图3-38　老北京的四合院　　图3-39　西溪国家湿地公园

（5）郊野：是指远离城市，没有受到过度开发和破坏，仍然保留自然风貌的区域。

二、空间环境的构成要素

空间环境的构成包括三个要素：

1. 物质要素

环境的物质要素包括实物和空间两个层面，它们的关系就像一个硬币的两面，相互依存，相互构成，相辅相成，是一种图底关系。

2. 文化要素

空间不仅是物质的，而且是精神的、文化的，承载了多个层次的空间意义，如文脉、传统、历史、宗教、神话、民俗、乡土等。每一个空间环境在物质构成要素的基础上，都存在其精神层面的意义。

3. 其他要素

其他要素包括光环境、声环境等要素。

阳光、照明（光的聚焦、反射、投射、闪烁，以及激光等）、影等构成了千变万化的光环境。天井中渗入的一缕阳光，大树下一片阴影都可能构成环境的特定氛围（图3-40）。

图 3-40　天井

声环境和嗅觉环境是在实际环境中不可忽视的。

古诗中"月落乌啼霜满天，江枫渔火对愁眠，姑苏城外寒山寺，夜半钟声到客船"，江上半夜的钟声，构成了令人忘却烦恼的优美环境。《园冶·借景》中"冉冉天香，悠悠桂子"就写出了桂花香气，营造出浓郁的江南特色。

三、环境意义的层次

空间环境的意义有三个层次：

（1）低层次：功能实用层面，空间有何作用，何人所用，是否合用。这样的空间环境是最基本的意义（图 3-41）。

（2）中层次：是一种文化、身份、地位等的认同。这样的空间环境具有吸引力、人情味和场所感（图 3-42）。

图 3-41　人流集散的广场

图 3-42　圣路易斯拱门（沙里宁）

（3）高层次：有关宇宙观、信仰等更高层次的精神层面（图 3-43）。

图 3-43　天坛（北京）

四、外部空间环境与人的行为

特定的环境使某些反应更易于出现，会暗示和激励人们应该怎样进行行动，反之亦然。行为需要有特定的空间环境作为背景而进行，如果没有这一背景，行为也是不可能发生或不能持久的。

1. 人在空间中的行为

公共空间中的活动可分为三种类型，即必要性活动、自发性活动和社会性活动。

（1）必要性活动：即功能性活动，是有直接或间接目标的活动。如工作、学习、饮食、购物、参观、看展览等。换句话说，就是那些人们在不同程度上都要参与的所有活动。因为这些活动是必要的，它们一年四季在各种条件下都可能发生，相对来说与外部环境关系不大，参与者没有选择余地。

（2）自发性活动：无固定目标、线路、次序、时间限制，具有很大的随机性，只有在人们有参与的意愿，并且在时间、地点可能的情况下才会产生，包括散步、游览、休息、驻足观望有趣的事情及坐下来等。这些活动只有在外部条件适宜、天气和场所具有吸引力时才会发生。对环境设计与规划而言，这种关系是非常重要的。

（3）社会性活动：不是一个人单凭个人的意志支配的行为，而是借助他人的参与下所发生的双边活动，如儿童游戏、打招呼、交谈，以及其他社交活动。社会性活动是个人与他人相互联系的桥梁。

在这三种类型中，必要性活动是自发性活动和社会性活动的基础，即当空间中包含了居民的必要性活动如上下班、买菜、做家务等日常生活行为时，其他两种类型的活动如散步、晒太阳、攀谈、打招呼等也就自然被引发了。

2. 活动的方式

人们在空间中的活动通常表现为运行（表现于路径中）与场所（表现于一定范域中）两种方式，有的行为是以个体的方式出现的，有些是以群体方式出现的。不同的活动方式对空间环境的要求是不一样的。例如，人在街边散步就是以个体的方式出现在路径中，是运行的一种，小型露天聚会则是以群体方式在某一特定的场所中出现，这两种活动的方式对空间环境的要求，前者是线性的路径，后者则是有一个可以供人活动的固定场所。

我们在设计中会根据活动方式的不同采用不同的手法，如图3-44所示。单一狭长的矩形空间会对处于其中的人在心理上产生纵深引力，因此可以起到明显地引导人流行进的作用。曲线比直线更有流动感和引导性。内聚型的空间比发散型的空间更容易产生凝聚力，所以当人们进入内聚型的空间时，通常会产生滞留的暗示。

3. 场所效应

场所是指发生事件的空间。如果仅有空间而没有人的活动和身心投入，空间就不能成为场所。

济南以泉水众多、风光明秀而著称于世，一直有"家家泉水、户户垂杨""四面荷花三面柳，一城山色半城湖"的形容。以此为主题的泉城广场也因此获得人们的认同（图3-45）。

凯文·罗奇设计的奥克兰博物馆分为三层，每一层的平台是其下一层的屋顶，屋顶平台上种植绿化植物，巧妙地将文化、自然、游赏融为一体，被誉为"带有高差的公园"（图3-46）。

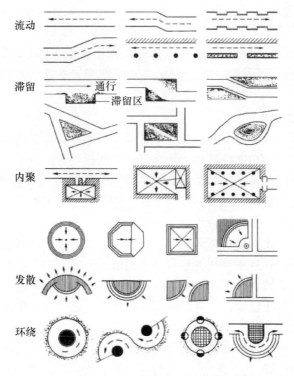

图 3-44 空间对行为的诱导

图 3-45 济南泉城广场

图 3-46 奥克兰博物馆（凯文·罗奇）

第四节　外部空间环境的认知与设计

一、环境的主题

　　主题就是对一个环境空间，我们想要表达一个什么样的主旨和意图。主题的性格决定了该空间环境的性格。它可以是纪念的、幽默的、活泼的、规整的、自由的等。它要和建筑相协调统一。

　　如图 3-47 所示的南京中山陵外部空间的设计就充分表达了其纪念性意义，广场及阶梯都显示了恢弘的气势。

图 3-47　南京中山陵

二、外部空间的构成要素

外部空间可以有边界、场所、出入口、通道、标志等要素分类。

1. 边界：可以划分、限定空间

通常来说大部分空间是有明确边界的，如城市广场，就是由道路或建筑限定而成的。也有些外部空间没有明确的边界，就是我们通常所说的模糊空间、亦内亦外的空间，如传统民居中常用的宽挑檐所形成的廊道，街道与廊之间所形成的界面由若干柱形成，这种界面是不明确的、不完整的，空间特性也模糊了。廊空间称为既非室内，又非室外的中介过渡空间。如图 3-48 所示的日本严岛大鸟居如漂浮在海上，象征着神与人的界限；朱红色的大鸟居，红柱、白壁的神殿与高山大海融为一体；严岛神社伸到海面。

图 3-48　日本严岛

2. 场所：是有中心，从内部可感受到的宽广的空间

场所由边界限定而来，是真正容纳活动的区域。因此场所必须界定出活动的区域，或实围，或虚拟，或约定俗成，并且要界定出这个区域属于什么人群。

如图 3-49 所示的洛克菲勒中心广场中央有一个下凹的小广场，广场正面有一座闪闪的古希腊神普罗米修斯飞翔着的雕像，下面有喷泉水池，浮光耀眼，冬季可作为溜冰场；广场上的圣诞树是纽约圣诞节期间的著名景观之一，圣诞节期间在此竖起一颗高大圣诞树的传统始于 1933 年。

3. 出入口：是一种空间的隔断与连接，与人的活动相联系

外部空间要渗入进去，内部空间要引出来，无论是空间形态还是人的活动，都会产生很多有趣味的东西。

图 3-49　洛克菲勒中心广场

如图 3-50 所示的牌楼既是人流进入空间的引导标志，同时也具有宏观上限定空间的作用。

4. 通道：是不同场所之间的线性连接，揭示空间的组织关系，很多时候也可以具有特殊的意义

单一狭长的矩形空间是组织不同建筑空间的常见元素，其空间的高度、宽度与纵深距离的比例关系会使处于其中的人在心理上产生纵深引力。因此可以起到明显地引导人流行进的作用（图 3-51）。

图 3-50　北京西四牌楼　　　　　图 3-51　中国园林的游廊

5. 标志：是特定意义和象征性的记号。标志一般是环境空间主题的体现，或者用来活跃空间性格

标志可以是建筑或雕塑，一般在空间的变化处出现，给人醒目的视觉提示，暗示空间的特征或变化。地区差异往往也可以构成标志的要素。

当标志居于空间的中央时，易使整个空间产生向心感；而当其位于空间的一段时则能在空间中形成方向性，如图 3-52 所示。周边是建筑以外向四周延伸的空间，具有模糊性特点。

图 3-52　威尼斯圣马可广场钟楼

三、外部空间的设计手法

1. 尺度与质感

尺度与质感是外部空间设计中两个非常重要的概念。

（1）尺度

人的主观感受与距离的关系如图 3-53 所示。

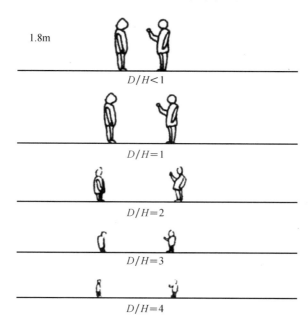

图 3-53　人的主观感受与距离的关系

①视线距离

在 0.5～1km 的距离之内，人们根据背景、光照特别是所观察的人群移动与否等因素，可以看见和分辨出人群。这一范围可以称为社会性视域。

在 70～100m 远处，就可以比较有把握地确认一个人的性别、大概的年龄及这个人在干什么。70～100m 远这一距离也影响足球场等各种体育场馆中观众席的布置。例如，从最远的座席到球场中心的距离通常为 70m，否则观众就无法看清比赛。

距离近到大约 30m 处，可以看清细节时，才有可能具体看清每一个人。当距离缩小到 20～25m 时，大多数人能看清别人的表情与心绪。在这种情况下，见面才开始变得真正令人感兴趣，并带有一定的社会意义。例如剧场舞台到最远的观众席的距离最大为 30～35m。

在 1～3m 的距离内就能进行一般的交谈，体验到有意义的人际交流所必需的细节。如果再靠近一些，印象和感觉就会进一步得到加强。

日本著名建筑师芦原义信将人与人之间的距离的讨论，应用到外部空间的讨论中，以 20～25m 作为外部空间设计的模数标准来设计外部空间，而我国古代建筑的群体组合，也是以"百尺为形（大约 30m）"作为外部空间的衡量标准。这是与人能够看清楚细节的距离相适应的。

②心理距离

距离可以在不同的社会场合中用来调节相互关系的强度，在此基础上，爱德华提出了"空间关系学"的概念，并在一定程度上将这种空间尺度加以量化：密切距离（0~0.45m），个人距离（0.45~1.20m），社交距离（1.20~3.60m），公共距离（7~8m）。

③空间距离

如果用 H 代表建筑物的高度，用 D 表示人与建筑界面的距离，则有下面的结论：

当 $D/H=1$ 时，建筑物高度与距离的搭配显得均匀合适，人有一种内聚、安定、不至于压抑的感觉。

当 $D/H>1$ 时，心理感觉有远离或疏远的倾向。

当 $D/H<1$ 时，两栋建筑开始相互干涉，内聚的感觉加强，心里有贴近或过近的感觉，产生压抑感。其对面建筑的形状、墙面材质、门窗大小及位置、太阳入射角等都成为应关心的问题。

当 $D/H>4$ 时，各幢建筑之间的影响可以忽略不计。

当 $D/H=2$ 时，可以看清建筑的整体，内聚向心而不至产生离散感。

当 $D/H=3$ 时，可以看清实体与建筑的关系，两实体排斥，空间离散，围合感差。

另外，行为心理理论认为人类室外分析建筑的最佳注视夹角为54°，也就是以垂直视角为27°形成的视锥。水平视角一旦达到60°，四缘尺度就易产生变形，导致空旷无所适应感的发生；而一旦小于54°，又将产生压抑感（图3-54）。

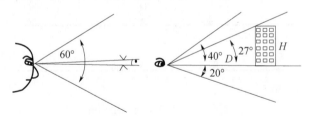

图 3-54　人的视角分析

北京故宫从太和门望太和殿，太和殿的院落、庭院空间的规模和比例就是按人类的生理尺度即眼睛的最佳视角来进行设计的（图3-55）。

图 3-55　太和门望太和殿的视角

（2）质感

空间的界面与底面的材质不同，都会给人不同的感受，如建筑立面、矮墙、树丛和铺地等表面的质感差别，整个空间序列的质感在尺度上的变化创造了不同的空间氛围（图3-56、图3-57）。

图3-56　中国传统街巷（压抑、静谧）　　　　图3-57　筑波中心广场

2. 分区与布局

分区与布局是对该空间所要求的用途进行分析，并确定相应的领域，这是外部空间设计的重点。

外部空间设计要尽可能赋予空间以明确的用途，根据这一前提来确定空间的大小、铺装的质感、墙壁的造型、地面的高差等。

在外部空间布局上带有方向性时，希望在尽端配置具有某种吸引力的内容。

在空间的布局中，我们应该注意距离的大小问题。人作为步行者活动时，一般心情愉快的步行距离为300m，希望乘坐交通工具的距离为500m。大体上，作为人的领域而得体的规模，可考虑为500m见方。不管什么样的空间，只要超过1mile（1600m），作为城市景观来说，可以说是过大了。

3. 开敞与封闭

在谈封闭性这个问题的时候，研究一下墙的高度是很有意义的。墙的高度与人眼睛的高度有密切关系。

（1）在30cm高度时，作为墙壁只是达到勉强能区别领域的程度，几乎没有封闭性。不过，由于它刚好成为憩坐或搁脚的高度，而带来非正式的印象。

（2）在60cm高度时，基本上与30cm高度的情况相同，刚好是希望凭靠休息的大致尺寸。

（3）在90cm高度时，也是大体相同的。

（4）当达到1.2m时，身体的大部分逐渐看不到了，产生一种安心感，与此同时，作为划分空间的隔断性加强起来了，在视觉上仍有充分的连续性。

（5）当达到1.5m时，除头部之外身体都被遮挡了，产生了相当的封闭性。

（6）当达到1.8m以上时，就完全看不到人了，一下子产生封闭感。

参考这些情况，就可以运用高墙、矮墙、直墙、曲墙等加以布置，创造出有变化的空间。

4. 层次与序列

空间序列的加强对烘托环境、培养气氛也具有重要的暗示作用。要注意"时-空"结合的原则和连续空间的创造；同时，保持逐步转化的空间之间的紧密联系性，把空间的排列和时间的先后两种因素考虑进去。如图 3-58 所示，意大利圣彼得广场的空间序列十分鲜明。

图 3-58　意大利圣彼得广场

为了获得宜人、丰富的外部空间，仅仅用一种手法是不够的，需要多种手法综合运用。要根据不同的建筑及不同的环境需要综合运用不同的手法。

思政小课堂

贝聿铭 1917 年 4 月出生于广州，1927 年随父母到上海读书。当时上海正在建设 24 层高的大厦——上海国际饭店，建成时它是上海乃至全中国最高的人工建筑。当贝聿铭得知这幢楼是由外国设计师设计时，内心敬佩的同时也有疑惑：难道我们中国人就不能自己设计吗？从那一刻起，贝聿铭开始立志长大当建筑师。1935 年，怀着当建筑师，将来建设祖国的梦想，18 岁的贝聿铭远赴美国求学："父亲送我上邮轮时，只对我说了一句话：记住，无论将来你成'龙'还是成'虫'，这里都永远是你的祖国、你的家乡！"开始时，贝聿铭在宾夕法尼亚大学的建筑学院学习。他觉得那里的学风太过传统和保守，仅上了几周课，就转到麻省理工学院，4 年后以优异成绩毕业：当时日本人正在疯狂侵略中国，为宣传抗日，贝聿铭的毕业设计就是为战时中国建一批简易书报亭，并给它取名为"国魂"。他迫切想回国报效祖国，但国内大部分地区都沦陷了，父亲写信让他再等等。为帮助祖国抗战，贝聿铭干脆加入美国军队，只要有机会就向飞行爱好者宣传中国抗战形势，为促成"飞虎队"前往中国帮助中国人民抗日尽了力。

20 世纪 70 年代，中美关系破冰，57 岁的贝聿铭终于踏上他日思夜想的土地，回到阔别 40 年的中国。当时，周恩来总理在人民大会堂举办晚宴。当周总理听说在座的有部分世界顶级的建筑师时，他要求大家给北京城的建设提出建议。贝聿铭提出现代化建设不应把传统的中国建筑破坏掉。周总理后来采纳了他的意见，表示北京二环以内将不建高楼，故宫周边也不再新建建筑物。这成为贝聿铭为祖国做的第一个"贡献"。接下来，有关部门要求贝聿铭在北京郊外的香山设计一个旅游宾馆，就是著名的北京香山饭店。贝聿铭提出要尽可能少破坏自然，因此整个建筑群都是矮层。凭借着香山山势，高低错落，蜿蜒曲折，院落相间，内有十八景观，与白墙灰瓦的中国式主体建筑相映成趣。1984 年，香山饭店获得美国建筑学会荣誉奖。

贝聿铭在享誉世界时，始终没有忘记自己来自中国，没有忘记父辈对自己的要求，只要有机会，就为祖国、为家乡贡献力量：1982 年，已逾花甲之年的他重回少年成长地——中国香港，接受设计香港中银大厦的任务。建成的中银大厦不仅是香港地标性建筑，更被誉为几何设计的绝唱。2002 年，85 岁的贝聿铭凝聚自己一生的智慧，将封笔之作献给了自己的故乡苏州博物馆新馆——它让东方与西方，现代与传统交会融合，自然而完美。贝聿铭说："它就是我的自传。"在近 80 年的建筑设计生涯中，贝聿铭在四大洲、十几个国家的土地上，给世界留下大量精美绝伦的建筑。2017 年 3 月，100 岁的他获得了"影响世界华人终身成就"大奖。有人问贝聿铭：在美国生活了 80 多年后，还觉得自己是个中国人吗？他毫不犹豫地回答："我从来都不敢忘记父亲的话，不敢忘记祖国，因为我的血管里流的是中国人的血，无论什么时候，我都是中国人！"

贝聿铭曾说："越是民族的，越是世界的。"他希望人们通过他的作品去了解他，他给世界留下许多经典建筑，这些建筑也铭刻着他对生命的记忆和理解。

思考题

1. 空间的基本分类有哪些？
2. 内部空间认知的基本方法是什么？
3. 建筑内空间设计的要素有哪些？
4. 单一空间的处理手法有哪些？
5. 空间环境的意义有哪三个层次？
6. 外部空间的构成要素有哪些？
7. 外部空间的设计手法是从哪些方面考虑的？
8. 空间概念（尤其是内部空间）意味着什么？该如何更好地把握？
9. 结合案例，做建筑设计时如何考虑外部空间设计？
10. 如何通过分割方式的运用达到空间的层次划分？

第四章

建筑表达与设计方法

建筑设计是建筑师对未来建筑的创造。这种创造力积淀于建筑师的头脑之中，只有通过图、文等手段才能将建筑师的创作付诸实践。可见，建筑的表达作为设计媒介，是建筑设计的必要组成部分，基于建筑设计与表达之间这种相辅相成、互为依存的关联，决定了在学习建筑设计方法的同时必须学习建筑设计的表达技法。

第一节　建筑图纸表达

一、投影知识

在日常生活中可以看到灯光下的物影、阳光下的人影等，这些都是自然界的一种投影现象。在工业生产发展的过程中，为了解决工程图样的问题，人们将影子与物体关系经过几何抽象形成了"投影法"。

投影法就是投射线通过物体向选定的面投射，并在该面上得到被投射物体图形的方法。投影法通常分为两大类，即中心投影法和平行投影法。其中平行投影又包括斜投影和正投影。

图 4-1（a）为中心投影法，投影时，所有的投射线都通过投影中心。图 4-1（b）和图 4-1（c）为平行投影法：投影中心距离投影面无穷远时，可视为所有的投射线都相互平行。其中根据投射线与投影面的关系又分为斜投影和正投影。图 4-1（b）为斜投影法：投射线与投影面相倾斜。图 4-1（c）为正投影法：投射线与投影面相垂直。

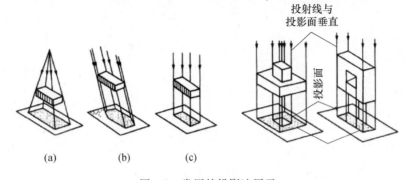

图 4-1　常用的投影法展示

如图 4-2 所示，在建筑图纸中，我们使用的都是正投影法得出建筑的平面图、立面图和剖面图。

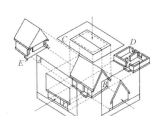

图 4-2 建筑的平、立、剖面图

二、总平面图

1. 总平面图的概念

建筑总平面图简称总平面图，反映建筑物的位置、朝向及其与周围环境的关系。

2. 总平面图的图纸内容

（1）单体建筑总平面图的比例一般为 1∶500，规模较大的建筑群可以使用 1∶1000 的比例，规模较小的建筑可以使用 1∶300 的比例。

（2）总平面图中要求表达出场地内的区域布置。

（3）标清场地的范围（道路红线、用地红线、建筑红线）。

（4）反映场地内的环境（原有及规划的城市道路或建筑物，需保留的建筑物、古树名木、历史文化遗存、需拆除的建筑物）。

（5）拟建主要建筑物的名称、出入口位置、层数与设计标高，以及地形复杂时主要道路、广场的控制标高。

（6）指北针或风玫瑰图。

（7）图纸名称及比例尺。

从图 4-3 中我们可以读到的信息如下：该地块所在地区的常年主导风向为西南风；该地块的绝对标高为 265.10m；地块东北角为一高坡；四号住宅楼位于整个地块的西侧中部，唯一 5 层建筑出入口在建筑南侧；周边有一号、二号、三号住宅楼和小区物业办公楼，并且地块内拟建配电室、单身职工公寓；地块东侧的商店准备拆除；此外，地块内还有一些运动场地及绿化带。

三、平面图

1. 平面图的形成

建筑平面图是房屋的水平剖视图，也就是用一个假想的水平面（一般是地坪以上 1.2m 高度）在窗台之上剖开整幢房屋，移去处于剖切面上方的房屋，将留下的部分按俯视方向在水平投影面上作正投影所得到的图样。建筑平面图主要用来表示房屋的平面布置情况，应包含被剖切到的断面、可见的建筑构造和必要的尺寸、标高等内容。如图 4-4 所示为建筑平面图生成示意图。

2. 平面图的图纸内容

（1）图名、比例、朝向。

①设计图上的朝向一般都采用"上北—下南—左西—右东"的规则。

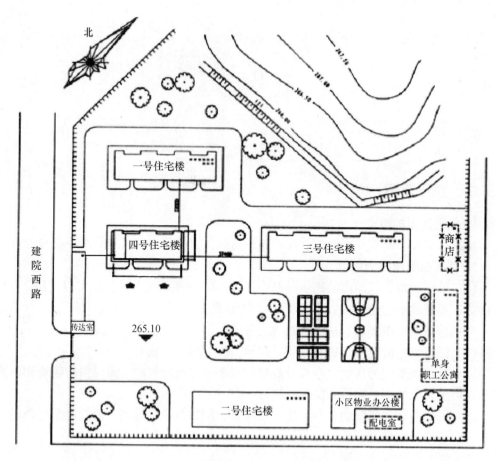

图 4-3　总平面图（1∶1000）

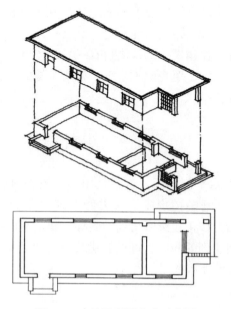

图 4-4　建筑平面图生成示意图

②比例一般采用 1：100、1：200、1：50 等。

（2）墙、柱的断面，门窗的图例，各房间的名称。

①墙的断面图例。

②柱的断面图例。

③门的图例。

④窗的图例。

⑤各房间标注名称，或标注家具图例，或标注编号，再在说明中注明编号代表的内容。

（3）其他构配件和固定设施的图例或轮廓形状。

除墙、柱、门和窗外，在建筑平面图中还应画出其他构配件和固定设施的图例或轮廓形状。如楼梯、台阶、平台、明沟、散水、雨水管等的位置和图例，厨房、卫生间内的一些固定设施和卫生器具的图例或轮廓形状。

（4）必要的尺寸、标高，室内踏步及楼梯的上下方向和级数。

①必要的尺寸包括：房屋总长、总宽，各房间的开间、进深，门窗洞的宽度和位置，墙厚等。

②在建筑平面图中，外墙应注三道尺寸。最靠近图形的一道是表示外墙的开窗等细部尺寸；第二道尺寸主要标注轴线间的尺寸，也就是表示房间的开间或进深的尺寸；最外一道尺寸表示这幢建筑两端外墙面之间的总尺寸。

③在底层平面图中还应标注出地面的相对标高，在地面有起伏处应画出分界线。

（5）有关的符号。

①在平面图上要有指北针（底层平面）。

②在需要绘制剖面图的部位画出剖切符号。

从图 4-5 中可以读到的信息如下：建筑的朝向；单元门设置在建筑北侧；为一梯两

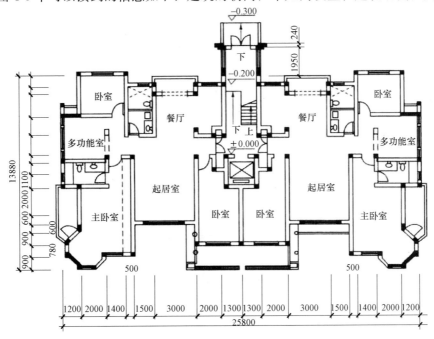

图 4-5　建筑一层平面图示意图（1：100）

户的形式；每户的户型结构为4室2厅2卫；各个房间的大小、朝向和门窗洞口的开启位置；地坪标高；承重的柱子位置；主要房间的名称；家具的摆放等。

四、立面图

1. 立面图的形成

建筑立面图是在与房屋立面相平等的投影面上所作的正投影（图4-6）。建筑立面图主要用来表示房屋的体型和外貌、外墙装修、门窗的位置与形状，以及遮阳板、窗台、窗套、檐口、阳台、雨篷、雨水管、勒脚、平台、台阶、花坛等构造和配件各部分的标高和必要的尺寸。

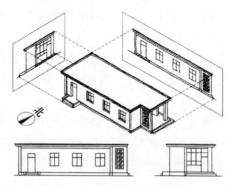

图4-6　建筑立面图生成示意图

2. 立面图的图纸内容

建筑立面图（图4-7）主要用来表示房屋的体型和外貌、外墙装修、门窗的位置和形状，以及遮阳板、窗台、檐口、阳台、雨篷、雨水管、勒脚、平台、台阶、花坛等构造和配件各部分的标高和必要的尺寸。

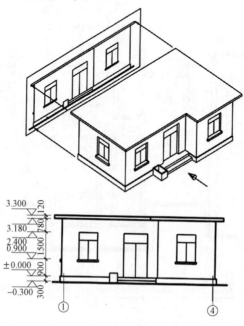

图4-7　①～④立面图（1∶100）

（1）图名和比例。立面图以立面两端的轴线编号来命名，如①～④立面图；也有以建筑物各立面的朝向来命名的，如南立面图等。

其比例一般采用1：50、1：100、1：200。

（2）房屋在室外地面线以上的全貌，门窗和其他构配件的形式、位置及门窗的开户方向。

最外轮廓线用粗实线，地坪线用特粗线，门窗洞口、窗台、雨篷、阳台等可见的轮廓用中实线，细部如分格用细实线。

（3）表明外墙面、阳台、雨篷、勒脚等的面层用料、色彩和装修做法。

（4）标注标高和尺寸。

①室内地坪的标高为±0.000。

②标高以米为单位，而尺寸以毫米为单位。

③标注室内外地面、楼面、阳台、平台、檐口、门、窗等处的标高。

五、剖面图

1. 剖面图的形成

建筑剖面图（图4-8）是房屋的垂直剖视图，也就是用一个假想的平行于正立投影

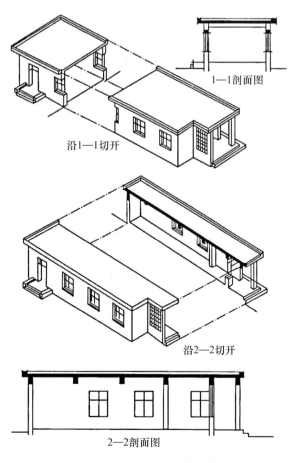

1—1剖面图

沿1—1切开

沿2—2切开

2—2剖面图

图4-8　建筑剖面图生成示意图

面或侧立投影面的竖直剖切面剖开房屋，移去剖切平面与观察者之间的房屋，将留下的部分按剖视方向投影面作正投影所得到的图样。一幢房屋要画哪几个剖视图，应按房屋的空间复杂程度和施工中的实际需要而定，一般来说剖面图要准确地反映建筑内部高差变化、空间变化的位置。建筑剖面图应包括被剖切到的断面和按投射方向可见的构配件，以及必要的尺寸、标高等。它主要用来表示房屋内部的分层、结构形式、构造方式、材料、做法、各部位间的联系及其高度等情况。

2. 剖面图的图纸内容

（1）剖面应剖在高度和层数不同、空间关系比较复杂的部位，在底层平面图上表示相应剖切线（图 4-9）。

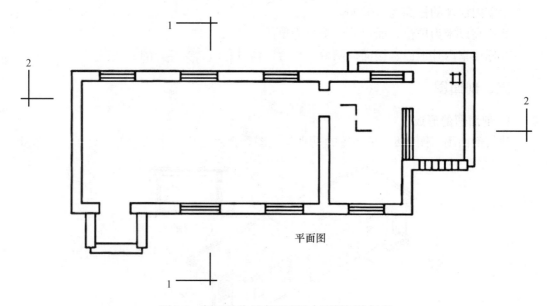

平面图

图 4-9　剖面的位置在平面图中用剖切线标出

（2）图名、比例和定位轴线。

（3）各剖切到的建筑构配件。

①画出室外地面的地面线、室内地面的架空板和面层线、楼板和面层。

②画出被剖切到的外墙、内墙，这些墙面上的门、窗、窗套、过梁和圈梁等构配件的断面形状或图例，以及外墙延伸出屋面的女儿墙。

③画出被剖切到的楼梯平台和梯段。

④竖直方向的尺寸、标高和必要的其他尺寸。

（4）按剖视方向画出未剖切到的可见构配件。

①剖切到的外墙外侧的可见构配件。

②室内的可见构配件。

③屋顶上的可见构配件。

（5）竖直方向的尺寸、标高和必要的其他尺寸。

从图 4-10 可以读出这栋建筑的几个关键部分的高度，并且能够看出建筑在屋顶中部做了一些空间上的变化。

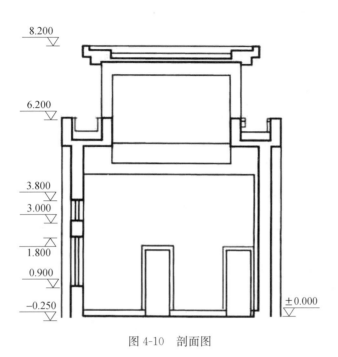

图 4-10　剖面图

第二节　建筑设计方法入门

对建筑学和城乡规划一年级的学生而言，重要的不是设计了什么，而是怎样进行设计，在设计中学到了什么。开始时，不过是在收集、整理前人的材料，并尝试对这些材料进行分析；到二、三年级从简单的材料整理进入学习阶段，把学习到的成果运用到自己的设计中去；到高年级就可以从学习模仿进入问题研究了，要能提出自己的问题，并能提出自己独到的见解。

很多同学在建筑设计基础的学习中一直存在误区，即过于重视技法的训练，忽视能力的培养，认为初级阶段打基础，高级阶段做设计，把打基础和做设计分割开来，而忽视创造力、批判思维、独立思考的能力、分析问题的能力、解决问题的能力的培养，其实，这两者应该是同步进行的。

下面我们就具体介绍一下建筑设计的程序（图 4-11）。

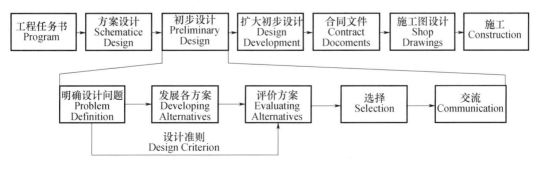

图 4-11　建筑设计的程序

　　一般建筑设计工作应包括方案设计、初步设计和施工图设计三大部分，即从业主提出工程任务书一直到交付建筑施工单位开始施工之全过程。这三部分在相互联系相互制约的基础上有着明确的职责划分，其中方案设计作为建筑设计的第一阶段，担负着确立建筑的设计思想、意图，并将其形象化的职责。它对整个建筑设计过程所起的作用是开创性和指导性的，初步设计与施工图设计则是在此基础上逐步落实其经济、技术、材料等物质需求，是将设计意图逐步转化成真实建筑的重要筹划阶段。

　　无论设计什么工程还是由谁来设计，都有个共同的目的，就是把业主的要求转化为具体房屋或者符合他所要求的其他实体。我们通常可以采取以下四个步骤完成设计。

一、设计的起点：分析与调查

　　对设计问题的分析是设计过程的起点，面对庞大的信息量，我们不妨从设计任务书开始，了解如下几个问题。

1. 什么是任务书

　　建筑师着手设计前，首先获得的信息是设计任务书。它是任何一项建筑设计的指导性文件，从多方面对设计提出了明确的要求和有关的规定，以及必要的设计参数，只有充分理解了设计任务书的内容，才能开始着手设计的各个环节。

　　设计任务书通常包含如下内容：

　　（1）工程名称：明确设计对象的性质。

　　（2）立项依据：凡是实际工程的项目必须有上级主管部门的有关批文，在计划和投资落实的条件下方可委托设计。

　　（3）规划红线：实际工程的用地范围由规划部门核准同意划出该工程的用地边界，并附规划设计要点，如建筑物高度限制、后退红线限定、造型要求、建筑密度、容积率等。

　　（4）用地环境：说明用地范围的地形、地貌情况及周边的道路、毗邻建筑等情况。

　　（5）使用性质：即使是同类型建筑，在性质上也会有差别的。如幼儿园建筑设计，要了解它是日托幼儿园还是全托幼儿园；是设在住宅小区内的幼儿园还是师范大学的试验幼儿园，不同性质的幼儿园的设计要求和内容都有很大差别。

　　（6）设计标准：它涉及设计的多方面规定性，如功能完善程度、结构选用标准、装修材料档次、设备选用标准等。如旅馆建筑设计规定是社会旅馆还是星级旅馆；住宅设计是每户建筑面积 $50m^2$ 还是 $70m^2$。

　　（7）服务对象：任何一项建筑设计都是为人而使用的，有单一使用对象，也有众多使用对象。因此，必须在设计前搞清是为哪一类人而设计。如铁路旅客站建筑设计，旅客就有进站旅客和出站旅客之分，还有母子旅客、军人旅客、贵宾旅客及残疾人旅客等，他们对设计分别提出各自的要求。

　　（8）房间内容：这是设计任务书的主要规定内容，一般按功能性质分区依次列出所要求的各房间名称，少则三两个房间（如小商店、传达室等），多则可列出上百个房间（如医院、博物馆等）。

　　（9）面积规模：与上一项紧密相关的是设计任务书要列出各房间的使用面积表。除必要的使用面积外，对交通面积、辅助面积（如厕所等）一般不列出，但建筑师必须在设计中给予考虑。

（10）工艺资料：许多技术性要求复杂的建筑设计必须服从工艺流程要求，对这类建筑的设计任务书一般单独提出工艺资料要求。如电视台建筑在设计任务书中列出节目制作工艺流程及各专业房间的技术要求（音质、温度、隔声、防震等）。博物馆建筑馆藏部分藏品的收藏、保护、管理工艺程序及专业房间的技术要求（防盗、防腐、温度、湿度等）。

（11）投资造价：投资是新建一幢建筑物资金的总投入，其中土建费用占有一定比例。设计任务书一般为计划投资，实际上往往要突破，形成追加投资。

（12）有关参数：某些设计任务书详尽说明了对设计有参考价值的数据，如气温、风向、降雨量、降雪量、地下水位、冰冻线、地震烈度等。

（13）其他。

上述各项内容不是所有设计任务书都一一罗列的，小建筑只言片语即可交代清楚，复杂工程则千言万语方可说明。无论设计任务书概略还是详尽，建筑师首先要熟知文件内容，做到任务理解、方向明确。

2. 任务书能反映出全部设计要求吗

答案是否定的，掌握了设计任务书的内容仅仅是信息输入的一部分，要使建筑设计建立在更扎实的基础上，还必须获得更多的第一手资料。调查研究是获取大量信息的有效手段。那么哪些信息是我们需要掌握的呢？我们又是如何获得这些信息的？

（1）他/她想要什么？书面的设计文件并不能全部包括建造者所要交代的内容，建筑师往往需要帮助参与设计任务书的完善工作。因此，更需要摸清业主的意图及各项详细要求，提出合理的建议以取得业主的共识和认可。

（2）房子建在什么样的环境里？古今中外的建筑师都十分注意对建筑所处的地形、环境的选择和利用，具体的调研可以采取现场踏勘、访问对象及资料收集三种方式进行。

我们需要获得的是以下三方面的资料：

①基地状况：主要是了解基地本身的状况，包括基地的地形、地质条件、景观朝向、道路交通、周边建筑、在城市中的方位等，对该地段做出比较客观、全面的环境质量评价。

如图4-12所示，太阳角度、东西向的基地脊坡和夏季的清凉微风，决定了建筑的主要朝向。基地的现有入口通道、树木分布及南岸小河构成了杰出的景色和基本环境，通过进一步分析，就可以对建筑体量和位置做初步的探讨和选择。

通过对基地条件的调查分析，可以很好地把握、认识地段环境的质量水平及其对建筑设计的制约影响，可以分清哪些条件因素具有优势，应该充分利用；哪些因素具有劣势，必须回避或改造。

②城市规划资料：主要是依据城市总体发展规划，明确所处城市性质规模、区域规划情况及限制条件等，以确保与城市整体发展相协调。

对故宫来说，如果前门、天安门、午门、太和殿等这些建筑没有被一个空间序列的轴线串起来，它们将失去独特的内涵。在美国华盛顿，林肯纪念堂、国会大厦、白宫、华盛顿纪念碑离开了那个理性的城市设计格局，也就不成气候了。这就是为什么学建筑学的人只琢磨房子还不够，还要把视野扩展到城市的角度。如北京故宫的中轴线与城市中轴线的统一，反映了森严的阶级观念。

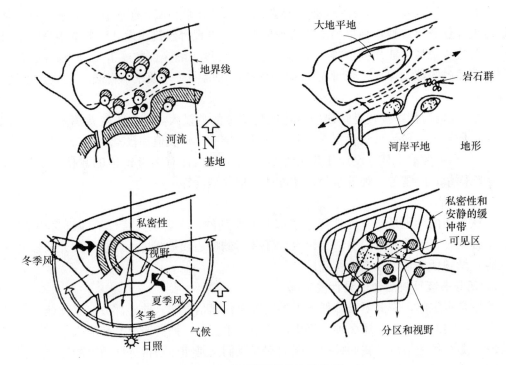

图 4-12 对假期别墅基地的分析

③文脉情况：每个城市在发展过程中都会因为社会和自然条件的原因形成自己明显的地区性特征，建筑设计应该尊重这些已有的文脉，而不是破坏它。像贝聿铭设计的罗浮宫扩建工程［图 4-13（a）］，把新建建筑全部埋于地下，外露形象仅为一宁静而剔透的金字塔形玻璃天窗，从中所显现出的是建筑师尊重人文环境、保护历史遗产的可贵追求。

例如，诺曼·福斯特对柏林议会大厦［图 4-13（b）］的改建设计，在重新修建古建筑国会大厦时在顶层增加一个巨大的玻璃穹顶。它不仅与古建筑精美结合，而且把现代科技和生态原理运用到建筑之中。

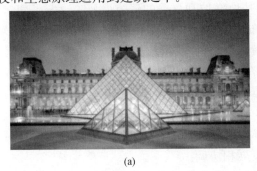

(a)   (b)

图 4-13 对建筑文脉的尊重

3. 除此之外还有什么是要考虑的

经济技术因素分析：是指建设者实际经济条件和可行的技术水平。它决定建筑的档次质量、结构形式、材料应用及设备选择等。

规范要求：是指建筑设计必须符合国家及地方制定的建筑设计规范，其中比较重要的是关于日照、消防、交通、节能方面的规范与规定。

借鉴式学习：学建筑如同学外语、中国画一样，都离不开早期的鹦鹉学舌、复制临摹的过程。学习并借鉴前人的实践经验，开阔自己的视野，既是避免走弯路、走回头路的有效方法，也是熟悉各类型建筑、提高设计水平的最佳捷径。建筑学是个积累型学科，特别需要对前人作品进行不断的分析和学习。

二、设计的立意——意在笔先

建筑设计开始阶段的立意与构思具有开拓的性质，对设计的优劣、成败具有关键性的作用。

1. 什么是立意

所谓立意，即确立创作主题的意念，就好比文章少不了主题思想一样，立意作为方案设计的行动原则和境界追求，也是必不可少的。唐代画家张彦远有句话说："骨气形似，皆本于立意。"设计的立意不是凭空而生，它有赖于设计者在全面而深入的调查研究基础上，运用建筑哲学思想、灵感与想象力、知识与经验等，对所要表达的创作意图进行决断。

建筑中立意新颖的名作很多，如里伯斯金设计的柏林犹太人大屠杀纪念馆（图 4-14）。对这样惨痛的历史事件的纪念馆，所有人都提出类似的想法：一个抚慰人心、吸引人的中性空间。然而设计师选择以历史伤痕为主题，创造了具象化、曲折破碎的空间，展现在世人眼前。

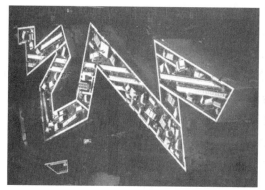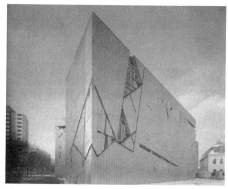

图 4-14　柏林犹太人大屠杀纪念馆

2. 立意能否离开想象力

想象力与创造力不是凭空而来的，除了平时的学习训练外，充分的启发与适度的形象"刺激"是必不可少的。例如，可以通过多看（资料）、多画（草图）、多做（研究性模型）等方式达到刺激思维、促进想象的目的。

3. 灵感从哪里来

勒·柯布西耶创作的朗香教堂（图 4-15）直到今天一直令人赞叹。它的形象引发了人们无数的想象，它的构思被世人赞誉为神来之笔。他是从哪儿想出这一切来的呢？人们试图从朗香教堂的创作过程中寻找答案。

图 4-15　朗香教堂

（1）立意由来

创作朗香教堂时，在动笔之前勒·柯布西耶同教会人员谈过话，深入了解天主教的仪式和活动，了解信徒到该地朝拜的历史传统，探讨宗教艺术的方方面面。勒·柯布西耶专门找来有关朗香地方的书籍，仔细阅读，并做摘记，收集大量信息。一段时间后，勒·柯布西耶第一次到布勒芒山区现场时，在山头上画了一些极简单的速写，记下他对那个场所的认识：朗香？与场所连成一气/置身于场所之中/对场所的修辞/对场所说话。在另一场合，他解释说："在小山头上，我仔细画下四个方向的天际线……用建筑激发音响效果——形式领域的声学。"把教堂建筑视作声学器件，使之与所在场所沟通，信徒来教堂是为了与上帝沟通，声学器件象征人与上帝声息相通的渠道和关键。可以说这是勒·柯布西耶设计朗香教堂的建筑立意，是一个别开生面的奇妙立意。

（2）灵感来自积累

勒·柯布西耶是有灵感的建筑师，但灵感不是凭空而来的，灵感也有来源，其源泉就是柯布西耶毕生广泛收集，储存在脑海中的巨量资料信息。

勒·柯布西耶讲过一段往事：1947年他在纽约长岛的沙滩上找到一只空的海蟹壳，发现它的薄壳竟那样坚固，正是这个蟹壳启发出朗香教堂的屋顶形象。

1911年，勒·柯布西耶参观古罗马建筑，发现一座岩石中挖出的祭殿的光线，是由管道把上面的天光引进去的。勒·柯布西耶当时画下这特殊的采光方式，称之为"采光井"。几十年以后，在朗香教堂的设计中，他有意识地运用了这种方式。

1945年，勒·柯布西耶在美国旅行时经过一个水库，便把大坝上的泄水口速写了下来。朗香教堂屋顶的泄水管同那个美国水利工程的泄水口确实相当类似，而朗香教堂的墙面处理和窗孔设计，得益于他在北非时对当地民居的调研（图4-16）。

图 4-16　勒·柯布西耶收集的资料

这些情况说明像勒·柯布西耶这样的世界大师，其看似神来之笔的构思草图，原来也都有其来历。灵感从现象来看是偶然因素在起支配作用，但必然性如果没有丰富的知识经验做根底，而坐等偶然因素触发灵感，就如同守株待兔一样绝无希望。

（3）最有效的方法

勒·柯布西耶告诉人们，建筑师收集和存储图像信息最重要的也是最有效的方法是动手画。他说："为了把我看到的变为自己的，变成自己的历史的一部分，看的时候，应该把看到的画下来。一旦通过铅笔的劳作，事物就内化了，它一辈子留在你的心里，写在那儿，铭刻在那儿。要自己亲手画。跟踪那些轮廓线，填实那空当，细察那些体量等，这些是观看时最重要的，也许可以这样说，如此才够格去观察，才够格去发现……只有这样，才能创造。你全身心投入，你有所发现，有所创造，中心是投入。"

勒·柯布西耶常讲他一生都在进行"长久耐心的求索"。朗香教堂最初的有决定性的草图确实是刹那间画出来的，然而刹那间的灵感迸发，是他"长久耐心求索"的结晶，诚如王安石的诗所说"成如容易却艰辛"！

三、从设计构思到方案设计

1. 设计切入点

形象思维的特点决定了具体方案构思的切入点必然是多种多样的，可以从功能入手、从环境入手，也可以从结构及经济技术入手，由点及面，逐步发展，形成一个方案的雏形。

（1）从环境特点入手。富有个性特点的环境因素如地形地貌、景观朝向及道路交通等均可成为方案构思的启发点和切入点。建筑设计只有与环境相结合，才能够真正形成建筑的场所精神。然而建筑师对待环境的态度和所强调的侧重点有所不同，但都不否定建筑应当与环境共存，并互相联系，这实质上就是建筑与环境相统一。所不同的是：一个通过调和而达到统一（图4-17）；另一个则通过对比而达到统一。

(a)   (b)

图 4-17 周边环境对建筑的影响
(a) 流水别墅；(b) 圣维塔莱河住宅

（2）从功能要求入手。更圆满、更合理、更富有新意地满足功能需求一直是建筑师所梦寐以求的，具体设计实践中它往往是进行方案构思的主要突破口之一。

早在19世纪80年代，建筑师沙里文就首先提出"形式服从功能，建筑设计从内到外"的观点。其后，由格罗庇乌斯设计的包豪斯校舍［图4-18（a）］，采用先内后外的设计方法，以功能作为出发点，被誉为现代主义的代表作。

与一般的展示空间不同，出自赖特之手的纽约古根海姆博物馆［图4-18（b）］却有着独特的构思。由于用地紧张，该建筑只能建为多层，参观路线势必会因分层而打断。对此，设计者创造性地把展示空间设计为一个环绕圆形中庭缓慢旋转上升的连续空间，保证了参观路线的连续与流畅，并使其建筑造型别具一格。

(a)　　　　　　　　　　　　　　　　　　(b)

图4-18　功能需求对建筑的影响

（a）包豪斯校舍；（b）纽约古根海姆博物馆

（3）从造型特点入手。有时候建筑会从建筑造型入手设计，先确定建筑的形象特征，再考虑如何使形象与功能相结合。

建筑造型（图4-19）可以采用直接象征的手法。建筑造型除了象征意义外，也常常与风格相联系。例如现代风格的建筑一般强调点、线、面的造型，强调几何形，重视建筑体量关系的变化；古典建筑则强调构图，强调外部形式特征，如坡顶、线脚、比例等。

图4-19　建筑造型对建筑的影响

值得注意的是：形式先于功能并不等于形式决定功能，在设计中仍要随时把功能要求纳入考量之中，以达到功能和形式的统一。切忌抱住一个形式不放手，生搬硬套、牺牲功能的建筑不会是一个好建筑。

（4）从结构技术入手。结构技术的发展对人们探索建筑设计有非常大的推动作用，不同的结构形式不仅能适应不同的功能要求，而且各具有独特的表现力。

近代科学技术手段的艺术表现力为建筑设计提供了极其宽广的可能性。巧妙地利用这种可能性必将创造出丰富多彩的建筑艺术形象，特别是那些对结构技术有很高要求的建筑如体育馆、机场、高层建筑等，甚至很多建筑都是以表现结构之美而著称的。

如图4-20所示，为了保持宫殿花园的完整性，设计师提出将轨道移至地下约6m处的设想。负责屋顶结构的建筑师弗雷·奥拓进行了大量的试验、建造模型及电脑模拟的工作，设计了独特的膜加光眼的屋顶结构。德国 *HAUSER* 杂志评论说："这一革命性的空间创造是继慕尼黑奥林匹克体育场之后最优美的建筑作品。"阳光通过拱形玻璃壳均匀进入大厅中，形成的是充满阳光、明亮的车站大厅形象。

图 4-20　斯图加特新火车站设计

密斯是重视结构技术的一位先行者，他的一生都在对钢框架和玻璃在建筑中应用进行探索。西格拉姆大厦［图 4-21（a）］实现了密斯本人在 20 世纪 20 年代初对摩天楼的构想，开创了玻璃幕墙的先例，被认为是现代建筑的经典作品之一。

与密斯温和的讲究技术精美倾向不同，高技派更乐于彰显新技术的发展，蓬皮杜国家艺术和文化中心与劳埃德大厦就是其中的代表作。劳埃德大厦［图 4-21（b）］在设计风格上重复暴露建筑结构，大量使用不锈钢、铝材和其他合金材料构件，使整个建筑像巨型的钢铁机器一样闪闪发光。由于充满争议，该大厦获得了不少批评、赞誉、惊异等评论，也有"钢铁怪物"的昵称。

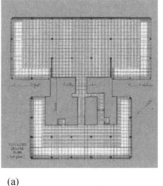

(a)　　　　　　　　　　　　　　　　　　　　(b)

图 4-21　结构技术对建筑的影响
（a）西格拉姆大厦；（b）劳埃德大厦

（5）建筑观的影响。好的建筑师一方面要了解哲学，另一方面也要将哲学与他的工作及其作品表现有机地结合起来，最终形成属于自己的建筑哲学。

对初学者来说，有自己的建筑哲学还是一件太遥远的事情，但是了解建筑大师们的建筑观，不但可以帮助我们更好地理解大师作品的精髓，而且将对我们设计观念的形成带来深远的影响。

彼得·艾森曼基于解构主义哲学设计的1号住宅（图4-22），强调建筑形式的独立性，颠覆了建筑形式与结构的关系，体现的是空间的艺术性价值，而非功能性。

巴拉干自宅设计受极少主义艺术的影响，极简的形体、明亮的具有墨西哥传统的色彩及纯净的光影效果交织在一起，追求纯粹、光亮、静默和圣洁的情感。

图4-22　基于解构主义哲学设计的1号住宅

2. 探索所有可能性

对建筑而言，没有唯一固定的答案，问题的解决可以有很多的可能性，思维的发展更是千变万化、天差地别的。在设计过程中我们要不停地问自己：只能这样设计吗？有没有其他更好的思路和方法？思维的桎梏是一件很可怕的事情，决不能有了一个好主意就拍板决定，必须经过多种方案的比较，才可探寻到最佳方案。

我们也把这种探索其他可能性的过程称为方案再生。一是从构思开始，提出多个不同的概念设计；二是在解决设计问题时尝试使用不同的方法；三是从多个造型母题上探索，多做形态设计。这个时候设计不宜做深，重点在新思路的开拓上。

3. 方案比较和选择

在多个方案经构思形成之后，我们往往要对这些方案进行评价和比较，最后选出较为满意的方案或集中各方案的优点进行改进。

比较的重点应集中在三个方面：

（1）是否能满足基本的设计要求，即要审核建筑的功能、环境、结构等方面是否符合使用需要。

（2）是否具有突出的个性特色，缺乏个性的建筑方案是难以打动人的。

（3）是否具有修改和调整的可能性，即是否有致命的缺陷。

当然每个建筑师由于关注的方面不同，选择的结果也不同，他的选择往往反映了在大多数设计中他认为重要的设计概念。有些建筑师比较倾向于理性，即他们更重视平面组织与使用要求这类因素；而更倾向于感性的建筑师则对室内外的个人直接体验比较感兴趣。建筑师必须意识到方案选择中的不同倾向，并且力求寻找到一个相对平衡的评价标准，避免走极端。密斯设计的范斯沃斯住宅（图4-23）在形式上无疑是成功的，但是他的功能设计远远偏离了一般人对居住的要求。

四、方案成形

发展方案选出来之后，并不意味着建筑设计就大功告成了；相反，还有非常多的工作要做。

图 4-23 范斯沃斯住宅

建筑师不得不反复地确认最终设计出来的作品是否是合理的，是否能够建造起来，每个房间是否可以满足它的使用要求，任何一个细部都不能放过。这个阶段称为方案最终成形阶段。

方案的成形阶段不是一次性、单向的发展过程，而是反复循环的过程。在这一阶段大致要经历四个步骤：①推敲，是根据方案比较过程中发现的矛盾和问题，对发展方案进行调整和选择，使方案尽可能地与实际设计要求结合起来；②验证，是根据设计要求与设计立意，对调整后的方案进行检验和评价；③成形，指的是建筑师经过前两步，逐步形成完整、深入的建筑设计方案；④表达，则是通过图示语言表达设计形象。

形象出现之后建筑师往往会产生新的想法，这时建筑师必须对设计重新进行推敲，循环过程就开始再次运转了。

（1）推敲，是一种态度，更是一种方法。这一阶段的主要设计任务是对已经过全局性调整的可供发展方案在平面、剖面、立面、总平面几个设计方面展开进一步的推敲和深化工作。特别是解决在多方案分析、比较过程中所发现的问题，弥补设计缺陷。

前述各阶段的设计工作与此阶段工作两者是整体与局部的关系，对设计目标的实现都是缺一不可的重要设计环节。局部的修改与补充，应该限定在适度的范围内，力求不影响整体布局和基本构思，并能进一步提升方案已有的优势水平（图 4-24）。

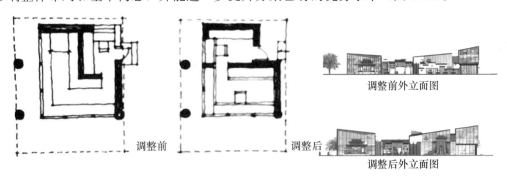

调整前　调整后　调整前外立面图　调整后外立面图

图 4-24 建筑推敲示意图

（2）验证，要从实用性与艺术性出发。在建筑设计领域，验证涉及房屋竣工交付使用后的实用性和艺术性评价，但是这在建筑设计方案的成形阶段毫无可能。我们通常试行的是一种预先验证的过程，是根据设计要求与设计师意图，对设计方案进行的检验和评价。

这就需要重新回到设计之初的分析和立意过程，逐条比对，检验设计是否解决了全部问题。拿环境验证来说，许多初学者常常掌握不了"环境-单体"这种思维螺旋形上升的规律，总是一开始就钻进单体设计的思考中，对环境条件缺乏认真深入的分析，导致建筑设计方案违背了许多环境条件的限定，最终使单体建筑本身失去了环境特色和个性，变成放在任何地方似乎都可以说得过去的通用设计，这是初学设计者容易犯的通病。

（3）成形，设计从粗略到精确的过程。推敲与验证之后，设计方案基本成形。成形的设计方案有具体量化的标准，所有的设计尺寸包括家具的尺寸都要求准确无误地反映在设计中。另一个对设计方案的成形有很重要意义的就是细部表现的能力，包括材质、色彩、线脚、构造设计等，以确保获得理想的建筑形象。

（4）表达，是设计不可分割的另一面。从历史上看，表达和设计一直是紧密联系在一起的，预先看到方案实现的可能程度和大致效果，对每个人都是不可抗拒的诱惑。建筑师要用自己的绘图手段来传达设计方案的观点和优点。当然这里的表达不仅指建筑画，还包括其他图纸。这些表达综合在一起，不但要给人全面的认识，还应该突出方案的创造性及特征，甚至很多表现的风格都要与立意相一致。

设计的表达应注意以下几点：

①表达应完整、准确，能够传达出所有建筑设计的信息。每一种图示语言都有自己的表达内容，我们的任务是把它们组织起来，通过这些组织好的图示语言，阅读者可以了解我们需要他们知道的一切信息。

②要选择适当的表达方式。设计与表达是一个统一的过程，不同的设计特点决定了表达形式、风格也不相同，表达要为设计服务。

③要注意表达中图示语言对设计的促进作用。表达并不是设计的终点，而是设计循环中的一个过程，要善于从表达中发现问题，协助思考。

第三节　建构设计方法

一、建构的相关概念

1. 建构的概念

"建构"一词最早作为建筑术语出现在 19 世纪，真正在建筑界得到广泛的重视则是以肯尼思·弗兰普顿教授的重要论著《建构文化研究》为标志。弗兰普顿把建构解释为具有文化性的建造或称为"诗意的建造"，其本意是关于木、石材等材料如何结合的问题。它注重建筑的建造方法，包含构造材料的内容和要求考虑人加工的因素。"诗意"的定义说明建构所关注的不仅是纯粹的建造技术或过程，还有涉及形式与表达的问题。弗兰普顿在书的开篇便把建构研究与空间问题联系在一起，他认为空间已经成为我们建筑思维的一个核心概念，在这个前提下，建构研究的意图不是要否定建筑形式的体量性特点，而是通过对实现它的结构和建造方式的思考来丰富、调和对空间的优化考量。建构将强调"空间"的研究转向"建筑的空间及形成空间的物质手段的组织方式"的研究。

2. 建构的表达

建筑的形式通过材料的运用清楚地表达了结构体系关系，它的建造方式是直接可读的，这样的表达称为建构的表达。结构作为一种不可视的原则，通过建构得到视觉上的表达。同样的结构体系或者原则，可以通过不同的建造材料和手段实现。建构的表达与另外两种表达形式——形象与象征的表达、抽象与雕塑的表达展现出截然不同的特征。

杭州国际会议中心［图4-25（a）］强调形象与表达，建筑形式表现与建筑本身没有直接的关系，借助形式表达一个建筑外的概念。

爱因斯坦天文台［图4-25（b）］强调抽象与雕塑的表达，建筑形式表现的是一种抽象的雕塑感，构件表面的涂料掩盖了具体建造的材料和它的结构。

(a) (b)

图4-25 建构的表达形式
（a）杭州国际会议中心；（b）爱因斯坦天文台

3. 建构作为一种设计的工作方法

建筑设计要考虑人、环境、结构等因素，每一项都可以成为专门的领域。20世纪，人们普遍认为只要将这些问题研究透彻，即可获得好的设计。但是缺少了"如何将一个建筑物的各个部分组合到一起的基本规律"的研究，往往难以获得一个好的设计。建构的设计方法不应是某个流派的翻版，而是具有普遍意义、广泛使用的工作方法。

建构从本质上讲是一种关于形式与材料的组合逻辑，逻辑性是建构设计的重点。具体来说，我们所要研究的是建筑空间和构成空间的物质手段之间的关系，构成建筑物各组成部分的组织规律，形式和结构之间的关系，体量、空间和表皮之间的关系，建造秩序和知觉秩序之间的关系等。

4. 从图纸到模型

建构强调用模型思考设计，是因为整个过程中始终包含对材料（模型材料）的操作，这种操作和使用建筑材料搭建建筑物有一定的相似性，更接近于建构研究的本质问题。这里说的模型的工作方法，不是在设计完成后用模型表现设计成果，而是借助模型生成构思，推动设计发展。采用不同的材料（模型材料），提供了不同的操作可能性，如何操作材料就直接影响到设计成果。我们常说功能决定形式、场所决定形式或技术决定形式，现在看来，工作方法也能决定空间形式。

二、建构体系：要素—操作—材料—建造

1. 要素（体块、板片和杆件）

对应于时间建筑中的柱、梁、板和所围合出来的实体，空间中的物质要素在抽象的

层次上可以区分为体块（block）、板片（slab）和杆件（stick）。每一个建构要素均存在不同空间特征和形式表达的可能性，生成与之相应的空间。

（1）体块空间

体块空间是边界围合的空间，它的空间形状非常明确，具有容积性的特点。它的空间是由体块内的空间与体块之间的空间共同组成的，两者是互补和包容的关系，并且具有平衡的图底关系。我们可以形象地把它称为包裹空间。

近代欧洲净化建筑派别的路斯在他的米勒住宅设计中就表达了这种包裹空间设计的主张。整体建筑是非常规则、简洁的白色长方体，内部的空间和材料却异常丰富，在立方体限定下的不同空间容积根据功能要求有不同的形状、大小和高度，并且可以清晰地感受到包裹界面的存在。

瑞士设计师卒姆托设计的瓦尔斯温泉浴场（图4-26）是典型的体块空间的体现，通过对体块掏空的操作形成丰富的空间及形式，灵感来自自然界巨石和孔穴。内部空间是包裹在体块里的，边界明确。体块掏空，产生了悬挑的屋顶与垂直的承重墙体之间结构关系的变化。

图 4-26　瓦尔斯温泉浴场

（2）板片空间

板片即通常所说的墙板和楼板。板片界定出若干相互重叠的空间关系，空间和限定空间的板片要素之间存在一定的联系，边界具有模糊性，易于形成流动性的空间。我们可以称其为连续空间。

风格派时期，其代表人物凡·杜斯堡就提出了反立方体盒子的观点。在他关于住宅设计的思想中，没有了体块的概念，而将限定立方体盒子的六个面相互分离，成为在三维空间的各个方向上相对自由穿插的水平面和垂直面，表达了一种动态的、连续的、流动的空间，并在某种程度上打破了形体内外的空间划分。

凡·杜斯堡的绘画《俄罗斯舞蹈的韵律》（图4-27）与密斯·凡德罗的巴塞罗那德国馆平面（图4-28）放在一起，不难看出，前者的空间构成概念对其后现代建筑的发展起到了非常重要的作用。密斯为巴塞罗那博览会设计的德国馆水平延伸的屋顶和垂直的墙体形成两个方向板片的穿插。所有板片强调的不是围合，而是分割空间的概念，无论是悬挑的屋面下还是错开的墙体之间塑造出的空间界限都是模糊的，空间是流动的。

（3）杆件空间

塞图巴尔教师学校［图4-29（a）］一个由柱廊围合的、具有均匀比例的规则的U形公共空间，具有内向的气氛。

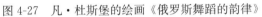
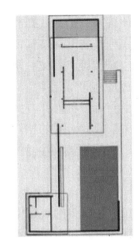

图 4-27 凡·杜斯堡的绘画《俄罗斯舞蹈的韵律》　图 4-28 巴塞罗那德国馆平面

神奈川工科大学 KAIT 工房 [图 4-29（b）]具有典型杆件空间的特点。其结构由 305 根细长的 5m 钢柱支撑。每一根柱子都以独立的形式存在，与玻璃一起构成通透的空间效果。柱子非矩阵排列，成为类似隔断的东西形成边界。

科尔多瓦大清真寺 [图 4-29（c）]殿内有间距不到 3m 的 18 排柱子，沿南北轴线方向排列，将空间分为 19 列，柱子的排列规律限定柱式空间的特有节奏。古典的柱子高 3m，上承两层重叠的马蹄形拱券，用红砖和白云石交替砌成。石柱密布，如同竹林，象征着阿拉伯故土的无花果林。

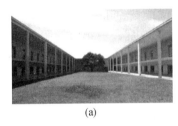
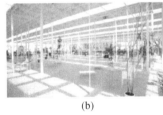
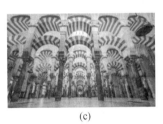

(a)　　　　　　　　　　(b)　　　　　　　　　　(c)

图 4-29 杆件空间示意图

(a)塞图巴尔教师学校；(b)神奈川工科大学 KAIT 工房；(c)科尔多瓦大清真寺

杆件空间是指由线性元素形成的空间，如空间中的柱和梁。杆件在一个空间的疏密或间隔的区分，可以调节空间的密度，划分空间界限。我们可以称其为调节空间。杆件空间中的视线具有良好的穿透性，并且杆件的密布排列易于形成规律的视觉效果。

2. 操作

完成了对空间抽象要素的观察与提取，接下来要考虑的就是建构的具体操作。

建构研究的出发点是借助模型的方法生成空间，我们假设的体块、板片和杆件每一种特定的处理方式就是操作，模型操作涉及具体的模型材料，方案实施需要真实的建造材料，所以要素的操作既与要素的类别有关，又与材料的特性有关，还与具体形成和表现空间的方式有关。

（1）体块的操作方法

可以是掏空、切割、推挤、旋转、位移，也可以是组合、排列等。掏空是一种按照减法原则体现空间的方式，相比切割，更强调包裹的空间关系。组合则是加法原则的体现，将一系列具有共同特征的单个实体按照某种规律堆叠起来，可以是网格控制，也可以是错位、对位等，形成一组富有变化的空间序列。

（2）板片空间

板片空间有三种操作方式，一是关注板片的连接方式，如插接、搭接、转接和分离等；二是关注板片之间的相对关系，如错位、滑移，水平板和垂直板的延伸也能产生不同的特征；三是整张板片通过特定的操作形成一个结构和空间体，如弯折、切割、推压等。

（3）杆件空间

我们在实际建筑的观察中很难找到独自存在的杆件空间，其大多数都融合在其他空间之内，杆件只是对空间的密度和韵律起到调节作用。但这并不妨碍我们在抽象的环境下对杆件要素进行空间操作。

杆件的操作一般来说是采用搭接的方式将多个杆件组合起来，按照体和面的规则形成空间，只是空间的界面有更加丰富的表达，视线和光影更加通透。

另外杆件也可以通过本身的排列方式、密度形成不同的空间感受，这种操作类似于植树成林。在这种操作里，重要的是要通过均匀排列形成均质空间，然后用减法产生规律的变化，或者采用加法把不同均质空间叠加起来。

3. 材料

无论是建筑材料还是模型材料，我们都可以从三个方面考查它的特点，即材质、色彩和透明性。

我们通常是从材料本身的物理力学方面的定义理解"材料"一词的，而对材质则更着重于人的感官感受，即通过触觉等感知到的不同材料的表面纹理。色彩包括明暗，主要是视觉感受到的。材质和色彩的作用就是给不同界面空间的要素表面做出区分，它们可以改变和调节我们对空间界面的解读，但并不能改变空间本身。

材料的透明性即材料的穿透、阻碍、反射光线和视线的特性，具有改变空间知觉的特点。现代建筑重视空间之间的感知和联系，因此材料的透明性对建筑也具有特别重要的意义。

从皮亚诺的工作室设计［图 4-30（a）］同样的透明性中我们可以看到，与坡地几乎融为一体的三角形体量加上玻璃的墙体和屋面，白天建筑与环境的界限被降至最低，晚上灯光的映射又将建筑于黑暗中凸显出来。

仙台媒体艺术中心［图 4-30（b）］柔软、轻盈、透明的结构体系与水平的楼板和玻璃的立面结合在一起，形成更为自由的平面及通透的光影效果。

如果我们尝试根据体块、板片和杆件的要素对材料进行归纳，会发现大部分材料的形式是具有可塑性的，即可以分别以体块、板片和杆件三种形式出现。例如混凝土材料，在勒·柯布西耶多米诺结构中反映出来的是水平面与垂直面杆件的结合，打破了封闭的承重结构，带来立体和空间的设计自由；而到他后面的粗野主义时期就变成了厚重的体块空间的构成，表达体积和雕塑感。也有些材料的形式是固定的，或者说我们在使用这些材料时具有明显的倾向性，如玻璃通常被认定为板的形式，而使用木材和竹时往往将其处理成杆件。

(a)

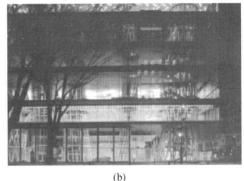

(b)

图 4-30　建筑的材料语言

（a）皮亚诺的工作室设计；（b）仙台媒体艺术中心

1998 世博会葡萄牙国家馆（图 4-31）整个设计中最引人注目的莫过于作为广场顶部覆盖的仅有 20cm 厚的向下弯曲的薄混凝土板。以板片形式出现，这轻薄弯曲的弧面形象打破了我们对混凝土的认识。

中国传统木构架（图 4-32）是木材作为杆件的典型事例，而杆件通过卯榫结构连接。

图 4-31　1998 年世博会葡萄牙国家馆

图 4-32　中国传统木构架

因为建构的过程始终强调对材料的操作（对建筑材料的操作是用模型材料替代的），而且最终成果也要体现出对材料形式的表达，所以我们需要特别关注材料的可操作性、视觉特征和表现形式。同时，材料的特性决定了加工的方式，选择不同材料有不一样的操作可能性。操作方法的不同，要素的连接方式及由此产生的空间特性也不一样。随着技术的发展，我们对很多材料的认知在扩展，现代建筑材料的形式展现出无限可能性。

坦纳利佛音乐厅（图 4-33）运用混凝土的可塑性做出了巨大的弯曲元素横跨表演空间，像张开的翅膀。独特的悬挂翼使音乐厅富有艺术感和雕塑美。设计者在解决大跨度问题的同时，也使美态由力学的工程设计表达出来，用复杂的结构表现出简单性。

图 4-33　坦纳利佛音乐厅

4. 建造

一个清晰的空间概念应该在抽象、材料和建造三个层次上一以贯之，即抽象层次的表达在材料层次得以加强，并最终在建造的层面得以实现。

通常来说，在构思阶段的模型材料只起到真实材料的象征意义，它的意义在于试验和区分。例如可以用纸板代表混凝土墙体和楼板，再如木片并不意味着在后期建造中采用木质的建筑构件。即使有时候模型材料和建造材料是一致的，但是在具体的建造过程中，任何建筑都是通过各种材料进行组合拼接而成的，建筑展现在我们面前的面貌也就是各种材质组合在一起所形成的面貌。模型材料里的一片玻璃在实际建造中也许会扩展为一片玻璃幕墙的构造，这意味着设计师必须考虑得更多、更深入。

瑞士圣本笃教堂（图 4-34）整体平面造型犹如水滴，建筑外立面采用木瓦一层一层铺设而成。在阳光和雨水的作用下，木质瓦片的颜色随着时间不断变化，在这里人们能感知时间变化留给建筑的痕迹。卒姆托在他的建筑中试验了多种多样的墙面构筑方式，即使同样是木材，在他的作品中也展现出不一样的变化。

图 4-34　瑞士圣本笃教堂（卒姆托）

砖墙的表达是质朴厚重的，使建筑在提契诺群山背景中脱颖而出，营造出建筑与天空对立的场所［图 4-35（a）］。现浇混凝土"伞拱"结构对人的身体产生庇护感［图 4-35（b）］。

(a)　　　　　　　　　　　　　　　(b)

图 4-35　混凝土材料建筑
（a）龙美术馆西岸馆（柳亦春）；（b）多摩艺术大学图书馆（伊东丰雄）

砖也是一种非常讲究砌筑方式的材料，在不同建筑师手里会出现不同的效果，可以是厚实稳重的，也可以是精致细巧的，甚至还可以展现出扑朔迷离的光效果。

建构最终要落实到建造材料如何形成建筑的结构和表皮，以及它们如何表达空间和建造。一般来说，建筑材料必须组成构件的形式，再由构件建造大的墙体、楼面和表皮。因此必须从材料构件的拼接、层次和组织角度考虑建造方式问题，这也决定了人们如何来解读建筑的构成。不同的材料有着不同的拼接方法，以及合理的、符合材料特性的建造方式。

建构意味着对材料的外部表现和建造技术等方面的真实表达，在形式上必须更直接地反映结构和构造关系。许多情况下，建筑所选的结构形式和构造关系对最后建筑的造型、体量、空间可以说具有决定性的意义。换句话说，建筑的结构与构造形式必须能够支持或者创造材料和建造的概念。

思政小课堂

《北京宪章》指出：建筑师作为社会工作者，要扩大职业责任的视野、理解社会、忠实于人民，积极参与社会变革，努力使"住者有其屋"，包括向贫穷者、无家可归者提供住房。面对以利益为驱动力的开发商，坚定自身责任和权利、建筑师的社会角色除了帮助业主追求合理利益的最大化，还需思考建筑实践对推动公益活动、注重地域特色、遵从历史文脉、改善生态环境等方面的社会意义。

1. 王澍——对传统文化回归与传承的责任感

在 2012 年获奖建筑师王澍的评语中写道："因为中国当今的城市化进程正在引发一场关于建筑应当基于传统还是只应面向未来的讨论。正如所有伟大的建筑一样，王澍的作品能够超越争论，并演化成扎根于其历史背景、永不过时甚至具世界性的建筑。"王澍的作品不仅让我们反思中国现代建筑发展历程，同时也回应了传统的建筑语言如何应用到当代的建筑设计中去。在中国美术学院象山校区项目中，王澍将园林空间概念、传统审美观念融入现代建筑中。钱江时代项目旨在将中国传统民居中的庭院空间引入高层住宅建筑中，试图为邻里之间提供公共交流的空间，这正是他对传统文化回归与传承责任感的最好体现。

2. 伊东丰雄——注重建筑与社会、人、环境的关系

荣获 2013 年普利策建筑奖的日本建筑师伊东丰雄说："……到 21 世纪，人、建筑都需要与自然环境建立一种连续性，不仅是节能的，还是生态的，能与社会相协调的。"他的设计理念具体体现在：（1）建筑的临时性。由于日本地震相对较为频繁，探求建筑的临时性具有一定的合理性。伊东丰雄的建筑通常利用简单环保的结构、灵活的结构支撑体系适应市场需求多元、变化迅速的特点。（2）功能的模糊性。它是指同一个建筑空间可以满足公众多样化的生活需求。例如，岐阜县冥想之森殡仪馆葬礼大厅中多处流线型灰空间的设计，在满足特定人群使用的同时，市民也可以在此举行活动。（3）建筑与自然的融合性。在仙台媒体中心案例中，建筑师打破了框架结构建筑的均质性，以不规则的配置方式形成螺旋状的细铁柱。这样的管柱贯通地板，也具备设备系统、电梯和阶梯，并从屋顶采光和通风，实现了建筑空间与自然的融合，以及能量、信息的交换。

3. 坂茂——以创新的结构与材料应对自然灾害

对坂茂来说，社会责任意味着使用一些建筑材料如纸管、集装箱、竹子、织物、纸板、再生纸纤维等非传统建筑材料，挖掘它们的各种潜力与结构的可能性。这些材料不仅容易得到而且便宜，可以循环使用。坂茂在 2008 年汶川大地震后华林小学救助建筑项目中，采用 6m 的纸管框架跨度、外径 240mm 的纵横纸管通过木构结点连接，利用可调金属拉杆、拉结铆钉等工业成品构件的连接调节功能，形成具有一定的弹性和伸展度的结构体系，成为一种连接方便、操作维护简易、可装卸回收的装配式建筑。在

2011年新西兰教堂重建项目中，他同样用纸管材料搭建出整体为 A 形的框架结构，最终建成一个具有高硬度且环保的临时性建筑，为当地居民树立了另一种精神上的旗帜。坂茂建筑实践的成功之处在于以人道主义援助援建为创作起点，融合了结构建造与材料方面革新的理念，并且最终使作品具有较强的设计感。

4. 亚历杭德罗·阿拉维纳——关注社会保障性住房，奉献大众

亚历杭德罗·阿拉维纳的卓越之处在于过去十多年中对社会保障性住房的一系列探索与尝试。在智利最北部的伊基克的金塔蒙罗伊社会住宅项目中，由于政府财政补贴资金的限制，为了节约建筑成本，亚历杭德罗·阿拉维纳和他的团队提出"半成品住宅"的创意，即为每个家庭建造一半的住宅，然后他们根据各自经济条件，对住房加以后续完善。同样在 2010 年完成的墨西哥蒙特雷住宅项目中，建筑师只完成了住宅最重要的 $40m^2$，包括浴室、厨房、楼梯和分隔墙的部分，其他空间住户可通过自助式扩建达到 $76m^2$ 的中等收入标准。这也充分体现了建筑师在设计中强调公民参与的重要性，他将建筑实践与为所有人争取更好城市环境的社会责任相融合，赋予建筑师职业全新的维度。

思考题

1. 建筑剖面图的形成原理及图纸内容是什么？
2. 设计的起点应该把握什么？
3. 我们如何形成设计立意？该如何把握方案的验证？
4. 建筑设计的基本过程是什么？
5. 建筑设计可以从哪些方面进行切入？
6. 从设计构思到方案设计要注意些什么？
7. 初学阶段，在创意构思时可不可以从模仿开始？
8. 建构对建筑设计的作用是什么？
9. 建构的要素体系是什么？
10. 你印象最深刻的建筑是什么？它有什么样的特征？

第五章

城市规划概述

城市规划是一门关于城市研究的学科。城市是一个复杂的系统，涉及政治、经济、社会、文化等方方面面的内容，故而城市规划是一个复杂而综合的学科。为了让读者能更好地理解城市规划，本章首先对城市的产生、城市的概念界定、城镇化等方面的内容进行解析。然后从城市规划的概念、城市规划的层面及主要内容进行介绍。最后探讨城市规划师的角色与责任，让读者更加透彻地了解城市规划。

第一节　城市的产生

一、原始聚落的产生

在原始社会早期（旧石器时代），受到大自然的滋养与威胁，人类过着依附于自然的采集经济生活，基本上居无定所，随遇而安。当时的原始人类栖居方式是穴居和巢居等群居形式。穴居一般出现于干燥的高地、山林等区域；巢居一般出现于潮湿、近水的区域之中。在长期与自然进行斗争的经验积累中，人类发明创造了一些工具，主要用于狩猎和捕捞等采集食物的活动中，形成了比较稳定的劳动群体，原始人类的生产能力逐渐提高。中石器时代，人类在长期的采集劳动中逐渐探寻到一些可食用植物的生长规律，并实践了集中栽植的方法，从而产生了原始农业；在长期的狩猎和捕捞等劳动实践中，人类发现了一些比较温顺的动物，对此类动物进行集中牧养，原始畜牧业开始出现。由于原始农业和畜牧业的出现，人类通过自身劳动实践所获得的食物开始增多，基本的生活物资有了保障，人口开始不断增长，生活较为安定。新石器时代（距今 10000 年或 12000 年前），人类开始系统地种植某些禾本类植物和驯养家禽。随着技术的进一步发展，劳动分工逐渐产生，将农业和畜牧业分离开，产生了人类社会的第一次劳动大分工。这场伟大的农业革命使人类进入定居生活，固定的原始聚落开始出现。

早期的原始聚落多孕育在水草丰美、动物繁盛等自然资源优越的地区，大都是水源丰富的河流和湖泊所在区域。充足的水源和肥沃的土地给农业耕种提供了优越的条件。富足的食物供给，给人类定居提供了先天条件。中国的黄河中下游、埃及的尼罗河下游、西亚的幼发拉底河及底格里斯河流域，是人类历史上最早出现原始聚落的地区。

二、城市的产生

随着人类在劳动实践中的进一步发展，生产力进一步提升，产生了剩余产品，人类需要将自己的剩余产品换取其他所需物品，就产生了以物易物的物资交换形式，也就是我国古代《易经》中的"日中为市，致天下之民，聚天下之货，交易而退，各得其所"。伴随着交换次数的频繁和交换量的增加，逐渐出现了专门从事交易的商人和制作物品的手工业者，交换的场所也从临时的地点变成固定的交易场所，商业与手工业从农业中分离出来，产生人类社会的第二次劳动大分工。原来的原始聚落也发生了分化，以农业为主的就是农村；商业和手工业的聚集地逐渐发展成为城市，因此最早的城市是人类第二次劳动大分工的产物。

剩余产品的出现孕育了私有制，原始社会的生产关系逐渐解体，出现了阶级分化，人类开始进入奴隶社会。所以也可以认为城市是伴随着私有制和阶级分化，在原始社会向奴隶社会过渡的时候出现的。在人类文明的发源地，尽管城市产生的时期有先有后，但是都是在这个特定的社会发展阶段中产生的。因此，生产力的发展是城市产生的必要条件，但并不是充分条件。这些充分条件中包含着很多其他因素，如分阶层的社会，所有权不平等，宗教、国家的产生等。

三、城市的起源

城市是社会经济发展到一定阶段的产物，是人类文明进步的重要标志。世界上的第一个城市的诞生远早于有文字记载的第一个城市，我们仅仅能通过考古学和古老神话中的这些非直接证据来追寻一些根据。据研究，世界上最早的城市出现在尼罗河流域、美索不达米亚两河流域、印度河流域、黄河流域和中美洲地区。

公元前3500—前3000年间，先是在尼罗河流域然后是在两河流域，出现了人类历史上的最早一批城市。公元前3000年前后，埃及形成统一的王国，于提尼斯定都，后又于孟菲斯建新都。公元前3000—前2500年间，两河流域的苏美尔地区开始出现最初的国家，苏美尔拥有15～20个城市，如乌尔、伊莱斯等。

印度河流域也是人类文明的发源地之一。在信德地区的摩享卓达罗和西旁遮普的哈拉帕发现世界上最早的城市遗址。哈拉帕文化的存在时期，估计为公元前2500—前1500年，但也有考古学家认为应推至公元前3500年。

中国是世界城市文明的又一发源地，目前所知中国城市最早出现在新石器时代的晚期，在公元前4000—前2000年之间，相当于从传说中的黄帝时代到夏朝的前期，目前共发现史前时期的古城五十余座。湖南澧县城头山城址是中国目前发现最早的史前城址（图5-1、图5-2）。

图 5-1　湖南澧县城头山遗址航拍图

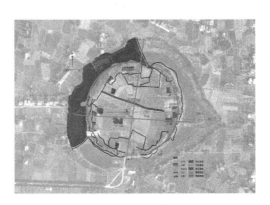

图 5-2 湖南澧县城头山布局图

第二节 城市的概念

一、城市的概念

城市是"城"与"市"的组合词，从我国文字上讲，"城"和"市"起初是两个不同的概念。《新华字典》对"城"的解释：围绕都市的高墙，如城墙、城池。这就是说"城"具有防御功能的概念，正如《吴越春秋》中所指的"筑城以卫君，造廓以守民"；而"市"是做买卖的地方，如开市、菜市，再如"日中为市""五十里有市"的市。这就是说"市"具有贸易、交换功能的概念，是一种交易性的场所。这两者就是城市最原始的形态。随着时代的发展，城市的内涵更加丰富，《辞海》对城市的解释：具有一定的人口密度和建筑密度，第二及第三产业高度集聚，以非农业人口为主的居民点。这就说明城市的概念是相对乡村而存在的。城市是由乡村聚落发展而来的聚落，是以非农业产业和非农业人口集聚形成的较大居民点。人口较稠密的地区称为城市，一般包括住宅区、工业区和商业区并且具备行政管辖功能。

不同学科对城市的定义各不相同，这些定义往往只抓住城市的某一特征或从某一学科特征出发解释城市的定义。经济学家赫什（Hirsh）认为城市是具有相当面积、经济活动和住户集中，以致在私人企业和公共部门产生规模经济的连片地理区域。社会学家巴尔多（Bardo）和哈特曼（Hartman）认为按照社会学的传统，城市被定义为具有某些特征的、在地理上有界的社会组织形式。地理学家拉采尔（Ratzel）认为城市是指地处交通方便环境的、覆盖有一定面积的人群和房屋的密集结合体。我国《城市规划基本术语标准》（GB/T 50280—1998）中指出，城市是以非农业产业和非农业人口集聚为主要特征的居民点，包括按国家行政建制设立的市和镇。

二、城市的基本特征

从最初原始聚落到最早的城市，经过长期的发展，城市的功能和内涵一直在不断地丰富和升华。从城市发展的历史过程中，可以总结出城市具备如下几个方面的基本特征：

1. 城市的概念是相对乡村而存在

正如前文《辞海》中所释义的那样，城市的概念是相对存在的，城市和乡村是人类聚落的两种基本形式，两者的关系是密不可分、相辅相成的。城市聚落由乡村聚落发展而来，城市具有比乡村更大的人口规模和更高的人口密度。虽然有一些人口密集、经济发达的地区，城乡之间已经越来越难进行明确的划分，但是无论城市怎么发展，没有乡村，城市也变得空泛了。

2. 城市的基本特征是要素聚集

城市的生产、生活等物质要素在空间上的聚集强度远远超过乡村，城市的集聚效益是其不断发展的根本动力，这也是城市与乡村的本质区别。城市不仅是人口聚居和建筑密集的区域，也是生产、消费、贸易的集中地。正是因为各种资源都在城市集聚，城市就成为一定区域的经济、社会、文化的辐射中心。

3. 城市具有系统性特征

正如前文所说城市是一个复杂的巨系统，城市的功能也由当时单一的居住和商业的功能，发展成为居住、商业、工业、游憩、交通等功能。城市系统包括经济子系统、社会子系统、政治子系统、空间环境子系统及要素流动子系统等。这些子系统要素之间存在着非常复杂的关系，它们相互重叠交织，构成一个完整的城市系统，共同发挥作用，对人类的各种行为呈现出一定的响应机制。

4. 城市的发展是动态变化和丰富多样的

城市的产生和发展受到社会、经济、文化、科技等众多因素的影响。城市因为人类在聚居中对防御、生产、生活等方面的需求而产生，又随着这些需求的变化而变化。从古代单一的城市功能，到现代成为一种多功能集聚的地域，再到各种信息网络、交通等加速的发展，城市的变化越来越丰富多样，且将持续发生变化。

三、城市的类型

城市的类型多种多样，不同的城市具有不同的特征，下面我们依据人口规模、影响力、职能对城市进行分类。

1. 依据人口规模划分城市等级

《国务院关于调整城市规模划分标准的通知》（国发〔2014〕51号）明确提出了新的城市划分标准，即新的城市规模划分标准以城区常住人口为统计口径，将城市划分为五类七档：小城市、Ⅰ型小城市、Ⅱ型小城市、中等城市、Ⅰ型大城市、Ⅱ型大城市、特大城市、超大城市。相对于1989年的城市分类旧标准，新标准从如下方面做了改动（表5-1）。

（1）城市类型由四类变为五类，增设了超大城市。城市标准细分了，将小城市和大城市分别划分为两档，细分小城市主要为满足城市规划建设的需要，细分大城市主要是实施人口分类管理的需要。

（2）提高了人口规模上下限，小城市人口上限由20万提高到50万，中等城市的上下限分别由20万、50万提高到50万、100万，大城市的上下限分别由50万、100万提高到100万、500万，特大城市下限由100万提高到500万。

（3）界定了统计口径，将统计口径界定为城区常住人口。城区是指在市辖区和不设区的市，区、市政府驻地的实际建设连接到的居民委员会所辖区域和其他区域。常住人口包括：居住在本乡镇街道，且户口在本乡镇街道或户口待定的人；居住在本乡镇街道，且离开户口登记地所在的乡镇街道半年以上的人；户口在本乡镇街道，且外出不满半年或在境外工作学习的人。

表 5-1　新旧城市分类标准对比表

划分标准	共同点	不同点		
		空间口径	人口口径	分级标准
新标准	对城市的界定一致，包括设区城市和不设区城市（县级市），设区城市由所辖区行政范围构成，县级市即自身行政范围	城区，即城市行政范围内实际建成区所涉及的村级行政单元	城区（常住）人口，即居住在城区半年以上的常住人口	五类七档： ＞1000 万（超大城市） 500 万～1000 万（特大城市） 300 万～500 万（Ⅰ型大城市） 100 万～300 万（Ⅱ型大城市） 50 万～100 万（中等城市） 20 万～50 万（Ⅰ型小城市） ＜20 万（Ⅱ型小城市）
旧标准		市区，即全部城市行政范围	市区非农（户籍）人口，即市区内具有非农业户籍的户籍人口	四级： ＞100 万（特大城市） 50 万～100 万（大城市） 20 万～50 万（中等城市） ＜20 万（小城市）

中国城市等级分布呈现塔状特征，特大城市一般是每一地域的中心城市，由于新旧标准的差异，中国特大城市的数量也发生了变化。《国家新型城镇化规划（2014—2020年）》中公布的超大城市有 6 个，按城区常住人口统计，超大城市分别是北京、上海、广州、深圳、重庆、天津；符合特大城市标准的有 6 座城市。2016 年 9 月，中共中央发布的《长江经济带发展规划纲要》中将武汉列为超大城市。

2. 依据影响力划分城市类型

世界城市：能在全世界（或全球）范围内配置资源的城市，也称"全球化城市"。通常，城区人口在 1000 万以上、城市及腹地 GDP 总值达世界 3% 以上的城市，能发展为世界城市。

国际化城市：能在国际上许多城市和地区配置资源的城市，也称"洲际化城市"。通常，城区人口 500 万以上、城市及腹地 GDP 总值达 3000 亿美元以上的城市，能发展为国际化城市。

国际性城市：能在国际上部分城市和地区配置资源的城市。通常，城区人口在 500万以上、腹地 GDP 总值较小的城市，以及人口在 2000 万以上新省区的省会城市均有望发展为国际性城市。

区域中心城市：能在周边各城市和地区配置资源的城市。通常，城区人口在 300 万以上、腹地人口在千万以上的城市均有望发展为区域中心城市。

地方中心城市：主要在本城市、本地区配置资源的城市。通常，城区人口在 300 万以下、腹地人口在千万以下的城市只能发展为地方中心城市。

3. 依据职能划分城市类型

城市是商业、工业、交通、文教等的集中地，是一定地域的经济、政治、文化的中心。城市职能是指城市在一定地域内的经济、社会发展中所发挥的作用和承担的分工。依据职能对城市进行分类大致可以分为以下类型：

（1）行政职能城市：中国城市现代行政职能的地域划分格局在相当大的程度上是历史的延续，是一种较为稳定的行政管理网络，不同等级城市之间有界限分明的从属关系。按行政区划分为4个等级层次：首都，省会城市，地区级中心城市，县城和县级市。北京是我们的首都，而仅次于首都的行政职能城市是直辖市，上海、天津、重庆是除北京以外的三大直辖市。省会城市是中国各省区的行政管理中心，如哈尔滨、长春、沈阳、乌鲁木齐、呼和浩特、兰州、西安、郑州、南京、杭州、合肥、武汉、长沙、广州、海口等。地区级行政中心城市是省会城市以下的次级行政管理中心城市，同时也是省域内次级经济、文化中心。县城是县域政治、经济、文化中心，是中国城乡经济的接合点。县城是农副产品集散中心、初级加工中心，是国家对农业地区执行具体行政领导的中心。长期以来为农业服务是县城的主要职能。

（2）交通枢纽城市：中国交通枢纽城市可以分为4类，即铁路枢纽、港口城市、航空中心、公路网中心。许多交通枢纽城市都是具有全国、大区、省区和地区意义的综合性中心城市，同时兼有若干种交通职能，是综合性运输枢纽，如郑州、武汉、株洲等城市；港口城市分为海港城市和河港城市，武汉、南京是中国年货物吞吐量最大的内河港口城市；航空运输是城市综合运输体系的重要组成部分，在长距离和国际客运方面具有重要作用。中国重要的航空港城市有7座，包括广州、北京、上海、成都、桂林、厦门、西安；公路网中心一直发挥着我国的传统交通枢纽优势。

（3）工业城市：在现代城市职能构成中，工业职能是内部构成最复杂、分类难度最大的职能系统，大致可以分为以下类型：①能源（煤炭、水电）工业城市，如宜昌等城市。②石油和化学工业城市，如玉门、庆阳、克拉玛依等。③冶金工业城市，冶金工业包括钢铁工业和有色金属工业（铜、铅、锌、铝、钨、金、银等）。中国专业化冶金工业城市与相应的矿产资源分布相对一致，如太原、武汉、成都、重庆、西宁、乌鲁木齐、湘潭、江油、张家口等。④机械、电子工业城市，如上海、北京、哈尔滨、长春、洛阳、西安、兰州等大型机械工业生产基地。⑤轻加工工业城市，主要包括纺织工业城市、食品工业城市、造纸工业城市、皮革工业城市、森林工业城市。

（4）特殊职能城市：如风景旅游城市有杭州、桂林、三亚等，历史文化名城有北京、西安、南京等。

第三节　城镇化

一、城镇化的定义与内涵

城镇化（urbanization）也称城市化，是乡村变成城市的一种复杂的过程。按照我国《城市规划基本术语标准》（GB/T 50280—1998），城市化定义为人类生产和生活方式由乡村型向城市型转化的历史过程，表现为乡村人口向城市人口转化、城市不断发展和完善的过程。关于城镇化的概念，不同学科对其解释也不尽相同。人口学把城镇化定义为农村人口转化为城镇人口的过程；从地理学角度看，城镇化是农村地区或者自然区域转变为城市地区的过程；经济学则从经济模式和生产方式的角度定义城镇化；生态学认为城镇化过程就是生态系统的演变过程；社会学家从社会关系与组织变迁的角度定义城市化。这些释义不是相互抵触而是相互补充的关系，概括起来包括两方面的含义：

1. "有形"的城镇化

"有形"的城镇化是指物质上和形态上的城镇化，主要反映在以下几方面：

（1）非农业人口的集中。农业人口陆续转变成非农业人口，并且持续地向城镇集聚，致使城镇人口比率增大和城镇数量增多，城镇规模和密度持续扩大。

（2）城市空间形态的转变。城镇人口增多、规模扩大，就需要扩大城市建设用地以容纳持续集聚的城市人口。城市建设用地扩张的过程中，大量城市建筑物、构筑物出现在原来的农村自然环境中，从而使以自然为主要的景观空间环境转换为以人工环境为主的空间形态。

（3）产业结构的变化。城市化的进程中，由第一产业向二、三产业转变，随着工业化不断发展，第二、第三产业的比率不断提高。同时，随着工业化的发展，科学技术进一步发展，带动了农业现代化，农业现代化进一步使农村劳动力转向城市的第二、第三产业。

2. "无形"的城镇化

"无形"的城镇化是指精神上和意识上的城镇化，生活方式的城镇化主要反映在以下几方面：

（1）城市生活方式的扩散。随着城市建设用地的扩张和空间形态的转变，原有农村地域的生活方式转换成城市的生活方式。

（2）农村意识、行为方式转化为城市意识、行为方式。

（3）农业人口逐渐脱离固有的乡土生活态度，转变为城市生活态度和方式。

总而言之，城镇化是一个动态的过程，是一个农业人口转换为非农业人口、农村地域转换为城市地域、农业活动转换为非农业活动的过程，同时也是非农业人口的生活方式、价值意识向农村地域扩散的过程。

二、城镇化水平及进程

1. 城镇化水平测算

由于城镇化是一个广泛而又复杂的过程，对城镇化水平进行度量的难度很大，而一个国家或地区的城镇化进程又需要借助一定的指标来进行衡量和测度。通常对城镇化的测度指标有单一指标和复合指标两种。虽然单一指标反映不了城市化的完整特点，但又找不到理想的、可比较的复合指标。所以为了简便和易于进行不同历史时期、不同地区之间的比较，我们通常采用国际通行的方法，该方法通过人口比率这一具有本质意义且便于统计分析的指标描述城镇化水平。它的实质是揭示了人口在城乡之间的空间分布，具有实用性和可操作性。

城镇化计算公式为

$$PU=U/P$$

式中　PU——城镇化率；

　　　U——城镇常住人口；

　　　P——区域总人口。

2. 城镇化进程

城镇化作为世界性现象，其发展演化的进程有着阶段性普遍规律。德国在第二次世界大战前夕完成城市化进程，目前城市化率稳定在75％左右。第二次世界大战之后60年，德国进入相对温和的城市化阶段，城市化率从1950年的68％缓慢上升到2014年的75％（图5-3）。美国在2000年结束城市化进程，城市化率稳定在80％左右。1860—1930年，快速城市化阶段，城市化率从19.8％提升至56.2％；1930—2000年，城市化率从56.2％提升至79％，年均提升0.32个百分点；2000年以后，城市化进程基本结束，城市化率稳定在80％左右（图5-4）。1851—1901年，英国处于快速城市化阶段，城市化率从22％提升至77％；此后30年，城市化率缓慢提升，1931年达到80％；进入60年代，由于大城市环境污染、交通拥堵、房价过高等问题，出现了短暂的逆城市化现象，到1971年城市化率小幅降至77％；80年代以来，随着城市治理的逐步改善，城市化率又重回80％以上（图5-5）。

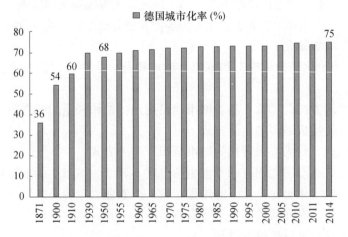

图 5-3 第二次世界大战后德国已经基本完成城镇化

资料来源：邓宁华（2015），联合国，恒大研究院。

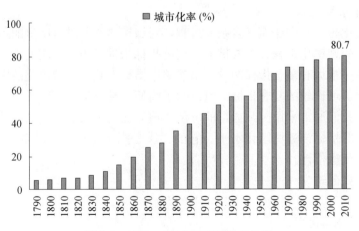

图 5-4 1970—2010年美国城市化率

资料来源：USCB，恒大研究院。

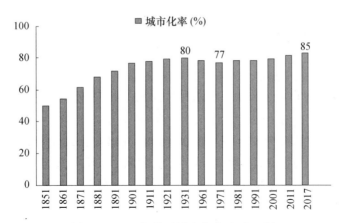

图 5-5 1931 年英国城市化率达到 80%

资料来源：历年人口普查，世界银行，恒大研究院。

注：1960 年之前数据仅包含英格兰威尔士。

1979 年美国城市地理学家诺瑟姆（Ray. M. Northam）根据发达国家城镇化进程规律，提出了诺瑟姆曲线（图 5-6）。诺瑟姆曲线是一个国家或地区城市的变化进程概况的 S 形曲线。城镇化进程被概况为三个阶段，分别为初始阶段、加速阶段、成熟阶段。

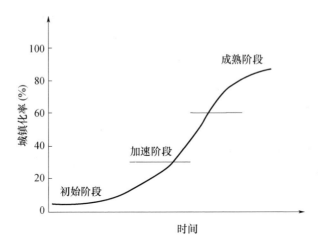

图 5-6 诺瑟姆曲线

初始阶段（城镇人口占总人口的比率小于 30%）：这一阶段生产力水平还比较低，农村人口占绝对优势，城镇化的速度比较缓慢，因此要经过较为漫长的时间才能达到城镇人口占总人口的 30% 左右。

加速阶段（城镇人口占总人口比率的 30%～60%）：当城镇化率超过 30% 后，工业基础实力雄厚，经济实力明显增强，劳动生产效率大大提高，工业能够吸收大批的剩余农业人口，城镇化就进入快速提升的阶段，在较短的时间内，城镇人口占总人口的比率就达到 60% 以上。

成熟阶段：这一阶段农业现代化过程基本已经完成，农村剩余劳动力已经基本转化成城市人口，农村人口的转化趋于停止，农村人口的相对数量和绝对数量都已经不大。

成熟阶段的城镇化不再表现为农村人口转化成城镇人口的过程，而是城镇内部工业人口向第三产业人口转换的过程。

3. 中国城镇化进程

城镇化是经济社会发展的必然结果。中国的城镇化起步较晚，主要开始于 20 世纪 70 年代后期，即改革开放后。《中国新型城市化报告 2012》介绍说，中华人民共和国的城市化发展历程大致包括 1949—1957 年城市化起步发展、1958—1965 年城市化曲折发展、1966—1978 年城市化停滞发展、1979—1984 年城市化恢复发展、1985—1991 年城市化稳步发展、1992 年至 2012 年城市化快速发展 6 个阶段。截至 2018 年，我国城镇化率已经达到 59.58%，即将达到 60%，跨入城镇化发展成熟阶段（图 5-7）。2019 年 3 月 5 日，国务院总理李克强在发布的 2019 年国务院政府工作报告中提出，促进区域协调发展，提高新型城镇化质量。2019 年 4 月 8 日，发展改革委发布了《2019 年新型城镇化建设重点任务》，提出了深化户籍制度改革、促进大中小城市协调发展等任务。新型城镇化是以城乡统筹、城乡一体、产业互动、节约集约、生态宜居、和谐发展为基本特征的城镇化，是大中小城市、小城镇、新型农村社区协调发展、互促共进的城镇化。这对优化我国城镇化布局和形态，进而推动新型城镇化高质量发展具有重大的积极意义。

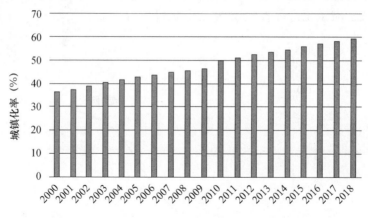

图 5-7　中国的城镇化率

三、城镇化动力机制

在第二次劳动大分工中，商业和手工业从农业中分离出来，产生了城市，经过漫长的历史进程，城市一直在缓慢发展，直到 18 世纪 60 年代英国人瓦特发明蒸汽机。这是技术发展史上的一次巨大革命，它开创了以机器代替手工劳动的时代。这不仅是一次技术改革，更是一场深刻的社会变革。人工能源的出现使工业能够集中于城市，而工业化的发展要求人力、资本、资源和技术等生产要素在城市空间领域进行高度整合，并随之带来商贸的发展和城市人口的飞速膨胀。因此，工业化启动了城市化的进程，这是城市发展的必然历史过程。从城镇化发展的历史长河中，我们可以探寻到以下城镇化动力机制：

1. 农业剩余的产生是城镇化的初始动力

正如前文所说，城市是农业和手工业分离后的产物，这就说明农业生产力的发展，促进了农业剩余的产生，而农业剩余是城市兴起和成长的前提。农业生产力的进步提高

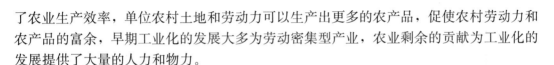

了农业生产效率，单位农村土地和劳动力可以生产出更多的农产品，促使农村劳动力和农产品的富余，早期工业化的发展大多为劳动密集型产业，农业剩余的贡献为工业化的发展提供了大量的人力和物力。

2. 工业化的推进是城镇化发展的根本动力

城镇化的进程是伴随着生产力水平的发展而变化的。工业化的发展迅速提升了生产力发展水平，生产力的进步又进一步推动了工业化的集聚。在工业化的进程中，由于其自身的经济规律促成了人口与资本向城市的集聚，从而促进城市的发展，启动了城镇化进程。在这一过程中，产生了人口从乡村向城市转移的两种基本力，分别是城市的拉力和乡村的推力。城市的拉力主要是城市对劳动力的需求，以及城市优越的物质条件和精神优越地位对乡村人口的诱惑力；乡村的推力是因为农业人口的增加、农业生产效率的提高、农村土地的有限性，推动剩余的农村劳动力集聚于城市。

3. 制度的变迁、市场机制的导向、生态环境的诱导与制约等因素均影响城镇化进程

制度的变迁能够显著地加速或滞缓城镇化的进程，合理的制度安排能够为城市发展提供安定的成长环境，是顺利推进城镇化的重要保障；合理运用规划调控手段，可以实现空间等资源要素的有效集聚，引导城镇化的有序发展。

市场机制是通过市场竞争配置资源的方式，即资源在市场上通过自由竞争与自由交换来实现配置的机制，也是价值规律的实现形式。市场能够自发地推动资源利用效率的最大化配置，在市场机制的导向下，城镇化的进程得到了不断的推进。

生态环境是一种综合性的载体，包括丰富的内容和资料，例如土地、能源、植物和矿产等自然资源，以及水、空气、阳光这些影响人们生活质量的因素。生态环境对城镇化的影响包括诱导和制约两方面的双重作用。一方面，生态环境能为城镇化推进提供物质支撑，随着城镇化的推进和城市的集聚发展，生态环境优良的地理区域更能吸引高品质的住宅、休闲旅游和先进产业的发展；另一方面，由于生态环境承载力的有限性，生态环境对城镇化的发展也有制约作用。

总而言之，城镇化的发展过程是一个复杂的过程，受到多种因素的影响和制约，而农业的剩余和工业化的推动是其发展的原始动力和根本动力，其他因素在其发展进程中只是发挥了推进或滞缓的作用。

第四节　城市规划基本知识

一、城市规划的概念

1. 国外城市规划概念的解析

世界各国对城市规划的概念解析各有异同，但均明确了城市规划的技术性和政策性。美国（国家资源委员会）认为城市规划是一门科学、一种艺术、一种政策活动，它设计并指导空间的和谐发展，以满足社会和经济的需要。日本则强调城市规划的技术性，认为城市规划是城市空间布局、建设城市的技术手段，旨在合理地、有效地创造出良好的生活与活动环境。英国的《不列颠百科全书》指出城市规划与改建的目的，不仅在于安排好城市形体——城市中的建筑、街道、公园、公用事业及其他的各种要求，而且更重要的在于实现社会与经济目标。

2. 我国城市规划的概念

根据国家标准《城市规划基本术语标准》（GB/T 50280—1998），城市规划是对一定时期内城市的经济和社会发展、土地利用、空间布局及各项建设的综合部署、具体安排和实施管理。这是从城市规划的主要工作内容对城市规划所做的定义。

《〈中华人民共和国城乡规划法〉解说》则从城乡规划社会作用的角度对城乡规划做了如下定义："城乡规划是各级政府统筹安排城乡发展建设空间布局，保护生态和自然环境，合理利用自然资源，维护社会公正与公平的重要依据，具有重要公共政策的属性。"

二、城市规划的地位

明确城市规划的地位和作用，是城市规划生存和发展的依据。这是城市规划工作在城市发展中的角色定位，也直接影响着规划从业人员对待工作、处理问题的方式和方法。城市是国家或一定地域的经济、政治、文化中心，城市的建设与发展是一项宏大和复杂的系统工程，城市规划是控制和引导整个城市建设与发展的基本依据和手段。因而城市规划在城市建设中起着"龙头"的地位和作用，这也是由城市规划自身的特性决定的，主要从以下几方面体现。

1. 城市规划具有综合性

城市是一个复杂的巨系统，由经济、社会、文化和生态环境等要素组成，各要素之间互为依据、联系紧密又相互制约。城市规划则需要对城市的各种要素进行统筹安排，综合协调，因而综合性是城市规划最重要的特点之一。在具体的城市规划工作中，不仅要考虑单项规划建设的合理性问题，也要兼顾本层次内其他单项规划之间相互关系的合理性问题，并且也要统筹各个层次、各个领域之间的关系。例如在考虑城市建设条件的时候，不仅需要考虑工程地质、气象和水文等范畴的问题，同时也要考虑该城市所处的区域条件，即城市间的联系、资源利用、生态保护等问题，也必须考虑该城市的经济发展水平和技术发展水平等。当规划发展规模和城市发展战略时，就会涉及多方面的因素。在城市性质方面，就会涉及城市的职能、产业结构与转型；在城市发展规模方面就需要考虑经济的发展速度、人口的增长和迁移，以及资源环境的可容纳性和承载力；在区域统筹方面，就需要考虑区域大型基础设施及交通设施等对城市发展的影响，以及周边城市的发展状况、区域协调和国家的政策等。当规划各项具体建设项目时，不仅需要考虑项目本身的经济可行性、空间布局的方式，需要考虑该项目与其他项目之间的相互关系，同时要考虑其在城市的空间布局中的地位和作用、城市的风貌等方面的协调。所以说城市规划在进行物质空间布局规划时，要综合各个层次、各个领域及各项具体工作之间的关系，要运用综合的、全局的观点正确处理问题，这就涉及社会、经济、政治、法律、人口、地理等许多相关学科和相关部门的工作内容。

2. 城市规划具有政策性

城市发展的目标通过城市规划来进行引导和控制，它是国家对城市发展进行宏观调控的手段之一。城乡规划的立法、制定法规条例、编制规划方案可鼓励、约束、监督城市建设中的各种行为。"城市规划通过政策的制定和引导而得到完善，乃至将城市规划本身转化为城市政策的一部分，因而更加具有实践的意义。这样，政策科学、政策分析的思想和方法就成为城市规划中的重要内容。"城市规划既是政府调控城市空间资源、指导城乡发展与建设的重要手段，也肩负维护社会公平、保障公共安全和公众利益的责任。因此，城市规划一方面要充分反映国家相关政策，另一方面也要协调经济效率和社会公正之间的关系。城市规划中的任何编制内容，无论是城市发展战略和发展规模，还是确定建设用地内各项设施的规模和标准，或是用地性质、容积率、绿地率、建筑密度等各项强制性指标的确定，都关系到城市的发展水平和效率、社会利益的调配、居民的生活质量和水平等，因而城市规划是国家政策和社会利益的全面体现。

3. 城市规划具有预见性

吴良镛院士曾说："城市规划要永远想着未来，要永远盯着未来，如果没有对未来进行思考和想象，或者对未来没有在学科研究基础上的科学论断，规划就会乱，就好比盖一栋房子，规划不周就会乱了手脚，所以规划建设要想着未来。"在城市发展战略规划、城市远期规划等相关规划中，城市规划的预见性就显得尤为重要，需要科学地考虑城市的长远发展需求，超前地研究城市建设中即将出现的重大问题，有效地对城市建设加以引导和控制，保持城市未来发展的空间架构的整体连续性。

4. 城市规划具有实践性

虽然城市规划有"未来学"一类的理论范畴和特质，但城市规划也需要以城市的实际状况和能力为依据，解决城市当前发展中的实际问题。另外城市规划是一个过程，并不是终极规划，需要充分考虑近期的需求和长期的发展，因地制宜地保障城市的持续有序发展，因而城市规划是一项社会实践。

5. 城市规划具有民主性

城市规划具有维护社会公平、保障公共利益的责任，而城市规划的核心在于对社会资源的配置，因此城市规划在调配社会利益的时候，就需要充分听取城市居民的利益诉求和意愿，尤其是对社会弱势群体利益的考量，使城市规划的整个过程成为公众参与的过程，兼顾社会公平和正义。

三、城市规划的作用

城市规划通过科学编制和有效实施各项规划内容，合理地安排城市土地和空间资源的利用，综合部署各项建设，引导城市各项构成要素相互协调，保障城市持续有序发展，这是城市规划的基本作用。主要从以下方面体现。

1. 城市规划是宏观经济调控的重要手段

众所周知，在市场经济体制下，城市建设的开展在相当程度上需要依靠市场机制的运作，但纯粹的市场机制运作会出现"市场失效"的现象。首先，城市各项建设活动和土地使用都具有极强的外部性，在各种开发建设中，私人开发者往往极致地利用外部经济性，而将这种自身产生的外部不经济性推给社会，从而使项目开发的周边地区承受不利影响。譬如在自然风光优美的河岸地带，如果不对规划地块的容积率、建筑限高等进行控制，则开发商会追求其利益最大化，建筑层高建得越高，则其收益越大。但是这种极致追求自身利益的行为，会阻挡周边观看优美自然风光的机会，给周边地区带来不利影响。因此在市场机制主导下所产生的矛盾和利益关系是市场本身所无法有序调整的，这就需要政府部门对各类开发进行管控，从而避免因为新的城市建设对周边地区带来负面影响，保证城市的整体利益。同时，保障城市的有序运行需要大量的公共物品，如体育运动、文化娱乐、大众住房等城市社会服务基础设施和交通、能源、给排水等市政基础设施，但这些公共物品通常需要大额的投资且周期长，经济效益低甚至没有经济效益，这就无法刺激市场以激发私人投资和供应，但这些公共物品又是城市运行所不可缺少的，因此需要政府有序干预市场，通过城市规划编制进行城市公共物品建设。

政府对市场运行进行干预的手段是多种多样的，既有财政方面的手段，如税收、货币投放量、财政采购等，也有行政方面的手段，如政府投资、行政命令和政策等。正如前文所说，城市规划是宏观经济调控的重要手段之一。首先，它可以通过对城市土地和空间资源的合理配置，对城市建设和发展中的市场行为进行干预。城市规划通过法定规划的编制和对城市开发建设的管理，对城市土地和空间使用实行直接的控制，则在物质实体方面拥有了调控的可能。其次，城市规划对城市建设进行管理，通过对城市土地供应量和开发区的控制，遵循市场发展演变和需求，对不同类型的开发建设进行管理和控制。开发权的控制使城市规划在宏观调控中发挥重要的作用。

2. 城市规划能协调公共利益、社会利益，维护公平正义

城市是人口高度聚集的地区，当大量人口生活在同一个有限的地域时，就形成了一些共同的利益需求，如前文所说的公共物品，而在市场经济的运作中，市场不可能自觉地提供公共物品。城市规划通过对经济、社会、自然环境等要素的分析，结合未来发展的安排，从城市需求的角度对各类公共设施等进行统筹安排，并通过土地使用的部署为公共利益的实现提供基础，通过开发控制从而保障公共利益不受到损害。例如，在保护自然环境方面，通过空间管制等手段对自然资源、生态环境和历史文化遗产及自然灾害易发地区等予以保护和控制，使这些资源能够得到有效保护，使公众免受地质灾害的损害。在满足居民生活需求方面，根据人口的分布等进行公园、学校、游憩场所及市政基础设施等的布局，满足居民的生活需求且使用便利，创造宜居的环境质量，同时，在城市规划实施过程中，保证各项公共设施与周边地区的建设相协同，并且使各项设施的运营成本相对经济，节约公共投资。

城市是一个多元的复合型社会，而且也是不同类型人群高度聚集的地域，各个群体为了自身的生存和发展都希望谋求对自己最为有利的发展空间，因此，不同社会群体之间就有了竞争，这就需要政府机关协调不同利益群体之间的矛盾。城市规划通过编制法定规划的形式，在具体的建设行为发生之前对各种社会利益需求进行协调，既保证各群体的利益得到体现，也保证社会公共利益的实现。城市规划通过开发控制的方式，协调具体建设项目与周边建设的关系。通过开发控制以保障新的建设不会对周边土地的使用造成利益损害，从而维护社会的公平。同时，城市规划通过对不同性质的用地进行安排，满足各类群体发展的需求，针对各种类型的群体尤其是弱势群体在城市发展不同阶段中的不同需求，提供适应这些需求的各类设施，并保证这些设施的实现。

3. 改善人居环境

城市规划的根本目的就是改善人居环境，编制的各类法定规划和建设管理，都是为了保障各类不同人群的利益，创建一个宜居的城市，实现让城市生活更美好的目标。城市规划综合考虑经济、社会、环境发展的各个方面，以城市与区域等方面为着力点，合理配置各项生产和生活设施，完善配套设施建设，统筹城市的各个发展要素，满足生产、生活、生态各个方面的需要，提升城乡环境品质，创建优美的人居环境。

思政小课堂

城市规划师肩负着历史责任和社会责任，坚决维护公益事业和群众利益，以城市发展的大局为重，为政府把好规划关。

一、城市规划师的角色

1. 政府部门的规划师

政府部门中的城市规划师肩负着行政管理和专业技术管理两重职责。在行政管理方面，城市规划师作为政府公务员，是国家和政府的法律法规和方针政策的执行者，如以我国城乡规划法规体系的基本法《中华人民共和国城乡规划法》为依据所形成的包括法律、行政法规、部门规章、地方性法规和地方政府规章等的制定和执行中，都有政府部门规划师的参与；在专业技术管理方面，城市规划师是城市规划领域和运用城市规划对各类建设行为进行管理的管理者。在各层级规划项目的组织编制和审批中，政府部门的规划师也都担当了组织编制主体和审批主体。如《中华人民共和国城乡规划法》中规定全国城镇体系规划由国务院城乡规划主管部门会同有关部门组织编制，全国城镇体系规划由国务院城乡规划主管部门报国务院审批等；政府部门的规划师在对各类建设行为进行管理时，具有对违法建设依法执行行政处罚的权力，包括责令停止建设、限期改正、罚款、限期拆除或者没收违法建筑物、构筑物或者其他设施等。由此可见，城市规划师亦是实施城市规划管理的执法官。

这足以证明政府部门的规划师是沟通行政管理体系和城市规划专业技术之间的纽带，有的规划师甚至是专业技术领域的行政决策人员。政府部门的城市规划师能够运用城市规划的专业技术手段，执行国家和政府的各项宏观政策，保证城市的有序发展。因此，政府部门的城市规划师在我国城市规划领域中发挥了重要的作用，他们是贯彻执行国家和政府的法律法规和方针政策的核心，同时也是城市规划实施和发挥作用的关键因素。

2. 规划编制部门的规划师

城市规划编制部门的城市规划师是各项城乡规划政策的贯彻和执行者，也是社会利益的协调者。城市规划编制部门规划师的职责主要是运用城市规划专业技术手段，编制各层级的城市规划成果。因为城市规划作为政府行为，并且具有公共政策的属性，所以城市规划编制也具有极强的政策性。规划编制部门的规划师在编制城乡规划时，不仅要实施国家和政府的政策，而且其编制成果也将通过法定的程序转化为政府的政策和作为政府管理的依据，因此具有极强的政府行为的特征。这是规划编制机构与其他的咨询机构所不同的地方，也是城市规划编制部门的城市规划师区别于其他专业技术人员或专家的重要方面。但是规划编制部门的规划师并不是规划政策和审批的决策者，而是为决策者提供专业技术上的意见和成果。因此这类规划师必须坚持专业技术的要求，注重自己专业技术领域的科学性和合理性，从而使最终的决策能够建立在科学的基础之上。

此外，由于在编制城市规划中任何工作都涉及空间资源的配置，所以在实践的规划编制中规划编制单位的城市规划师同样担当着社会利益协调者的角色，这就需要公正、公平地处理好各种社会利益之间的相互关系，保障社会公众利益，实现社会的和谐发展。

3. 高等院校、研究与咨询机构的规划师

高等院校、研究与咨询机构的规划师主要是在各大高校、研究院或咨询机构工作的规划师，他们从事着与城市规划相关的研究和咨询工作。高校规划师的主要职责在于运用自身所学的城乡规划专业知识培养城乡规划的后备人才，同时也有城乡规划的研究和咨询职责。研究与咨询机构的规划师以专业技术人员和专家的身份为主，工作的重点在于提出合理的建议和进行技术储备。城市的复杂性与变化性决定了规划研究领域的广泛性，故政府部门和规划编制部门的规划师在实践的规划编制和规划实施的过程中，会遇到一些难以解决的问题，高等院校、研究与咨询机构的规划师就可以运用自身所学的综合知识借助科学研究手段，研究和推演某些具体的科研专题，为政府部门和规划编制机构的规划师或是其他私人机构提供专业的决策建议。

4. 私人部门的规划师

前文所提的研究和咨询机构中规划师与私人部门的规划师的归属有交集，研究和咨询机构的规划师中有相当一部分可以归入私人部门，但本章所指的私人部门主要是指类似于房地产开发、投资等机构。这类规划师的职责是为其私人部门提供城市规划专业技术服务，包括审定规划编制机构编制的规划方案，交流咨询机构提供的决策建议，对接政府部门的规划项目审批，以及规划项目实施过程中具体问题的解决。由于私人部门在城市规划过程中具有非常明确的利益诉求，所以此类规划师也是该部门的利益代言人。他们运用自己的专业技术，在规划项目研究、编制、审批、实施中，维护其所代表机构的利益。在与各种不同机构的沟通与交流中，私人部门规划师起到了桥梁作用，从而有可能使公共利益和私人利益得到兼顾，为保证整体利益而提供基础。

二、城市规划师的责任

无论处于何种机构的城市规划师，在城市规划编制和具体实施的过程中，都肩负着一定的历史责任和社会责任。作为城市规划师，在城市规划编制和具体实施的过程中，应当对历史的遗产负保护责任，对当前的建设负责，对明天的发展是否留有余地负责，不能做出光顾眼前利益和当前需要，而破坏历史文化遗产和影响未来发展的事情。在发展的同时，一定要对得起先人和子孙，保证城市的可持续发展。在当前，我国城镇化发展强劲的形势下，业主一味追求经济利益最大化的情况下，城市规划师必须以天下为己任、以民生为职责，坚决维护公益事业和群众利益，以城市发展的大局为重，以全社会的共同利益为重，为政府把好规划关。

这所有的责任都需要良好的城市规划技能来应对，在准备成为规划师的过程中，学生们需要培养解决复杂问题的技能，以及专注投资机遇的能力。城市规划师需要强有力的研究技能，包括寻找信息、分析信息、依据这些信息做出精准结论的技能。城市规划师需要有良好的沟通能力，与不同的对象进行沟通，既要有口头上的能力，也要有书面上的能力。城市规划师需要一些分析数字的技巧，包括人口数据、经济数据、社会数据等。城市规划师需要有良好的职业道德，能够在分析备选方案时考虑到不同群体所受的影响，尤其是对社会弱势群体利益的影响，并寻求成本和收益的公平分配。

思考题

1. 城市是如何产生的？哪些城市是中外早期城市的代表？
2. 城市的概念是什么？城市包含哪些类型？
3. 城市具有哪些基本特征？
4. 城镇化的概念是什么？什么是城镇化的测算标准？
5. 城镇化的动力机制是什么？
6. 什么是城市规划？城市规划的作用是什么？
7. 城市规划分为哪几个层面？分别包含什么内容？
8. 城市规划师应该具备什么样的能力？
9. 不同角色的城市规划师的职责是什么？
10. 我国城镇化处于什么阶段？具有什么特征？即将面临什么样的挑战？

第六章

城市规划的思想理论

随着城市的发展和生产力的进步，城市规划思想理论在不断的探索中发展演变。它受到各个时代的经济、政治、社会发展等因素的影响，是以解决某种城市问题或解释某种城市现象为出发点，进而凝练出来的与规划密切相关的思想活动。本章将从现代西方城市规划的主要思想理论、中国城市规划主要思想理论两方面来详细解析历史上的经典城市规划理论。

第一节　现代西方城市规划的主要思想理论

一、西方城市规划产生的背景和基础

1. 西方城市规划产生的背景

西方近代工业革命是人类技术发展史上的一次巨大革命，工业化启动了城市化的进程。随着生产力的提高，工业化的发展要求人力、资本、资源和技术等生产要素在城市空间领域进行高度整合。工业化的推进使城市规模以令人难以置信的速度扩大，这给城市的成长带来了巨大变化和考验。随着社会的发展，城市中的各种矛盾诸如城市环境与卫生质量恶化、城市结构与布局失调、交通拥挤等一系列矛盾都日益尖锐起来。19 世纪末至 20 世纪初，人们对城市展开了一系列的研究，城市规划和管理的手段也一直在发展和完善，城市规划的许多思想和具体方法是在机器化大生产的过程中孕育并奠定基础的。

2. 现代城市规划形成的基础

现代城市规划是在解决工业城市所面临问题的基础上，综合了各类思想和实践后逐步形成的。在现代城市规划形成的过程中，一些思想理论和具体实践直接形成了现代城市规划的雏形。

（1）空想社会主义城市

空想社会主义城市是现代城市规划形成的思想基础。19 世纪初，一些有识之士在经历各种城市问题后，开始思考理想中的社会模式，希望通过对理想的社会组织结构等方面的架构，实现理想的社区和城市模式。

近代历史上的空想社会主义源于 1516 年托马斯·莫尔（Thomas More）的"乌托邦"（Utopia）概念。莫尔设计的乌托邦由 50 个城市所组成，城市和城市之间最远一天能到达。为避免城市与乡村脱离，控制城市的发展规模，同时也确定了城市的公共建筑和街道尺寸，构思了他理想中的建筑、社区与城市。

近代空想社会主义的代表人物欧文（Robert Owen）和傅里叶（Charleo Fourier）等人，为了解决最广大劳动者的工作、生活等问题，对现有的社会制度、思想理念、城市物质建设等方面的改革进行了一系列的探索，提出了许多城市发展的新设想和新方案。欧文和傅里叶等人通过著书和购地建设城市来宣扬他们对理想社会的信念。1817年欧文提出了"协和村"的方案，在美国的印第安纳州哈莫尼购买了12000hm² 土地建设他的新协和村，他按照自己的设计方案规定了社区的理想居住人数，新建了住宅、工厂和城市基础设施，并且为愿意居住的人提供了免费的幼儿园、图书馆和医院，努力构建一个人人平等的社会主义社区。但是，在资本主义市场竞争的严峻条件下，这种试验只能是空想，欧文的"协和村"试验很快就失败了。1829 年，傅里叶撰写《工业与社会的新世界》一书，提出了"法朗吉"（Phalanges）的社会公共生活单位，该单位以社会大生产替代家庭小生产，建立食堂、学校等公共设施和大型居住建筑，每个建筑容纳400 个家庭，通过组织公共生活来减少私人生活、家务劳动造成的时间和资源的浪费。戈定（J. P Godin）在 1859—1870 年间，在法国吉斯的工厂相邻处按照傅里叶的设想进行了实践，这组建筑群包括 3 个居住组团，有托儿所、幼儿园、剧场、学校、公共浴室和洗衣房。

（2）英国关于城市卫生和工人住房的立法

英国关于城市卫生和工人住房的立法是现代城市规划形成的法律实践。工业革命起源于英国，英国也是城镇化发展最快的国家。伴随着工业化和大量人口的聚集，英国一些城市开始出现了工业化所带来的城市发展的负面问题，这一问题在伦敦尤为严重。工业革命后伦敦就以"雾都"闻名，伦敦居民的肺结核、咳嗽的发病人数比世界上其他地方都多，整个伦敦城犹如一个令人窒息的毒气室。同时，由于城市人口的高度聚集，城市中居住设施严重不足，公共厕所、垃圾站等严重短缺，排水设备落后、不足、年久失修，污水垃圾堆积导致传染病流行。由于这些负面问题造就了大量的人员病亡和财产损失，英国政府决心采取一系列法规以管理和改善城市的卫生状况。英国成立了委员会专门调查疾病形成的原因，并出台了《公共卫生法》。这部法律规定了地方当局对污水排放、垃圾堆积、供水、道路等方面应负的责任。由此开始，英国通过一系列的卫生法规建立起一整套对卫生问题的控制手段。《贫民窟清理法》《工人住房法》等要求地方政府提供公共住房，都体现了政府对工人住宅的重视。这一系列法规直接孕育了 1909 年英国《住房、城镇规划等法》（Housing，Town Planning，etc. Act）的通过，从而标志着现代城市规划的确立。

（3）法国巴黎改建

法国巴黎改建是现代城市规划形成的行政实践。这是政府直接参与和组织，巴黎史上规模最大的一次城市改造和重新规划。随着工业化的发展，巴黎旧城格局已经不符合发展需求了，诸多城市问题开始显现，如巴黎的排水系统满足不了工业时代污水排放要求，且供水受到污水的污染，同时巴黎的住房破旧，没有最低限度的交通设施、景观绿化匮乏。霍斯曼（Geor Se E. Haussman）当时任巴黎的行政长官，对巴黎进行了全面的改建，主要内容如下：

①重新对城市进行分区，将贫困人口迁到外环，形成豪华的巴黎市中心地带。②构建交通基本格局，完成了两个大型道路系统在巴黎市中心的十字交叉，且贯穿东西南

北，建设了两圈环形道路。另外扩展和新建了数条宽敞的大马路，通过这些新建道路把交通网联系起来，构建了城市道路交通的基本格局。③规划了点、线、面相结合的城市景观绿化系统。以城市广场为中心形成景观节点，沿塞纳河岸构建宽敞的绿化带，配置了大面积的公共开放中心。在城市中心和城市两侧修建大型森林公园，建立了庞大的公园体系。④对沿街建筑立面做出了规定，统一了主要街道的城市沿街立面。⑤改造了城市基础设施系统。增大了自然水系统的供水量，且修建新的下水道系统，污水用排水管引走，而非之前的就近排入塞纳河（图6-1、图6-2）。巴黎改建为当代资本主义城市的建设树立了典范，成为19世纪末至20世纪初欧洲和美洲大陆城市改建的样板。

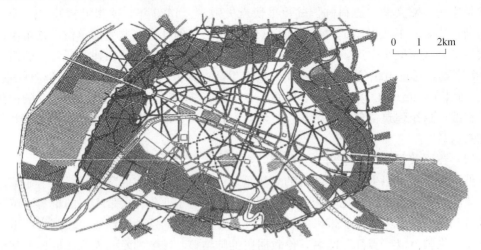

图 6-1　霍斯曼的巴黎改建规划图

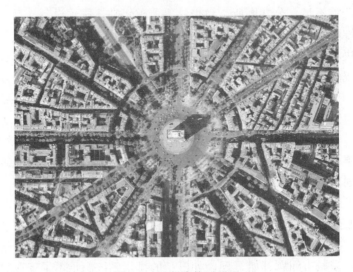

图 6-2　巴黎埃德瓦地区

（4）城市美化运动

城市美化运动是现代城市规划形成的技术基础。城市美化源自文艺复兴后的建筑学和园艺学传统，这是一场以建筑学和园艺学的思维方式思考城市布局的运动，综合了对城市空间和建筑设施进行美化的各方面思想和实践。

自 18 世纪后，中产阶级对城市和联列式住宅环境中仅有的零星绿化表示不满，而此时的"英国公园运动"试图将农村的风景引入城市之中。这一运动致使联列式住宅围绕城市公园布置，实现了如画风景的城镇布局模式。

与此同时，在美国以奥姆斯特德（F. L. Olmsted）所设计的纽约中央公园为代表的公园和公共绿地的建设也力图实现和英国公园运动一样的效果。中央公园的设计按照英国如画的风景的传统而构想和布局，公园中虽然有 4 条城市干道穿过，但干道的设计布置巧妙，既能够确保公园完美地融入城市，又不会干扰景观的连续性。设计者还设计了一系列社会活动的区域，如群众性体育运动区、娱乐和教育区等，为城市生活增加了新的活动空间和休闲活动方式，因此是市民非常喜爱的中央公园（图 6-3）。纽约中央公园的建成，不仅使公园成为城市地区凝聚力的场所，也成为组成政府公共事业的重要内容。优美的环境和居民的喜爱程度，使中央公园邻近地价飞涨，充实并增加了城市收入，进而提升了美国各大城市对在城市中心建造公园的热情。

图 6-3　纽约中央公园平面图

城市美化运动（City Beautiful Movement）起始于 1893 年芝加哥博览会（图 6-4），博览会选址杰克逊公园，主设计师丹尼尔·伯汉姆（Daniel Burnham）在规划中全面贯彻了奥姆斯特德的构想，即通过景观建立一种统一的联系，以实现统一的、有计划的城市机体。芝加哥博览会获得了巨大的成功。与此同时，芝加哥城市建设也如火如荼地进行，对市政建筑和城市广场与街道进行全面改进，经过改造后的芝加哥城市环境优美、组织有序，这与之前杂乱的工业城市景观完全不同。芝加哥的城市美化引领了美国各城市对城市形象的重新建设，进而形成在美国各个城市中普遍开展的"城市美化运动"。该运动的主将伯汉姆于 1909 年完成的芝加哥规划则被称为第一份城市范围的总体规划（Master Plan），采用古典、巴洛克的手法，以纪念性的建筑和广场为城市核心，通过辐射形道路形成气势恢宏的城市轴线（图 6-5）。

图 6-4　芝加哥世界博览会场景

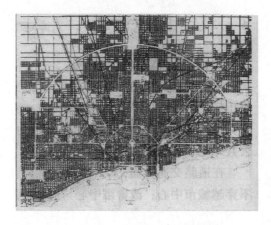

图 6-5　1909 年芝加哥总体规划

"城市美化运动"向人们传递了这样一种信念：只要经过人类有意识和有组织的规划和设计，就可以创造一种全新的城市环境；这种新的环境远远优美于无序、自发发展的城市。

（5）公司城建设

公司城建设是现代城市规划形成的实践基础。公司城建设是资本家为了提高工人的生产能力，为在其工厂中工作的工人出资建设的就业、住宅一体的小型城镇。这类城镇

19世纪中叶后在西方各国都有众多实例，如前文所提到戈定（J. P. Godin）在法国吉斯的工厂相邻处按照傅里叶的设想建设的公司城；凯伯里（George Cadbury）于1879年在伯明翰所建的模范城镇 Boumville；莱佛（W. H. Lever）于1888年建造的英国著名公司城——阳光港镇。在工业大城市矛盾重重的背景下，公司城的建设包含着社会改良思想，展现了城市建设的新思路，阳光港镇更被人们称为霍华德"田园城市"的直接先驱。在田园城市建设中发挥了重要作用的恩温（R. Unwin）和帕克（B. Parker）等人也在公司城建设中起到了重要作用，并积累了经验。因而公司城的建设对霍华德田园城市理论的提出和付诸实践具有重要的借鉴意义。

3. 霍华德的田园城市理论

在19世纪中期以后的种种改革思想和实践的影响下，霍华德于1898年出版书籍《明天：通往真正改革的平和之路》（1902年修订再版时更名为《明日的田园城市》）。在书中霍华德针对当时的城市尤其像伦敦这样的大城市所面临的拥挤、卫生等方面的问题，提出了一个兼有城市和乡村优点的理想城市，正式提出了田园城市（Garden City）的理论。田园城市理论涉及城市规模、布局结构、公共设施、人口密度、绿带等城市规划问题，这是带有先驱性的、完整的城市规划思想体系。霍华德所明确的田园城市的概念是：田园城市是为健康、生活及产业而设计的城市，它的规模足以提供丰富的社会生活，但不应超过这一程度；四周要有永久性农业地带围绕，城市的土地归公众所有，由一个委员会受托管理。

霍华德关于田园城市的设想主要包括以下内容：①田园城市由城市和乡村两个部分组成，城市四周由永久农业用地环绕，农产品就近供应，城市居民可得到新鲜产品。②田园城市的边缘地区设有工厂、企业、仓库和市场，居民生活在城市居住建筑地区，工作在边缘区工作地段。③城市的规模必须加以限制，每个田园城市的人口限制在3.2万人，超过这一规模，就需要另外建设一个新的城市，这样就能保证城市不过度集中和拥挤，也不会产生各类大城市所引发的弊病，同时也可使每户居民都能极为方便地接近乡村自然空间。④土地归全体居民集体所有，房地产收益用来偿还银行开发借贷，城市内部房屋租金用于城市管理费用和日常运作开销。

田园城市实质上就是城市和乡村的结合体。霍华德还提出了城市简图（图6-6），具体的形制如下：①每一个田园城市的城区用地占总用地的1/6，中心城市被若干个田园城市呈圈状环绕，借助于快速的交通工具（如铁路），只需要几分钟就可以来往于田园城市与中心城市或田园城市之间。城市之间是农业用地，包括耕地、果园、牧场、森林，以及农业学院、疗养院等。作为永久性保留的绿地，农业用地永远不得改作他用，从而形成城市与乡村相结合的"无贫民窟、无烟尘的城市群"。②田园城市的城区平面呈圆形、圈层状布置，有6条主干道路从中心向外辐射，把城市分成6个扇形区域。中央是一个公园，在其核心部位布置一些独立的公共建筑（市政厅、音乐厅、图书馆、剧场、医院和博物馆），在公园周围布置一圈玻璃廊道用作室内散步场所，与这条廊道连接的是一个个商店。在城市直径线的外1/3处设一条环形的林荫大道，并以此形成补充性的城市公园，林荫大道两侧均为居住用地。在居住建筑地区中布置了学校和教堂。在城区的最外围区域建设各类工厂、仓库和市场，一面对着最外层的环形道路，另一面对着环形的铁路支线，交通非常便利。

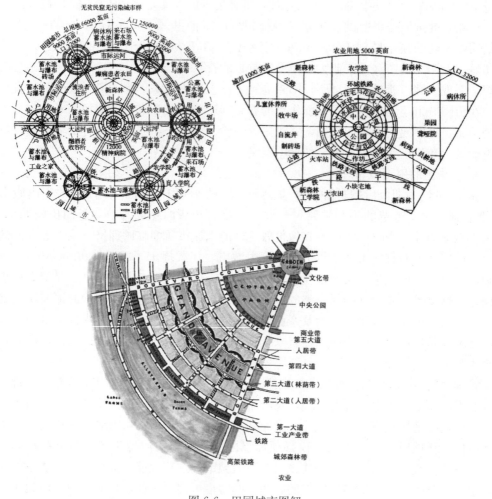

图 6-6　田园城市图解
注：1 英亩＝4046.86m²

霍华德于 1899 年组织田园城市协会，宣传他的主张，又于 1903 年组织"田园城市有限公司"，筹措资金建立了第一座田园城市——莱彻沃斯（Letch worth）。该田园城市的设计是在霍华德的指导下由恩温和帕克完成的。1919 年，霍华德成立了第二个公司开始建造韦林田园城市。田园城市实践证明田园城市理论是可行的，这一点不同于空想社会主义社区。田园城市理论对现代城市规划思想起了重要的启蒙作用，自霍华德"田园城市"开始的城市规划理论探索，一直是在"城市分散发展"与"城市集中发展"两种取向的相互交织作用中前行的。这两种取向不仅在城市规划的早期思想中得到充分表达，也一直贯穿于城市规划理论研究的始终。

二、城市集中发展理论

1. 集聚经济理论

城市集中发展思想从聚集经济理论出发，认为城市本质及重要特征在于它的集聚性，正是由于人口和人的活动的高度集聚才形成了城市。经济活动的聚集，是城市经济的最根本特征之一。巴顿（K. J. Button）在《城市经济学：理论和政策》（*Urban Economics：Theory and policy*）一书中将聚集经济效益分为 10 种类型。卡利诺（G. A. Carlino）于 1979 年和 1982 年通过其实证性研究，尝试区分了"城市化经济"（urbanization economics）、"地方化经济"（localization economics）和"内部规模经济"（internal economics of scale）对产业聚集的影响。他指出所谓城市化经济，就是当城市地区的总产出增加时，不同类型的生产厂家的生产成本下降；所谓的地方化经济就是当整个工业的全部产出增加时，这一工业中的某一生产过程的生产成本下降；内部规模经济是指生产企业本身规模的增加而导致本企业的生产成本的下降。他经过研究发现，对产业聚集的影响而言，内部规模经济并不起作用，它只对企业本身的发展有影响，因此只有从外部规模经济上寻找解释聚集效益的原因。在两类外部规模经济中，他发现从引导城市集中的要素方面而言，地方化经济不及城市化经济来得重要。也就是说，对工业的整体而言，城市的规模只有达到一定的程度才具有经济性。当然聚集就产出而言是经济的，即使是在"成本-产出"的整体中仍处于经济的时候，就成本而言也可能是不经济的。这类不经济主要表现在地价或建筑面积租金的昂贵和劳动力价格的提高，以及环境质量的下降等。不过根据卡利诺的相关研究，城市人口少于 330 万人时，聚集经济性超过不经济性；当城市人口超过 330 万人时，聚集不经济性超过经济性。当然，这项研究是针对制造业而进行的，而且是一般情况下的。

2. 勒·柯布西耶的集中主义城市理论

城市集中思想以勒·柯布西耶的城市规划理论为代表，该理论与霍华德希望通过新建城市解决过去城市尤其是大城市中所出现问题的设想完全不同。勒·柯布西耶希望通过解决大城市本身的问题，进行大城市的内部改造，使这些城市能够适应社会发展的需要，而不改其城市集聚的本质。

勒·柯布西耶是现代建筑运动的重要人物，同时也是城市规划理论中"机械美学"思想体系和"功能主义"思想体系的形成、发展的关键性人物。1922 年，他出版了《明日城市》（*The City of Tomorrow*）一书，并提出了"明日城市"的规划方案。该方案提供了一个 300 万人口的城市规划图，中央的中心区除了必要的各种公共服务设施外，在其周边规则地分布了 24 栋 60 层高的摩天大楼。这 24 栋摩天大楼可以容纳将近40 万人居住，在高楼周围有大片绿地，建筑仅占地 5%。在中心区外围是环形居住带，可容纳 60 万居民住在多层的板式住宅内。最外围的是可容纳 200 万居民的花园住宅。整个城市的平面是严格的几何形构图，矩形和对角线的道路交织在一起。该规划的中心思想主要是提高市中心的密度，改善交通，全面改造城市地区，形成新的城市概念，提供充足的绿地、空间和阳光。勒·柯布西耶在该项规划中还特别强调了大城市交通运输的重要性。在中心区，他规划了一个地下铁路车站，车站上面布置直升飞机起降场。中心区的交通干道由三层组成：地下走重型车辆，地面用于市内交通，高架道路用于快速交通。市区与郊区由地铁和郊区铁路线联系。

1925 年，勒·柯布西耶发表的巴黎市中心区改建规划方案——伏瓦生规划（Plan Voisin），是他的现代集中主义城市构想的再一次运用。在 1930 年布鲁塞尔国际现代建筑会议上，勒·柯布西耶又提出了"光辉城市"的规划方案（图 6-7），进一步表达了他的现代城市规划思想，这一方案是他的现代城市规划和建设思想的集中体现。他认为城市必须集中，城市只有集中的才是有生命力的。拥挤所带来的城市问题完全可以通过技术手段解决，这种技术手段就是采用大量的高层建筑提高密度和建立一个高效率的城市交通系统。通过这样的技术手段可以让高层建筑之间保持较大比率的空旷地。空旷地可以用来绿化，这样可以保证城市有充足的阳光、空间和绿化。他的理想是在机械化的时代里，所有的城市应是"垂直的花园城市"，而不是水平向的每家每户拥有花园的田园城市。

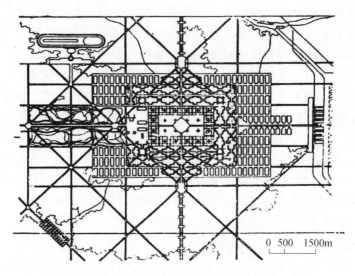

图 6-7　勒·柯布西耶的"光辉城市"规划方案

　　因此，人们又常常把勒·柯布西耶的设想统称为"集中主义城市"。随着时代的发展，勒·柯布西耶的集中主义城市设想对城市规划的影响甚大，在现代的各大城市中都有勒·柯布西耶城市规划思想的影子。

3. 世界城市、全球城市、大都市带

　　因为聚集经济的作用，城市的集中发展到一定程度之后出现了大城市和超大城市的现象，大城市的中心优势得到了广泛实现。因而随着大城市的进一步发展，规模更为庞大的城市现象将进一步出现。针对第二次世界大战后世界经济一体化的进程，当前国际城市规划领域著名学者彼得·霍尔爵士（Peter Hall，1966）出版了《世界城市》一书。该书是基于第二次世界大战后世界经济一体化进程中的大城市、超大城市的研究，霍尔看到并预见到一些世界大城市在世界经济体系中将扮演越来越重要的角色，发挥着世界城市、全球城市的作用。

　　随着大城市向外急剧扩展和城市密度的进一步提高，世界上许多国家出现了空间上连绵成片的城市密集地区，即城市聚集区（Urban Agglomeration）和大都市带（Megalopolis）。联合国人居中心对城市聚集区的定义是被一群密集的、连续的聚居地所形成的轮廓线包围的人口居住区，它和城市的行政界线不尽相同。在高度城市化地区，一个城市聚集区往往包括一个以上的城市，这样，它的人口也就远远超出中心城市的人口规模。法国地理学家戈特曼（J. GoLtmann）于1957年提出大都市带的概念，指的是多核心的城市连绵区，人口的下限是 2500 万人，人口密度为每平方千米至少 250 人。因此，大都市带是人类创造的宏观尺度最大的一种城市化空间。

三、城市分散发展理论

城市分散发展理论思想主要源自社会改革家对城市未来发展的认识。他们认为大城市的所有负面问题都是由工业化导致的人口大规模集聚而引起的。人口的高度集集导致拥挤、环境污染及贫困问题等的产生。因此，他们认为解决城市问题的方法在于疏散城市产业和城市人口。城市的分散发展理论思想实际上是霍华德田园城市理论的不断深化和运用，即通过建立小城市而疏解大城市人口集聚所产生的问题，其中主要的理论包括卫星城理论、新城理论、有机疏散理论和广亩城理论等。

1. 卫星城理论

1922 年，恩温在《卫星城市的建设》（*The Building of Satellite Towns*）一书中正式提出了"卫星城"的概念（图 6-8）。卫星城理论是针对田园城市实践过程中出现的背离霍华德基本思想的现象而提出来的。恩温认为霍华德的田园城市在形式上就像行星周围的卫星，故而使用卫星城的说法。1924 年，国际城市会议在阿姆斯特丹召开，在这次会议上提出建设卫星城是防止大城市规模过大的一个重要方法，从此卫星城就成为一个国际上通用的概念。在这次会议上还明确提出了卫星城的定义，认为卫星城是一个经济上、社会上、文化上具有现代城市性质的独立城市单位，但同时又是从属于某个大城市（母城）的派生产物。1944 年，阿伯克隆比（P. Abercrombie）所做的大伦敦规划中，为了达到疏解的目的，在伦敦周围建立 8 个卫星城，这个规划产生了深远的影响（图 6-9）。第二次世界大战以后至 20 世纪 70 年代之前是西方经济和城市快速发展的时期，不同规模的卫星城建设出现在西方大多数国家，其中以英国、美国、法国及中欧地区最为典型。卫星城的概念强化了与中心城市（又称母城）的依赖关系，在其功能上强调中心城的疏解，因此通常被作为中心城市的某一功能疏散地，出现了工业卫星城、科技卫星城甚至卧城等不同类型，成为中心城市的一部分。

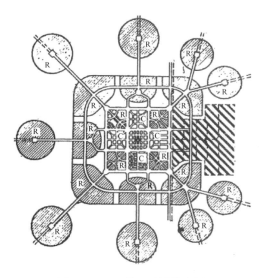

图 6-8　恩温的卫星城模式图

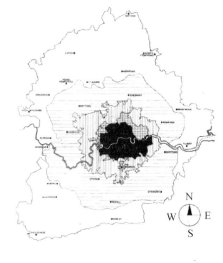

图 6-9　大伦敦规划（1994）

2. 新城理论

卫星城理论经过一段时间的实践后，人们发现卫星城太依赖中心城市，而产生了一些问题。于是就开始强调卫星城的独立性。在这种卫星城中，居住与就业岗位之间相互协调，具有与大城市相近似的文化福利配套设施，可以满足卫星城居民的就地工作和生活需要，从而形成一个职能健全的独立城市。从 20 世纪 40 年代中期开始，人们对这类按规划设计建设的新建城市统称为"新城"（New Town），一般已不再使用"卫星城"的名称。英国的"新城"运动具有很强的代表性，1946 年英国通过了"新城法"（The New Town Art），并成立了新城建设公司。伦敦周围的卫星城根据其建设时期前后分为三代新城，第一代新城以哈罗（Harlow）新城（图 6-10）为代表，更多的是延续卫星城的规划思想，经济上依然较多地依附于伦敦。坎伯诺尔德（Cumbernauld）是第二代新城的典型，已经考虑作为经济发展点来建设，创造有活力的城市环境。第三代新城以密尔顿·凯恩斯（Milton Keynes）（图 6-11）为典型代表，他提出了反磁力吸引体系，

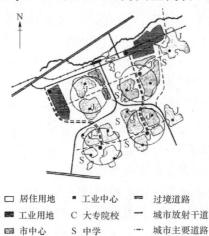

□ 居住用地	■ 工业中心	═ 过境道路
工业用地	C 大专院校	— 城市放射干道
市中心	S 中学	⋯ 城市主要道路
● 主要中心	J 小学	— 城市次要道路
· 次要中心		╫ 铁路

图 6-10 哈罗新城平面图

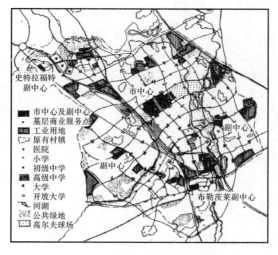

图 6-11 密尔顿·凯恩斯新城规划

企图在区域范围内进行全面的经济和社会规划；这时的新城已经成为疏散伦敦工业和人口的适应城市生活的独立城市。三代新城的发展反映出构建新城自身经济基础和生活体系的重要性，这样才能使新城真正发挥疏解大城市压力的作用。

3. 有机疏散理论

1943 年芬兰裔的美籍建筑师、规划师 E. 沙里宁（Eero Saarinen）出版了著名的《城市：它的发展、衰败与未来》一书，详尽地阐述了他关于有机疏散理论（Theory of Organic Decantation）。这一理论是为缓解因城市过分集中所产生的弊病而提出的关于城市发展和布局结构的理论。他认为城市与自然界的所有生物一样，都是有机的集合体，故而城市发展的原则是可以从自然界生物演化中推导出来的。所以在城市集聚发展时不能任其自然地集结成一大块，而要把城市的人口和工作岗位有机分散到离开中心的地域且能合理发展的地方。沙里宁基于这样的理论探索，全面地考察了中世纪欧洲城市和工业革命后的城市建设现况，分析了有机城市的形成条件及在中世纪的现有表现形态，对现代城市出现衰败的原因进行了揭示，并提出了全面改建的策略和目标。针对城市规划的技术手段，他认为"对日常活动进行功能性的集中"和"对这些集中点进行有机的分散"这两种组织方式，是使原先密集城市得以实现有机疏散所必须采用的两种最主要的方法。因为，前一种方法能给城市的各个部分带来适于生活的居住条件，而后一种方法能给整个城市带来合理功能秩序和工作效率。沙里宁指出有机疏散就是把传统大城市那种拥挤成一整块的形态在合适的区域范围内分散成为若干个集中单元，并把这些单元组织成"在活动上相互关联的有功能的集中点"，它们彼此之间将用保护性的绿化地带隔离开来。大赫尔辛基规划是其规划思想的体现（图 6-12）。他的有机疏散理论在第二次世界大战后成为欧美各国新城建设及大城市向城郊有机疏散扩展的重要思想基础。

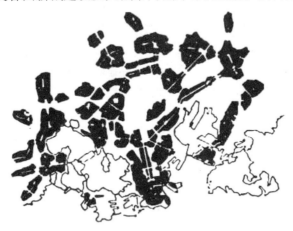

图 6-12　沙里宁的大赫尔辛基规划

4. 广亩城理论

把城市分散发展推到极致的是美国现代主义著名建筑师赖特（F. L. Wright）。赖特是一位自然主义者，他认为现代城市不能适应现代生活的需要，也不能代表和象征现代人类的愿望，是一种反民主的机制，因此这类城市应该取消，尤其是大城市。他要创造一种完全分散、低密度的城市。他在 1932 年出版的《消失中的城市》（*The Disappearing City*）中写道，未来城市应当无所不在又无所在，"这将是一种与古代城市或任何现代城市差异如此之大的城市，以致我们可能根本不会认识到它作为城市而已来临"。他在随后发表的《广亩城市：一个新的社区规划》（*Broadacre City：A New Community Plan*）之中正式提出了广亩城市理论。这是一个把集中的城市重新分布在一个地区性农业的方格网格上的方案。他认为在汽车和廉价电力遍布各处的时代里，已经没有将一切活动都集中于城市中的需要，而最为需要的是如何从城市中解脱出来，发展一种完全分散的、低密度的生活居住与就业结合在一起的新形式，这就是广亩城市。在这种"城市"中，每一户周围都有 1 英亩的土地，足够生产供自己消费的食物和蔬菜；居住区之间用高速公路相连接，提供便利的汽车交通；沿着这些公路建设公共设施、加油站等，并将其自然地分布在为整个地区服务的商业中心之内（图 6-13）。我们可以看到，赖特广亩城市思想对 1960 年以后美国城市普遍的郊区化进程产生了一定的影响。

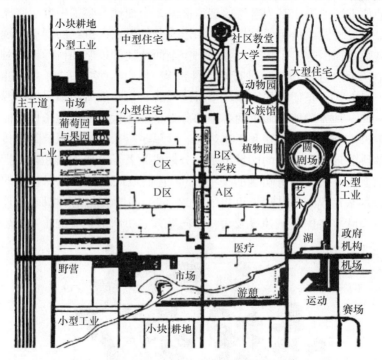

图 6-13　莱特的广亩城市平面示意图

四、区域规划理论的发展

区域规划理论较好地综合了城市分散发展和集中发展的基本取向，城市社会经济发展越深，城市与区域的发展关系也就越密不可分。城市对区域的影响类似于磁铁的场效应，每个城市的发展都离不开区域的背景。到了 20 世纪初终于形成了这样一种认识：城市规划必须从城市及其周围农村腹地的区域范围着手，甚至从若干城市构成的城镇集聚区及其相互重叠的区域腹地着手，从此区域规划思想开始发展。区域规划思想奠基于格迪斯（Patrick Geddes）等人的理论。

格迪斯是苏格兰的教育专家、生物学家、社会学家和城市规划思想家，他把所学的各个学科融为一体。1915 年格迪斯出版的《进化中的城市》（*Cities in Evolution*）对后来的城市规划产生了重大影响。格迪斯通过对城市生态学的研究，强调人与环境的相互关系，归纳了决定现代城市成长和发展的动力。他认为人类居住地与特定地点之间存在着一种已经存在的、由地方经济性质所决定的内在联系，故而场所、工作和人是一体的（图6-14）。格迪斯指出，随着工业的聚集和经济规模的不断扩大，城市向郊外的扩展已是必然趋势，这种趋势的继续发展会使城市结合成巨大的城市集聚区或形成城市群。所以城市规划的研究对象应从城市内部空间布局转变为对城市地区的规划，应当将城市和乡村的规划纳入同一体系之中，使城市规划包含若干个城市及它们周围的影响地区，由此提出了区域规划的思想。

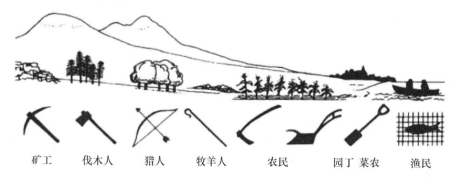

矿工　伐木人　猎人　牧羊人　农民　园丁 菜农　渔民

图6-14　格迪斯在1905年提出的"人-工作-场所"充分协调的模式，
是其区域发展概念的重要组成部分

格迪斯认为，城市发展应被看作一个过程，要用演进的目光来观察城市，分析和研究城市。"这种认识突破了19世纪规划家一味依赖建模的静态研究方法。"因为城市发展是一个过程，因此不能简单地采用人口转移的办法，也不能像霍斯曼改建巴黎那样彻底翻新，"而只有在区域规模上进行规划——它是和生产力现象相联系的表达方式——才可以确保平衡地利用新技术时代进步的潜能"。

格迪斯认为城市规划必须充分运用科学方法认识城市，然后才能更好地规划城市。他认为应当系统地调查城市，并且应该综合研究城市的现状和地方经济、环境发展潜力和限制条件的联系，还提倡城市规划中的公众参与。对规划方法和规划过程，格迪斯的名言是"先诊断后治疗"，由此形成了"调查-分析-规划"（survery-analysis-plan）的工作思路，即通过对城市现实状况的调查，分析城市未来的发展可能，预测城市中各要素之间的相互关系，然后依据这些分析和预测，制定规划方案。格迪斯的理论确立了"区域城市关系"是研究城市问题的基本逻辑框架，启发了芒福德等人的相关研究，对现代城市规划思想的成熟最为关键。

1938年，芒福德在他的区域规划的经典著作《城市文化》中提到"区域是一个整体，而城市是它其中的一部分"，所以"真正成功的城市规划必须是区域规划的第一不同要素，需要包括城市、村庄及永久农业地区，作为区域综合体的组成部分"。他还曾强调把区域作为规划分析的主要单元，在地区生态极限内建立若干独立自存又互相联系、密度适中的社区，使它们构成网络结构体系。

1950年以后，在经济学派和地理学派的共同推动下，欧美学者在对区域经济、空间发展所进行的研究中提出了许多有关区域城市发展的理论，如增长极核理论、空间扩散理论、核心边缘理论及地域生产综合体理论等。

五、《雅典宪章》与《马丘比丘宪章》

《雅典宪章》与《马丘比丘宪章》在现代城市规划思想演变中发挥着极其重要的作用。这两部文献基本上都是对当时的规划思想进行总结，然后对未来的发展指出一些重要的方向，故此成为城市规划发展的历史性文件，从中我们可以追踪城市规划整体的发展脉络，建立起城市规划思想发展的基本框架。

1. 《雅典宪章》

1933 年，国际现代建筑协会（CIAM）召开的第四次会议的主题是"功能城市"，通过由勒·柯布西耶倡导并亲自起草的《城市规划大纲》。这个大纲后来被称为《雅典宪章》，集中反映的是现代建筑运动对现代城市规划发展的基本认识和思想观点。在宪章里面也提出了以分析城市活动为基础的功能分区思想和具体做法，并要求以人的尺度和需要来决策功能分区的划分和布置，这为现代城市规划的发展明确了以人为本的方向，赋予了现代城市规划的基本内涵。《雅典宪章》依据理性主义的思想方法，对城市中普遍存在的问题进行了全面分析，提出了城市规划应当处理好居住、工作、游憩和交通之间的功能关系，也提出"城市规划的四个主要功能要求各自都有其最适宜发展的条件，以便给生活、工作和文化分类和秩序化"。《雅典宪章》最为突出的内容就是提出了城市的功能分区。功能分区理论是一种革命性的突破，在当时具有重要的现实意义。功能分区方法的使用，确实缓解了城市无计划、无秩序发展过程中的一些问题，对之后城市规划的发展影响最为深远。

但由于《雅典宪章》的思想方法是建立在物质空间决定论的基础之上的，而其实质在于通过物质空间变量的控制来形成良好的环境，从而自动地解决城市中的经济、社会、政治问题，促进城市的进步和发展。这是《雅典宪章》所提出来的功能分区及其机械联系的思想基础。物质空间规划成了城市建设的蓝图，其所描述的是旨在达到的未来终极状态。该宪章所确立的城市规划工作者的主要工作是"将各种预计作为居住、工作、游憩的不同地区，在位置和面积方面做一个平衡，同时建立一个联系三者的交通网"；此外就是"订立各种计划，使各区按照它们的需要和有纪律地发展"；"建立居住、工作、游憩各地区间的关系，务使这些地区的日常活动能以最经济的时间完成"。从《雅典宪章》中可以看到，城市规划的基本任务就是制定规划方案，而这些规划方案的内容都是关于各功能分区的"平衡状态"和建立"最合适的关系"，它鼓励的是对城市发展终极状态下各类用地关系的描述，并且"必须制定必要的法律以保证其实现"。

2. 《马丘比丘宪章》

1977 年，国际建协基于当时世界城市发展趋势和城市规划过程中出现的新内容，在秘鲁的利马召开了国际性的学术会议。会议对《雅典宪章》四十多年的实践做了评价，并展望了城市规划进一步发展的方向，在古文化遗址马丘比丘山上签署了《马丘比丘宪章》。宪章中明确申明《雅典宪章》提出的某些原则是正确的，而且将继续起作用。但随着时代的进步，城市发展面临着新的环境和人类对城市规划需求的改变，《雅典宪章》的一些指导思想已不能适应当前形势的发展变化，因此需要进行修正。

《马丘比丘宪章》在对四十多年的城市规划理论探索和实践进行总结的基础上，指出《雅典宪章》所崇尚的功能分区"没有考虑城市居民人与人之间的关系，结果是城市患了贫血症，在那些城市里建筑物成了孤立的单元，否认了人类的活动要求流动的、连续的空间这一事实"。《马丘比丘宪章》首先强调了人与人之间的相互关系对城市和城市规划的重要性，并将理解和贯彻这一关系视为城市规划的基本任务。其次《马丘比丘宪章》认为城市是一个动态系统，要求"城市规划师和政策制定人必须把城市看作在连续发展与变化的过程中的一个结构体系"。20 世纪 60 年代以后，系统思想和系统方法在城市规划中得到了广泛的运用，直接改变了过去将城市规划视作对终极状态进行描述的观点，而更强调城市规划的过程性和动态性。《马丘比丘宪章》也强调了公众参与对城市规划的极端重要性。

第二节　中国城市规划主要思想理论

一、中国古代城市营建理论与实践

1. 中国古代城市营建理论

考古证实，中国古代最早的城市距今约有 4000 年的历史。在漫长的历史发展进程中，人们积累了大量的城市规划思想理论和建设的经验，形成了独具特色的古代城市规划传统。中国古代城市规划与政治、伦理等社会发展的条件息息相关，大量有关城市规划的理论性阐述散见于政治、伦理和经史书中，如《周礼》《商君书》《管子》和《墨子》等。中国古代城市规划理论演变历程如下。

（1）夏商周三代时期

夏朝时开始有了关于城市规划的史料记载。商朝是我国城市规划体系的萌芽阶段。周代是我国封建社会中完整的宗教法礼关系和社会等级制度的形成时期。在这个时期我国古代城市规划思想基本成形，各种有关城市建设规划的思想也层出不穷。

西周是我国奴隶社会的鼎盛时期，开始逐渐形成我国古代的城市规划体系。在这个时期，形成了完整的社会等级制度和宗教法理关系，以及城市布局模式的严格规则。据《周礼·考工记》记载："匠人营国，方九里，旁三门。国中九经九纬，经涂九轨，左祖右社，面朝后市，市朝一夫"。《周礼·考工记》中所记载的这种空间布局制度成为以后封建社会城市建设的基本制度，对中国数千年的古代城市规划的实践活动产生了深远的影响。因此，周朝是我国古代城市规划思想最早形成的时代。

春秋"诸子百家"时代的社会变革思想争鸣时期，留下了许多有关城市建设和规划的思想，丰富了中国城市规划的理论宝库，对后世的城市规划和建设产生了影响。如《管子·乘马篇》强调城市的选址应"高毋近旱，而水用足，下毋近水，而沟防省"，在城市形制上应该"因天材，就地利，故城廓不必中规矩，道路不必准绳"。《商君书》从城乡关系、区域经济和交通布局的角度，对城市的发展及城市管理制度等问题进行了论述。战国时代都城基本上都采取了大小套城的布局模式，反映了当时"筑城以卫君，造郭以守民"的社会要求。伍子胥按照自身的基础和取向，提出"相土尝水，象天法地"的城市规划思想。

（2）秦汉时期

秦统一六国后，发展了"象天法地"的思想。西汉的武帝时代，开始"罢黜百家，独尊儒术",因为儒家提倡的礼制思想最有利于巩固皇权统治。《周礼·考工记》的城市形制正是礼制思想的体现。从此《周礼·考工记》的城市形制对中国古代都城的影响得到了越来越完整的体现。与此同时,以管子和老子为代表的自然观对中国古代城市形制的影响也是长期存在的。如三国时期金陵城的规划主导思想——"形胜",就是对《周礼·考工记》城市形制理念的重要发展,突出了与自然结合的思想。

（3）唐宋元明清时期

该时期的都城营建规划思想完整地继承和发展了《周礼·考工记》中关于王城的空间布局制度,但也有许多古代城市格局表现出利用自然而不完全循规蹈矩,如当时的东京汴梁（开封）、临安（杭州）等。

2. 中国古代城市规划实践

在中国几千年的封建社会中,城市的典型格局以各个朝代的都城最为突出,从汉唐长安城到元大都和明清北京城,达到了完美的境地。

（1）夏商周三代时期

夏代遗留的一些城市遗迹表明,当时已经具有一定的工程技术水平,如使用陶制的排水管及采用夯打土坯筑台技术等。商代在不同时期建设的都城也显示了城市建设已达到相当成熟的程度,影响后世数千年的城市基本形制在河南偃师商城、湖北的盘龙城、安阳的殷墟中已显雏形,在中国都城建设中具有独特的意义。

西周时期的洛邑是有目的、有计划、有步骤建设起来的,也是中国历史上有明确记载的城市规划事件,其所确立的城市形制已基本具备此后都城建设的特征（图6-15、图6-16）。《周礼·考工记》中就是记载的周代王城的建设空间布局。

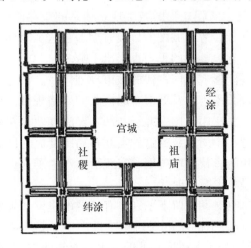

图6-15　周王城复原想象图

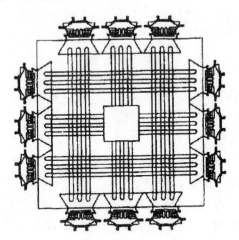

图6-16　《三礼图》中关于"王城"的插图

战国时期在都城建设方面基本形成了大小套城的都城布局模式,即城市居民居住在称之为"郭"的大城,统治者居住在由大城所包围的被称为"王城"的小城中。与此同时,也有伍子胥遵循"相土尝水,象天法地"思想建造的阖闾城,以及遵循自然条件的江南淹国国都淹城（图6-17）等。

（2）秦汉时期

秦遵循"象天法地"的理念,强调方位,以天体星象坐标为依据建设都城咸阳

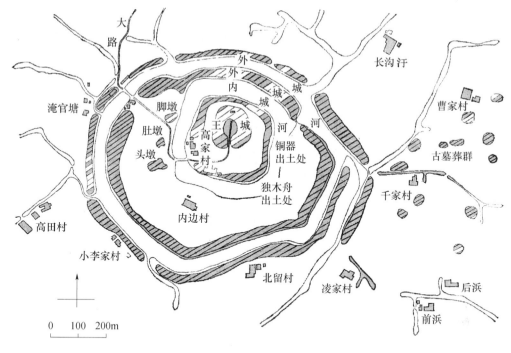

图 6-17 淹城平面图

（图 6-18）。咸阳城布局灵活，规模宏大，其神秘主义色彩对中国古代城市规划思想产生了深远影响。同时，秦代的城市交通系统——复道、甬道等在中国古代城市规划史中具有开创性的意义。

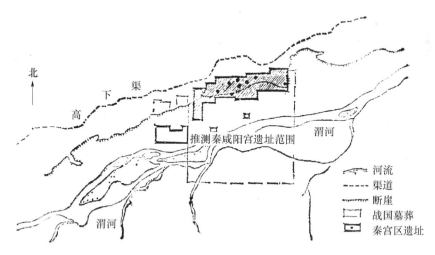

图 6-18 秦咸阳都城遗址示意图

汉代时期遵循礼制思想，城市建设形制按照《周礼·考工记》记载的城市形制布局。经过不同时期当权者的修建，汉长安城呈现出规划长方形布局（图 6-19），在空间上分离宫殿与居民生活区，整个城市的南北中轴线上分布了宫殿，还布置了祭坛、明堂、辟雍等大规模的礼制建筑，突出了皇权在城市空间组织上的统领性。

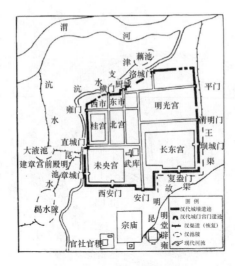

图 6-19　汉长安复原想象图

曹魏邺城规划继承了战国时期以宫城为中心的规划思想，且采用城市功能分区的布局方法（图 6-20）。邺城功能分区明确，结构严谨，城市交通干道轴线与城门对齐，道路分级明确。邺城的规划布局对此后的隋唐长安城的规划产生了重要影响。

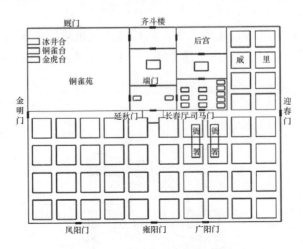

图 6-20　曹魏邺城复原想象图

（3）唐宋时期

唐朝长安城由宇文恺负责制定规划，遵循《周礼·考工记》记载的城市形制规则。长安城采用中轴线对称的格局，整个城市布局严整，分区明确，充分体现了以宫城为中心、"官民不相参"和便于管制的指导思想。长安城采用规整的方格路网，城市干道系统有明确分工，设集中的东西两市。东南西三面分别设置三处城门，通城门的道路是主干道，其中最宽的是宫城前的横街和中轴线朱雀大街。居住分布采用坊里制，朱雀大街两侧各设有 54 个坊里，每个坊里四周设置坊墙。坊里实行严格管制，坊门朝开夕闭，坊中还考虑了城市居民丰富的社会活动和寺庙用地。经过几次大规模修建，长安城总人口达到近百万人，是当时世界上最大的城市（图 6-21）。

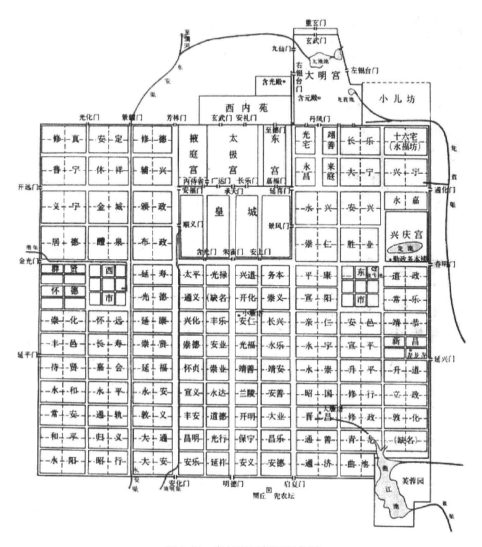

图 6-21　唐长安城复原想象图

随着商品经济的发展，宋代开封城开始了城市中居住区组织模式的改变。中国城市建设中延绵了千年的里坊制度逐渐被废除。到北宋中叶，开封城中已建立较为完善的街巷制。

（4）元明清时期

元大都是自长安城以后中国古代都城的又一典范，在空间布局制度上体现了《周礼·考工记》的规划思想。元大都采用三套方城、宫城居中和轴线对称布局的基本格局（图 6-22）。三套方城分别是内城、皇城和宫城，各有城墙围合，皇城布置在内城的内部中央，宫城位于皇城的东部。在都城东西两侧的齐化门和平则门内分别设有太庙和社稷，商市集中于城北，显示了"左祖右社"和"前朝后市"的典型格局。元大都有明确的中轴线，南北贯穿三套方城，突出皇权至上的思想。

元、明、清三个朝代的更迭中，北京城并未遭战乱毁坏，保存了元大都的城市形制特征。明北京城的内城范围在北部收缩了 2.5km，在南部扩展了 0.5km，使中轴线更为突出，从外城南侧的永定门到内城北侧的钟鼓楼长达 8km。沿线布置城阙、牌坊、华表、广场和殿堂，突出庄严雄伟的气势，显示封建帝王的至高无上。皇城前的东西两侧备建太庙和社稷，在城外设置了天、地、日、月四坛，在内城南侧的正阳门外形成新的商业市肆，城内各处还有各类集市。明北京城较为完整地保存至今，清北京城没有实质性的变更（图 6-23）。

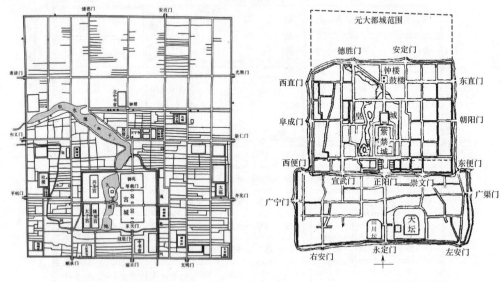

图 6-22　元大都复原想象图　　　　　图 6-23　清北京城平面图

二、中国近现代城市规划思想理论与实践

中国在近现代时期遭受了长期的外战和内战，城市发展进程缓慢，城市规划思想理论主要受到西方城市规划思想的影响，所以中国近代城市规划的发展基本上是西方近现代城市规划思想不断引进和运用的过程。

19 世纪后半期到 20 世纪初，在开埠通商口岸的部分城市中，西方列强依据各国的城市规划体制和模式，对其所控制的地区和城市按照各自的意愿进行了规划设计，其中最为典型的是上海、广州等租界地区，以及被外国殖民者所独占的青岛、大连、哈尔滨等城市。在城市管理制度及城市建设理念方面引入了新的内容，对此后这些城市的规划和建设产生了较大的影响。

20 世纪 20 年代末，南京国民政府成立后，在推进市政改革的进程中，中国的一部分主要城市，如上海、南京、重庆、天津、杭州、成都、武昌、郑州、无锡等城市都相继运用西方近现代城市规划理论或在欧美专家的指导下进行了城市规划设计，其中南京的"首都计划"、上海的"大上海都市计划总图"初稿（图 6-24）等具有代表性。

日本在其侵华战争中，出于加强军事占领和大规模掠夺战略物资的意图，对其所占领的一些城市也进行了不少的城市规划。抗日战争临近结束时，国民政府为战后重建颁布了《都市计划法》。抗战结束后，在城市恢复和重建的过程中，一些城市也据此编制新的发展规划。这些规划借鉴并引进了当时西方已经开始成熟的现代城市规划理论、方法和西方的实践经验，对城市发展进行了分析，编制了较为系统完善的城市规划方案。

图 6-24 "大上海都市计划总图"初稿（1946）

其中上海的"大上海都市计划总图"三稿（图 6-25）和重庆"陪都十年建设计划"最具有代表性。上海自 1946 年开始编制"大上海都市计划总图"，在规划中，运用了国际流行的"卫星城市""邻里单位""有机疏散"，以及道路分等分级等规划理论和思想。

图 6-25 "大上海都市计划总图"三稿（1949）

　　中华人民共和国成立后，虽然经历了城市化停滞时期，但是城市建设工作还是提上了议事日程，城市规划理论和城市建设在立法过程中逐步发展。1956 年，国家建委颁布了《城市规划编制暂行办法》，这是中国第一部重要的城市规划立法。此后各大城市的总体规划和部分详细规划开始按计划进行编制。1984 年国务院颁布了《城市规划条例》，这是中华人民共和国成立以来，城市规划领域的第一部基本法规。在经济体制改革的过程中，一些城市积极探索城市规划编制类型，逐步形成了控制性详细规划的雏形，最终经《中华人民共和国城市规划法》确定为法定规划。1989 年全国人大常委会通过了《中华人民共和国城市规划法》，这标志着中国城市规划正式进入法治化的道路。2005 年《城市规划编制办法》进行了调整和完善，明确了城市规划的基本内容和相应的编制要求。2008 年实施的《中华人民共和国城乡规划法》，为城乡规划的开展确立了基本框架。

三、当代城市规划思想理论与发展趋势

随着城市化的发展，各国都在经历或者已经经历快速发展时期。我国正处于城市化高速发展时期，在经济高速发展的推动下，城市建设取得了一定的成就，但建设过程中也出现了一系列问题，如城市规划趋同化现象、生态平衡破坏现象等。从发达国家的城市化经历与我国现实问题中，我们可以清晰地看到以生态环境换取经济发展的时代已经结束，生态化、低碳化、信息化的可持续城市规划时代正在来临。

1. 城市规划生态化理论

城市规划生态化理论不仅是生态学原理应用到城市规划设计中，而是涉及城市规划的方方面面，即指城市规划生态化理论立足于城市规划体系，将生态规划的理念、内容、技术方法等"系统化融入"已有的城市规划体系中，通过各项内容、各个环节实现生态目标，从而促使城市规划朝着生态化方向转变的过程。在实践中不仅关注城市的自然生态，而且也关注城市的社会生态；不仅重视城市当今的生态关系和生态质量，还关注城市未来的生态关系和生态质量，目标是实现城市生态系统的可持续化发展。

2. 低碳城市规划理论

为有效应对全球气候变化，减少二氧化碳等温室气体的排放，低碳城市的研究和实践逐渐成为当今世界的热门话题。碳减排的关键是城市，而城市规划作为建设城市和管理城市的基本依据，必然担负着建设低碳城市的重要角色。在英国《我们未来的能源——创建低碳经济》（*State for Trade and Industry*，UK，2003）白皮书中首次出现"低碳"一词。书中阐述的"低碳经济"的概念直接孕育了低碳城市理念。目前在国际上并没有统一界定低碳城市的内涵，一般认为：低碳城市是以城市空间为载体发展低碳经济，实施绿色交通和建筑，转变居民消费观念，创新低碳技术，从而最大限度地减少温室气体的排放。

3. 信息化城市理论

进入 21 世纪，信息时代前进的步伐加快，知识经济初见端倪，传统的工业大生产模式遭到信息经济强有力的挑战。城市规划、建设与管理与时代密切相关，当代城市规划正在开展信息化城市的实践和理论构建。城市规划科研者利用大数据等信息化手段进行城市规划科学研究，从而更合理地指导城市规划。城市规划实践者在各地建设信息化、智能化城市，构建城市规划、建设与管理信息化的支撑平台。

4. 可持续发展的城市规划理论

可持续发展理论是现代城市规划理论的核心内容之一。人类的发展必须以可持续发展的选择为基础，经济、社会、文化和人口的协调发展是当代城市发展的主要趋势。虽然城市规划建设难以保证生态环境不受破坏，但应采取有效措施，减少这些影响，全面贯彻可持续发展的理念。可持续发展城市规划理论原则是城市规划一方面强调经济增长和社会进步，另一方面也非常注重城市质量，包括生态环境质量、城市风貌形象质量、

城市文化质量等的逐步提高。可持续发展城市规划的实施将引导城市走向稳定、协调的发展之路，对城市进一步优化生存环境、创造发展条件、增强城市综合实力和竞争力起到积极的推动作用。

思政小课堂

中国古代的规划思想源远流长，具有高度原创性和独特性，对中国的城市建设具有深远的影响。

一、以《周礼·考工记》为代表的伦理社会学的规划思想

（1）严格有序的城市等级制度、道路分级、宫城居中等规划思想。《周礼·考工记》记载："匠人营国，方九里，旁三门，国中九经九纬，经涂九轨，左祖右社，前朝后市，市朝一夫。"这一思想基本成了我国古代城市规划建设所秉承的思想体系。

（2）皇权至上，以宫城为中心，中轴线对称的规划思想，深受儒家社会等级和社会秩序思想的影响。儒家提倡"居中不偏""不正不威"，这种思想直接影响城市规划布局的"宫城居中"及中轴线对称的布局。儒家提倡的立交尊卑、伦理、秩序也影响城市及建筑群的严整、方正的布局。西汉汉武帝"废黜百家，独尊儒术"，城市中大规模的礼制建筑及严谨的中心轴线对称的城市格局，反映了规划思想深受皇权礼制思想的影响。城市布局严谨，分区明确，深受封建等级制度的影响。曹魏邺城、隋唐长安城、元大都皆受此影响。

二、以《管子》为代表的自然观、功能性的规划思想

（1）"相土尝水，象天法地"理性思维与自然环境相和谐的规划思想。吴国国都在规划时，伍子胥提出"相土尝水，象天法地"的规划思想，他主持建造的阖闾城，充分考虑江南水乡的特点，水网密布，交通便利，排水通畅，展示了水乡城市规划的高超技巧，打破了严格的对称格局，与水体和谐布局。秦咸阳城在建造时，强调方位，发展了象天法地的规划思想。

（2）"天人合一、人与自然和谐共存""形胜"的思想，强调自然环境与人工环境和谐的规划思想。强调"因天材，就地利，故城郭不必中规矩，道路不必中准绳"的自然之上理念。从思想上完全打破了《周礼》单一模式的束缚。"形胜"是对周礼制思想的重要发展，金陵城建设是周礼制城市规划思想与自然结合理念综合的典范。

（3）功能分区，整体观念和长远发展的规划思想。《管子》还认为，必须将土地开垦和城市建设统一协调起来，农业生产的发展是城市发展的前提。对城市内部的空间布局，《管子》认为应采用功能分区的制度，以发展城市的商业和手工业。《管子》是中国古代城市规划思想发展史上一本革命性的也是极为重要的著作，它的意义在于打破了城市单一的周制布局模式，确立了从城市功能出发，理性思维和以自然环境和谐的准则，其影响极为深远。

《商君书》则从城乡关系、区域经济和交通布局的角度，对城市的发展及城市管理制度等问题进行阐述。《商君书》中论述了都邑道路、农田分配及山陵丘谷之间比例的合理分配问题，分析了粮食供给、人口增长与城市发展规模之间的关系，开创了中国古代区域城镇关系研究的先例。

三、开放的街巷制度

宋代开始，里坊制逐渐废除，转为开放的街巷制度，是中国古代后期城市规划布局和前期城市规划布局区别的基本特征，反映了中国古代规划思想的新发展。

思考题

1. 什么是西方城市规划产生的背景？
2. 什么是现代城市规划形成的基础？
3. 简述霍华德的田园城市理论。
4. 简述集中发展理论并阐述各理论的具体内容。
5. 简述城市分散发展理论并阐述各理论的具体内容。
6. 比较城市集中发展主义和城市分散发展主义的差别。
7. 简述区域规划理论的代表人物及主要内容。
8. 试论述《雅典宪章》和《马丘比丘宪章》的异同。
9. 中国古代城市的发展经历哪几个阶段？各具有什么特征？
10. 以唐长安城为例简述我国古代城市营建思想。
11. 简述元大都和明清北京城发展历程，并分析其城市营建思想。

第七章 | 城镇体系规划

城镇体系规划是针对城镇发展战略的研究，是在一个特定范围内合理进行城镇布局，优化区域环境，配置区域基础设施，明确不同层次的城镇地位、性质和作用，综合协调相互的关系，以实现区域经济、社会、空间的可持续发展。对城镇体系的研究能为该区域范围内合理分布社会生产力、合理安排人口和城镇布局、充分开发利用国土资源及进行经济战略部署提供依据。

第一节 城镇体系规划的基本概念

一、城镇体系规划的含义

城镇体系指在一个相对完整的区域中，由一系列不同职能分工、不同等级规模、空间分布有序的城镇所组成的联系密切、相互依存的城镇群体。其中常有一主要的、最大的城市居中心地位，其他各城镇则为规模不等、职能不同、层次各异的系列。各城镇在诸多方面互有联系、互为依存，而又互有制约。

城镇体系规划是指在一定地域范围内，以区域生产力合理布局和城镇职能分工为依据，确定不同人口规模等级和职能分工的城镇的分布和发展规划。

二、城镇体系规划的类型

城镇体系规划可以分为以下几种类型：

（1）按行政等级和管辖范围，可以分为全国城镇体系规划、省域（或自治区域）城镇体系规划、市域（包括直辖市及其他市级行政单元）、县域城镇体系规划等。

（2）根据实际需要，还可以由共同的上级人民政府组织编制跨行政区域的城镇体系规划。

三、城镇体系规划的任务

城镇体系规划的任务有：综合评价城镇发展条件；制定区域城镇发展战略；预测区域人口增长和城市化水平；拟定各相关城镇的发展方向与规模；协调城镇发展与产业配置的时空关系；统筹安排区域基础设施和社会设施；引导和控制区域城镇的合理发展与布局；指导城市总体规划的编制。

四、城镇体系规划的地位

城镇体系规划是在一定地域范围内，妥善处理各城镇之间、单个或数个城镇与城镇群体之间及群体与外部环境之间的关系，以达到地域经济、社会、环境效益最佳的发展。具体来说，城镇体系规划是根据地域分工的原则，以及工业、农业和交通运输及文化科技等事业的发展需要，在分析各城镇的历史沿革、现状条件的基础上，明确各城镇在区域城镇体系中的地位和分工协作关系，确定其城镇的性质、类型、级别和发展方向，使区域内各城镇形成一个既有明确分工，又有有机联系的大、中、小相结合和协调发展的有机结构。

近年来，城镇体系规划的重要性日益得到重视。《中华人民共和国城乡规划法》中明确规定"国务院城乡规划主管部门会同国务院有关部门组织编制全国城镇体系规划，用于指导省域城镇体系规划、城市总体规划的编制"（第12条）。

从理论上讲，城镇体系规划属于区域规划的一部分，但是由于历史的原因，在我国的城乡规划编制体系中，城镇体系规划事实上长期扮演着区域性规划的角色，具有区域性、宏观性、总体性的作用，尤其是对城乡总体规划起着重要的指导作用。根据《中华人民共和国城乡规划法》及《城市规划编制办法》的规定，"全国城镇体系规划用于指导省域城镇体系规划；全国城镇体系规划和省域城镇体系规划是城市总体规划编制的法定依据。市域城镇体系规划作为城市总体规划的一部分，为下层面各城镇总体规划的编制提供区域性依据，其重点是"从区域经济社会发展的角度研究城市定位和发展战略，按照人口与产业、就业岗位的协调发展要求，控制人口规模、提高人口素质，按照有效配置公共资源、改善人居环境的要求，充分发挥中心城市的区域辐射和带动作用，合理确定城乡空间布局，促进区域经济社会全面、协调和可持续发展"。

五、城镇体系规划的主要作用

城镇体系规划一方面需要合理地解决体系内部各要素之间的相互联系及相互关系，另一方面又需要协调体系与外部环境之间的关系。作为致力于追求体系整体最佳效益的城镇体系规划，其作用主要体现在区域统筹协调发展上。

（1）指导总体规划的编制，发挥上下衔接的功能。城镇体系规划是城市总体规划的一个重要基础，城市总体规划的编制要以全国城镇体系规划、省域城镇体系规划等为依据。编制城镇体系规划是在考虑了与不同层次的法定规划协调后制定的，对实现区域层面的规划与城市总体规划的有效衔接意义重大。

（2）全面考察区域发展态势，发挥对重大开发建设项目及重大基础设施布局的综合指导功能。重大基础设施的布局通常需要从区域层面进行考虑，城镇体系规划可以避免"就城市论城市"的思想，综合考察区域发展态势，从区域整体效益最优化的角度实现重大基础设施的合理布局，包括对基础设施的布局和建设时序的调控。

（3）综合评价区域发展基础，发挥资源保护和利用的统筹功能。城镇体系规划一个很重要的内容是明确区域内哪些地方可以开发、哪些地方不可开发，或者哪些地方的开发建设将对生态环境造成影响而应限制开发等。综合评价区域发展基础，统筹区域资源的保护和利用，实现区域的可持续发展是城镇体系规划的一项重要职责。

（4）协调区域城市间的发展，促进城市之间形成有序竞争与合作的关系。城镇体系规划通过对区域内城市的空间结构、等级规模结构、职能组合结构及网络系统结构等进行协调安排，根据各城市的发展基础与发展条件，从区域整体优化发展的角度指导区域内城市的发展，从而避免区域内城市各自为战，促进区域的整体协调发展。

第二节 城镇体系规划的编制

一、城镇体系规划编制的基本原则

城镇体系规划是一个综合的多目标规划，涉及社会经济各个部门、不同空间层次乃至不同的专业领域，因此在规划过程中应贯彻以空间整体协调发展为重点，促进社会、经济、环境的持续协调发展的原则。

（1）因地制宜的原则。一方面，城镇体系规划应该与国家社会经济发展目标和方针政策相符，符合国家有关发展政策，与国土规划、土地利用总体规划等其他相关法定规划相协调；另一方面，又要符合地方实际、符合城市发展的特点，具有可行性。

（2）经济社会发展与城镇化战略互相促进的原则。经济社会发展是城镇化的基础，城镇化又对经济发展具有极大的促进作用，城镇体系规划应把两者紧密地结合起来，一方面，把产业布局、资源开发、人口转移等与城镇化进程紧密联系起来，把经济社会发展战略与城镇体系规划紧密结合起来；另一方面，城镇化战略要以提高经济效益为中心，充分发挥中心城市、重点城镇的作用，带动周围地区的经济发展。

（3）区域空间整体协调发展的原则。以区域整体的观念协调不同类型空间开发中的问题和矛盾，通过时空布局强化分工与协作，以期取得整体大于局部的优势。有效协调各城市在城市规模、发展方向及基础设施布局等方面的矛盾，有利于城乡之间、产业之间的协调发展，避免重复建设。中心城市是区域发展的增长极，城镇体系规划应发挥特大城市的辐射作用，带动周边地区发展，实现区域整体的优化发展。

（4）可持续发展的原则。区域可持续发展的实质是在经济发展过程中，要兼顾局部利益和全局利益、眼前利益和长远利益，要充分考虑自然资源的长期供给能力和生态环境的长期承受能力，在确保区域社会经济获得稳定增长的同时，自然资源得到合理开发利用，生态环境保持良性循环。在城镇体系规划中，要把人口、资源、环境与发展作为一个整体加以综合考虑，加强自然与人文景观的合理开发和保护，建立可持续发展的经济结构，构建可持续发展的空间布局框架。

二、城镇体系规划的编制内容

1. 全国城镇体系规划编制的主要内容

根据《中华人民共和国城乡规划法》，国务院城乡规划主管部门有责任组织编制全国城镇体系规划，指导全国城镇的发展和跨区域的协调。全国城镇体系规划是统筹安排全国城镇发展和城镇空间布局的宏观性、战略性的法定规划，是国家制定城镇化政策、引导城镇化健康发展的重要依据，也是编制、审批省域城镇体系规划和城市总体规划的依据，有利于加强中央政府对城镇发展的宏观调控。城镇作为社会经济发展的主要空间载体，其规划必然涵盖社会经济等诸多方面，因此从某种意义上看，全国城镇体系规划就是国家层面的空间规划。

全国城镇体系规划的主要内容如下。

（1）明确国家城镇化的总体战略与分期目标。落实以人为本、全面协调可持续的科学发展观，按照循序渐进、节约土地、集约发展、合理布局的原则，积极稳妥地推进城镇化。与国家中长期规划相协调，确保城镇化的有序和健康发展。根据不同的发展时期，制定相应的城镇化发展目标和空间发展重点。

（2）确立国家城镇化的道路与差别化战略。针对我国城镇化和城镇发展的现状，从提高国家总体竞争力的角度分析城镇发展的需要，从多种资源环境要素的适宜承载程度来分析城镇发展的可能，提出不同区域差别化的城镇化战略。

（3）规划全国城镇体系的总体空间格局。构筑全国城镇空间发展的总体格局，并考虑资源环境条件、人口迁移趋势、产业发展等因素，分省区或分大区域提出差别化的空间发展指引和控制要求，对全国不同等级的城镇与乡村空间重组提出导引。

（4）构架全国重大基础设施支撑系统。根据城镇化的总体目标，对交通、能源、环境等支撑城镇发展的基础条件进行规划。尤其要关注自然生态系统的保护，它们事实上也是国家空间总体健康、可持续发展的重要支撑。

（5）特定与重点地区的规划。全国城镇体系规划中确定的重点城镇群、跨省界城镇发展协调地区、重要江河流域、湖泊地区和海岸带等，在提升国家参与国际竞争的能力、协调区域发展和资源保护方面具有重要的战略地位。根据实施全国城镇体系规划的需要，国家可以组织编制上述地区的城镇协调发展规划，组织制定重要流域和湖泊的区域城镇供水排水规划等，切实发挥全国城镇体系规划指导省域城镇体系规划、城市总体规划编制的法定作用。

2. 省域城镇体系规划编制的主要内容

省域城镇体系规划是各省、自治区人民政府实施城乡规划管理，合理配置省域空间资源，优化城乡空间布局，统筹基础设施和公共设施建设的基本依据，是落实全国城镇体系规划，引导本省、自治区城镇化和城镇发展，指导下层次规划编制的公共政策。

编制省域城镇体系规划时应遵循以下原则：

（1）以科学发展观为指导，坚持城乡统筹规划，促进区域协调发展；

（2）坚持因地制宜，分类指导；

（3）坚持走有中国特色的城镇化道路，节约、集约利用资源、能源，保护自然人文资源和生态环境。

省域城镇体系规划的内容包括：

（1）明确全省、自治区城乡统筹发展的总体要求。包括：城镇化目标和战略，城镇化发展质量目标及相关指标，城镇化途径和相应的城镇协调发展政策和策略；城乡统筹发展目标、城乡结构变化趋势和规划策略；根据省、自治区内的区域差异提出分类指导的城镇化政策。

（2）明确资源利用与资源生态环境保护的目标、要求和措施。包括：土地资源、水资源、能源等的合理利用与保护，历史文化遗产的保护，地域传统文化特色的体现，生态环境保护。

（3）明确省域城乡空间和规模控制要求。包括：中心城市等级体系和空间布局；需要从省域层面重点协调、引导地区的定位及提出协调、引导措施；优化农村居民点布局的目标、原则和规划要求。

（4）明确与城乡空间布局相协调的区域综合交通体系。包括：省域综合交通发展目标、策略及综合交通设施与城乡空间布局协调的原则，省域综合交通网络和重要交通设施布局，综合交通枢纽城市及其规划要求。

（5）明确城乡基础设施支撑体系。包括：统筹城乡的区域重大基础设施和公共设施布局原则和规划要求，中心镇基础设施和基本公共设施的配置要求；农村居民点建设和环境综合整治的总体要求；综合防灾与重大公共安全保障体系的规划要求等。

（6）明确空间开发管制要求。包括：限制建设区、禁止建设区的区位和范围，提出管制要求和实现空间管制的措施，为省域内各市（县）在城市总体规划中划定"四线"等规划控制线提供依据。

（7）明确对下层次城乡规划编制的要求：结合本省、自治区的实际情况，综合提出对各地区在城镇协调发展、城乡空间布局、资源生态环境保护、交通和基础设施布局、空间开发管制等方面的规划要求。

（8）明确规划实施的政策措施。包括：城乡统筹和城镇协调发展的政策；需要进一步深化落实的规划内容；规划实施的制度保障，规划实施的方法。

3. 市域城镇体系规划编制的主要内容

为了贯彻落实城乡统筹的规划要求，协调市域范围内的城镇布局和发展，在制定城市总体规划时，应制定市域城镇体系规划。市域城镇体系规划属于城市总体规划的一部分。

编制市域城镇体系规划的目的主要有：①贯彻城镇化和城镇现代化发展战略，确定与市域社会经济发展相协调的城镇化发展途径和城镇体系网络；②明确市域及各级城镇的功能定位，优化产业结构和布局，对开发建设活动提出鼓励或限制的措施；③统筹安排和合理布局基础设施，实现区域基础设施的互利共享和有效利用；④通过不同空间职能分类和管制要求，优化空间布局结构，协调城乡发展，促进各类用地的空间集聚。

根据《城市规划编制办法》的规定，市域城镇体系规划应当包括下列内容：

（1）提出市域城乡统筹的发展战略。其中位于人口、经济、建设高度聚集的城镇密集地区的中心城市，应当根据需要提出与相邻行政区域在空间发展布局、重大基础设施和公共服务设施建设、生态环境保护、城乡统筹发展等方面进行协调的建议。

（2）确定生态环境、土地和水资源、能源、自然和历史文化遗产等方面的保护与利用的综合目标和要求，提出空间管制原则和措施。

（3）预测市域总人口及城镇化水平，确定各城镇人口规模、职能分工、空间布局和建设标准。

（4）提出重点城镇的发展定位、用地规模和建设用地控制范围。

（5）确定市域交通发展策略、原则，确定市域交通、通信、能源、供水、排水、防洪、垃圾处理等重大基础设施、重要社会服务设施的布局。

（6）在城市行政管辖范围内，根据城市建设、发展和资源管理的需要划定城市规划区。

（7）提出实施规划的措施和有关建议。

4. 县域城镇体系规划编制的主要内容

县域城镇体系规划的主要任务是落实省（市）域城镇体系规划提出的要求，指导乡镇域村镇规划的编制。县域城镇体系规划应突出三个重点：

（1）确定城乡居民点有序发展的总体格局，选定中心镇，防止一哄而起，促进小城镇健康发展；

（2）布置县域基础设施和社会服务设施，防止重复建设，促进城乡协调发展；

（3）保护基本农田和生态环境，防止污染，促进可持续发展。

县域城镇体系规划应当包括下列内容：

（1）分析全县基本情况，综合评价县域的发展条件；

（2）明确产业发展的空间布局；

（3）预测县域人口，提出城镇化战略及目标；

（4）制定城乡居民点布局规划，选定重点发展的中心镇；

（5）协调用地及其他空间资源的利用；

（6）统筹安排区域性基础设施和社会服务设施；

（7）制定专项规划，提出各项建设的限制性要求；

（8）制定发展规划，确定分阶段实施规划的目标及重点；

（9）提出实施规划的政策建议。

三、城镇体系规划的编制成果

城镇体系规划的编制成果包括城镇体系规划文件和主要图纸。

（1）城镇体系规划文件包括规划文本和附件：

①规划文本是对规划的目标、原则和内容提出规定性和指导性要求的文件。

②附件是对规划文本的具体解释，包括综合规划报告、专题规划报告和基础资料汇编。

（2）城镇体系规划主要图纸：

①城镇现状建设和发展条件综合评价图；

②城镇体系规划图；

③区域社会及工程基础设施配置图；

④重点地区城镇发展规划示意图。

图纸比例：全国用1：250万，省域用1：100万～1：50万，市域、县域用1：50万～1：10万。重点地区城镇发展规划示意图用1：5万～1：1万。

思政小课堂

《中华人民共和国国民经济和社会发展第十四个五年规划和2035年远景目标纲要（草案）》提出，坚持走中国特色新型城镇化道路。

深入推进以人为核心的新型城镇化战略，以城市群、都市圈为依托促进大中小城市和小城镇协调联动、特色化发展，使更多人民群众享有更高品质的城市生活。

①完善城镇化空间布局。发展壮大城市群和都市圈，分类引导大中小城市发展方向和建设重点，形成疏密有致、分工协作、功能完善的城镇化空间格局。②推动城市群一体化发展。以促进城市群发展为抓手，加快形成"两横三纵"城镇化战略格局。③建设现代化都市圈。依托辐射带动能力较强的中心城市，提高1小时通勤圈协同发展水平，

培育发展一批同城化程度高的现代化都市圈。④优化提升超大特大城市中心城区功能。统筹兼顾经济、生活、生态、安全等多元需要，转变超大特大城市开发建设方式，加强超大特大城市治理中的风险防控，促进高质量、可持续发展。⑤完善大中城市宜居宜业功能。推进以县城为重要载体的城镇化建设。加快县城补短板强弱项，推进公共服务、环境卫生、市政公用、产业配套等设施提级扩能，增强综合承载能力和治理能力。⑥全面提升城市品质。加快转变城市发展方式，统筹城市规划建设管理，实施城市更新行动，推动城市空间结构优化和品质提升。⑦转变城市发展方式。按照资源环境承载能力合理确定城市规模和空间结构，统筹安排城市建设、产业发展、生态涵养、基础设施和公共服务。⑧推进新型城市建设。顺应城市发展新理念、新趋势，开展城市现代化试点示范，建设宜居、创新、智慧、绿色、人文、韧性城市。⑨提高城市治理水平。坚持党建引领、重心下移、科技赋能，不断提升城市治理科学化、精细化、智能化水平，推进市域社会治理现代化。⑩完善住房市场体系和住房保障体系。坚持房子是用来住的、不是用来炒的定位，加快建立多主体供给、多渠道保障、租购并举的住房制度，让全体人民住有所居、职住平衡。

思考题

1. 城镇体系规划的任务是什么？
2. 城镇体系规划编制的基本原则是什么？
3. 城镇体系规划的主要作用是什么？
4. 省域城镇体系规划编制的主要内容有哪些？
5. 市域城镇体系规划编制的主要内容有哪些？
6. 县域城镇体系规划编制的主要内容有哪些？
7. 城镇体系规划的强制性内容有哪些？
8. 分析某城市的城镇体系规划中的空间布局。

第八章

国土空间规划

长期以来，我国存在规划类型过多、内容重叠冲突、审批流程复杂、周期过长、地方规划朝令夕改等问题。建立国土空间规划体系并监督实施，将主体功能区规划、土地利用规划、城乡规划等空间规划融合为统一的国土空间规划，实现"多规合一"，强化国土空间规划对各专项规划的指导约束作用，是党中央、国务院做出的重大部署。

建立全国统一、责权清晰、科学高效的国土空间规划体系，整体谋划新时代国土空间开发保护格局，综合考虑人口分布、经济布局、国土利用、生态环境保护等因素，科学布局生产空间、生活空间、生态空间，是加快形成绿色生产方式和生活方式、推进生态文明建设的关键举措，是坚持以人民为中心、实现高质量发展和高品质生活、建设美好家园的重要手段，是保障国家战略有效实施、促进国家治理体系和治理能力现代化、实现"两个一百年"奋斗目标和中华民族伟大复兴中国梦的必然要求。

第一节 用地分类

一、现行主要地类体系

用地分类是规划编制的基础，评估、整合原国土部门、住建部门牵头制定的现状和规划用地分类标准，建立全域覆盖、结构清晰、层级简洁、用途明确的空间规划用地分类体系，既是新时代空间规划体系构建的重要内容，也是全面开展国土空间规划编制的迫切需要。用地分类体系是空间规划编制、管理的重要技术依据，更是空间规划体系的基石。用地分类不仅应用于现状调查，而且也是制定规划的标准。人们通过用地分类可以严格管控城市开发建设，保障规划的有效实施。

现行各类规划的地类体系，主要分为土地利用地类体系、城乡规划地类体系、其他部门地类体系3种（图8-1）。其中土地利用地类体系强调土地自然、社会经济综合属性；城乡规划地类体系侧重于土地社会经济属性，大致属于应用分类系统；其他部门地类体系，较为侧重于土地自然属性，大致属于土地自然分类系统。

土地利用地类体系：土地利用分为现状、规划两类。其中：现状地类主要适用于土地调查统计、审批供应、整治、执法评价等工作；规划地类主要适用于土地利用总体规划编制与实施管理。它们的特征如下：一是强调权属和分类的完整性。土地调查和统计，以县为单元实现行政管辖范围的全覆盖。对全国现有土地类型进行归纳划分，实现土地分类全覆盖。二是体现了科学性和严谨性。现状分类依据历年变更调查数据，延续

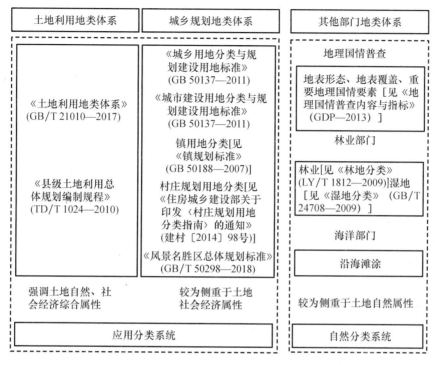

图 8-1 现行空间性规划地类体系

性好、权威性高。三是强调对农用地特别是耕地的保护。对农用地分类更为细致，而建设用地分类则相对粗略。

城乡规划地类体系：城乡规划管理中，根据不同区域范围使用不同的地类标准。其中：城市用地分类适用于城市、县人民政府所在地（镇）和其他具备条件的镇的总体规划、控制性详细规划的编制、用地管理工作。镇用地分类适用于其他镇总体规划和控制性详细规划的编制、用地管理工作。村庄规划用地分类适用于村庄规划编制、用地管理工作。风景区用地分类适用于国务院和地方各级政府审定公布的各类风景区规划编制、用地管理工作。它们的特征如下：一是统计范围以规划区为界，强调职能的整体性。二是以"单位"为统计单元，附属用地按照所附属的主导用途确定性质。如农科院中大片科研田归为教育科研用地。三是现状和规划地类合一，既可用于现状调查统计，也可用于规划编制和管理。

其他部门地类体系：①地理国情普查地类，包括地表形态、地表覆盖和重要地理国情监测要素3个方面，分为12个一级类、58个二级类、133个三级类。它适用于全国地理国情普查工作。②林地分类，以林地覆盖类型分类为主、林地规划利用分类为辅，将林地分为8个一级类、13个二级类。它适用于森林资源调查统计、管理经营。③湿地分类，综合考虑湿地成因、地貌类型、水文特征、植被类型，将湿地分为2个一级类，16个二级类，30个三级类。它适用于湿地综合调查、监测、管理。

二、现行空间规划用地分类体系差异比较和问题分析

1. 差异比较

一是价值取向和侧重内容不一致。土地利用地类出于耕地保护的目标，侧重于农用

地的细分。城乡规划地类主要应用于城市开发管理，偏向于建设用地的细分。地理国情普查地类主要用于辅助土地资源调查统计，其他部门地类以事权管理来划分，是对部分地类的细分。

二是适用范围不同。如土地利用地类、城乡规划地类均实现了全域覆盖，但是后者将建设用地集中区作为重点统计对象，并不要求对行政辖区内的所有建设用地进行统计，这使得独立于城市、村庄和集镇集中建设区外围的建设用地未纳入城乡规划进行统筹考虑。

三是同一地类名称，内涵界定不同，衔接对应存在困难。土地利用地类和城乡规划地类基本上能够建立较好的衔接关系，但对"城镇建设用地、特殊用地、区域交通设施用地、区域公用设施用地、水域"等地类，两者在内涵界定和统计归纳上仍有差别，容易混淆（表8-1）。

土地利用地类和地理国情普查地类虽然在名称上有很多相同之处，但同样的地类名称，其含义和认定标准存在较大差异，存在"一对多"或"多对一"，甚至无法直接对应的情况。其他部门地类，如"林地""湿地"，属于土地资源概念，其内涵比土地利用地类界定得广泛，同时彼此之间又存在相互重叠、交叉现象。

表 8-1　土地规划分类与城乡用地分类的差异性分析

类别	土地规划用地分类		城乡规划用地分类		内容差异
	名称	解释	名称	解释	
名称类似含义互为包含	城乡建设用地	指城镇、农村区域已建造建筑物、构筑物的土地。包括城镇用地、农村居民点用地、采矿用地、其他独立建设用地	城乡居民点建设用地	城市建设用地、镇建设用地、乡建设用地，村建设用地	土地规划分类比城乡规划分类多采矿用地、其他独立建设用地
	采矿用地	指独立于居民点之外的采矿、采石、采砂（沙）场、砖瓦窑等地面生产用地及尾矿堆放地（不含盐田）	采矿用地	采矿、采石、采沙、盐田、砖瓦窑等地面生产用地及尾矿堆放地	土地规划分类内涵小于城乡规划分类
	水域	指农用地和建设用地以外的土地。包括河流水面、湖泊水面、滩涂	水域	河流湖泊，水库，坑塘、沟渠、滩涂、冰川及永久积雪。包括自然水域、水库、坑塘沟渠	土地规划分类内涵小于城乡规划分类
名称类似含义互有交叉	特殊用地	指城乡建设用地范围之外的、用于军事设施、涉外、宗教、监教、殡葬等的土地	特殊用地	特殊性质的用地。包括军事用地、安保用地	城乡规划分类内涵未强调城乡建设用地范围之外，土地规划分类内涵包括殡葬、宗教、涉外等用地

续表

类别	土地规划用地分类		城乡规划用地分类		内容差异
	名称	解释	名称	解释	
对应地类缺失	—	—	区域公用设施用地	为区域服务的公用设施用地，包括区域性能源设施、水工设施、通信设施、广播电视设施、殡葬设施、环卫设施，排水设施等用地	相当于土地规划分类中其他独立建设用地，水工建筑用地、特殊用地中的部分用地
	其他独立建设用地	指采矿地以外，对气候、环境、建设有特殊要求及其他不直接在居民点内配置的各类建筑用地	—	—	相当于城乡规划分类中城乡居民点建设用地、区域公用设施用地中的部分用地

2. 问题分析

（1）多标并存，衔接不足

我国空间规划体系庞杂，由政府编制的规划有八十多种，其中具有法律效力或政策基础的有二十多种。具有代表性的分类标准一般由国土部门、住建部门、发改部门、环保部门和林业部门等单位单独制定或共同制定。标准制定单位往往根据自身的管理责任和工作需要编制各自的用地分类标准，通常存在较大差异。因此出现不同部门的规划衔接不足、土地的所有和使用权不明确，以及建设管理和资源保护需求衔接不足等问题。例如，国土部门颁布的土地规划分类和城乡规划部门的城乡用地分类，在名称界定、内容解释和控制范围等方面都存在较大差异（表8-1）。

（2）功能多元，界定不明

在庞杂的空间规划分类标准中，大部分采取用地功能和覆盖物作为依据，但依然出现了大量的差异斑块。近些年提出的生产、生活和生态三大空间，作为三项基本功能，也存在大量重叠与交叉。从行政区划和土地架构来看，一些地区的城乡用地采用统一的用地分类方式，尤其是城乡接合部的土地利用类型界定模糊。从用地性质来看，在经济新常态背景下，各类新业态都需要城市用地功能的复合，导致用地类型只能按照低等级分类标准，城市用地现状统计的准确性较低，无法科学地预测城市的各类用地规模。在规划管理方面，加大了地方政府在产业落地和土地交易中违规操作的可能性，不利于产业用地管理与优化土地配置的发展目标。

（3）资源差异，管控不足

在可持续发展、生态文明建设成为重要任务的今天，现行的分类体系主要关注利于城市开发的用地空间，而对生态特性和文化遗产保护考虑不够，把大量具有重要生态价值和文化价值的用地划定为未利用地。这种分类方式对各类保护区、森林和湿地公园、文化遗址等需要重点保护的用地体现不足，降低了空间规划工作保护生态资源和历史资源的重要任务，导致大量生态用地被滥用和破坏，并且造成地类统计和规划设计上的盲区。因此，迫切需要强调生态功能和文化功能在分类体系中的作用，做到坚守科学底线和价值观底线，保住自然资源底线和历史资源底线。

三、《国土空间调查、规划、用途管制用地用海分类指南（试行）》

2020 年 12 月 10 日，自然资源部印发《国土空间调查、规划、用途管制用地用海分类指南（试行）》（以下简称《分类指南》）并颁布试行，明确了国土空间用地用海的类型，以及各类型的含义、代码。这意味着国土调查、统计和规划有了新的、统一的分类标准。新出台的《分类指南》坚持同级内分类并列不交叉、科学、简明、可操作的原则，采用三级分类体系，共设置耕地、园地、林地、草地、湿地、居住用地、工矿用地等 24 种一级类、106 种二级类、39 种三级类。其分类名称、代码应符合表 8-2 的规定；各类名称对应的含义应符合该指南附录 A 的规定。

表 8-2 用地用海分类名称、代码

一级类		二级类		三级类	
代码	名称	代码	名称	代码	名称
01	耕地	0101	水田		
		0102	水浇地		
		0103	旱地		
02	园地	0201	果园		
		0202	茶园		
		0203	橡胶园		
		0204	其他园地		
03	林地	0301	乔木林地		
		0302	竹林地		
		0303	灌木林地		
		0304	其他林地		
04	草地	0401	天然牧草地		
		0402	人工牧草地		
		0403	其他草地		
05	湿地	0501	森林沼泽		
		0502	灌丛沼泽		
		0503	沼泽草地		
		0504	其他沼泽地		
		0505	沿海滩涂		
		0506	内陆滩涂		
		0507	红树林地		
06	农业设施建设用地	0601	乡村道路用地	060101	村道用地
				060102	村庄内部道路用地
		0602	种植设施建设用地		
		0603	畜禽养殖设施建设用地		
		0604	水产养殖设施建设用地		

一级类		二级类		三级类	
代码	名称	代码	名称	代码	名称
07	居住用地	0701	城镇住宅用地	070101	一类城镇住宅用地
				070102	二类城镇住宅用地
				070103	三类城镇住宅用地
		0702	城镇社区服务设施用地		
		0703	农村宅基地	070301	一类农村宅基地
				070302	二类农村宅基地
		0704	农村社区服务设施用地		
08	公共管理与公共服务用地	0801	机关团体用地		
		0802	科研用地		
		0803	文化用地	080301	图书与展览用地
				080302	文化活动用地
		0804	教育用地	080401	高等教育用地
				080402	中等职业教育用地
				080403	中小学用地
				080404	幼儿园用地
				080405	其他教育用地
		0805	体育用地	080501	体育场馆用地
				080502	体育训练用地
		0806	医疗卫生用地	080601	医院用地
				080602	基层医疗卫生设施用地
				080603	公共卫生用地
		0807	社会福利用地	080701	老年人社会福利用地
				080702	儿童社会福利用地
				080703	残疾人社会福利用地
				080704	其他社会福利用地
09	商业服务业用地	0901	商业用地	090101	零售商业用地
				090102	批发市场用地
				090103	餐饮用地
				090104	旅馆用地
				090105	公用设施营业网点用地
		0902	商务金融用地		
		0903	娱乐康体用地	090301	娱乐用地
				090302	康体用地
		0904	其他商业服务业用地		

一级类		二级类		三级类	
代码	名称	代码	名称	代码	名称
10	工矿用地	1001	工业用地	100101	一类工业用地
				100102	二类工业用地
				100103	三类工业用地
		1002	采矿用地		
		1003	盐田		
11	仓储用地	1101	物流仓储用地	110101	一类物流仓储用地
				110102	二类物流仓储用地
				110103	三类物流仓储用地
		1102	储备库用地		
12	交通运输用地	1201	铁路用地		
		1202	公路用地		
		1203	机场用地		
		1204	港口码头用地		
		1205	管道运输用地		
		1206	城市轨道交通用地		
		1207	城镇道路用地		
		1208	交通场站用地	120801	对外交通场站用地
				120802	公共交通场站用地
				120803	社会停车场用地
		1209	其他交通设施用地		
13	公用设施用地	1301	供水用地		
		1302	排水用地		
		1303	供电用地		
		1304	供燃气用地		
		1305	供热用地		
		1306	通信用地		
		1307	邮政用地		
		1308	广播电视设施用地		
		1309	环卫用地		
		1310	消防用地		
		1311	干渠		
		1312	水工设施用地		
		1313	其他公用设施用地		
14	绿地与开敞空间用地	1401	公园绿地		
		1402	防护绿地		
		1403	广场用地		

一级类		二级类		三级类	
代码	名称	代码	名称	代码	名称
15	特殊用地	1501	军事设施用地		
		1502	使领馆用地		
		1503	宗教用地		
		1504	文物古迹用地		
		1505	监教场所用地		
		1506	殡葬用地		
		1507	其他特殊用地		
16	留白用地				
17	陆地水域	1701	河流水面		
		1702	湖泊水面		
		1703	水库水面		
		1704	坑塘水面		
		1705	沟渠		
		1706	冰川及常年积雪		
18	渔业用海	1801	渔业基础设施用海		
		1802	增养殖用海		
		1803	捕捞海域		
19	工矿通信用海	1901	工业用海		
		1902	盐田用海		
		1903	固体矿产用海		
		1904	油气用海		
		1905	可再生能源用海		
		1906	海底电缆管道用海		
20	交通运输用海	2001	港口用海		
		2002	航运用海		
		2003	路桥隧道用海		
21	游憩用海	2101	风景旅游用海		
		2102	文体休闲娱乐用海		
22	特殊用海	2201	军事用海		
		2202	其他特殊用海		
23	其他土地	2301	空闲地		
		2302	田坎		
		2303	田间道		
		2304	盐碱地		
		2305	沙地		
		2306	裸土地		
		2307	裸岩石砾地		
24	其他海域				

第二节　国土空间规划概述

一、国土空间规划的基本知识

1. 国土空间规划的含义

国土空间规划的含义是指一个国家或地区政府部门对所辖国土空间资源和布局进行的长远谋划和统筹安排，旨在实现对国土空间有效管控及科学治理，促进发展与保护的平衡。

2. 国土空间的主要目标

（1）解决问题：系统解决各类空间性规划存在的突出问题，提升空间规划编制质量和实施效率。

（2）构建体系：理顺规划关系，精简规划数量，健全全国统一、相互衔接、分级管理的空间规划体系。

（3）管控引领：改革创新规划体制机制，更好地发挥规划的引领和管控作用，更好地服务于"放管服"改革，降低规划领域制度性交易成本。

（4）提升能力：落实互联网＋政务，推进数字化、信息化和智慧化进程，推进空间管理创新，提高空间治理能力现代化。

3. 国土空间规划演变历程

国土空间规划体系经历了提出、确定与逐步完善的进程（表8-3）。2013年11月，《中共中央关于全面深化改革若干重大问题的决定》提出建立"空间规划体系，划定生产、生活、生态开发管制边界，落实用途管制"，以及"完善自然资源监管体制，统一行使国土空间用途管制职责"。2019年5月，《中共中央国务院关于建立国土空间规划体系并监督实施的若干意见》提出到2020年，基本建立国土空间规划体系。

表 8-3　国土空间规划演变历程

2013 年 11 月	《中共中央关于全面深化改革若干重大问题的决定》	建立"空间规划体系，划定生产、生活、生态开发管制边界，落实用途管制"，以及"完善自然资源监管体制，统一行使国土空间用途管制职责"
2015 年 9 月	《生态文明体制改革总体方案》	构建"以空间规划为基础，以用途管制为主要手段的国土空间开发保护制度"，构建"以空间治理和空间结构优化为主要内容，全国统一、相互衔接、分级管理的空间规划体系"
2017 年 1 月	《省级空间规划试点方案》	选择海南、宁夏等9地开展国土规划试点工作，进一步探索空间规划编制思路和方法
2017 年 10 月	《中国共产党第十九次全国代表大会报告》	多次提出"国土空间"，并提出构建"国土空间开发保护制度，完善主体功能区配套政策，建立以国家公园为主体的自然保护地体系"。坚决制止和惩处破坏生态环境行为

2018 年 2 月	《中共中央关于深化党和国家机构改革的决定》	组建自然资源部，统一行使"所有国土空间用途管制和生态保护修复职责"，同时"强化国土空间规划对各专项规划的指导约束作用"，推进多规合一，市县土地利用规划、城乡规划等有机融合
2018 年 5 月	全国生态环境保护大会	习近平总书记再次重申了对优化国土空间开发布局的重视，李克强总理强调"要加强生态保护，修复构筑生态安全屏障，建立统一的空间规划体系和协调有序的国土开发保护格局"
2019 年 5 月	《中共中央　国务院关于建立国土空间规划体系并监督实施的若干意见》	提出到 2020 年，基本建立国土空间规划体系，逐步建立"多规合一"的规划编制审批体系、实施监督体系、法规政策体系和技术标准体系；基本完成市县以上国土空间总体规划编制、平台建设，形成一张图
2019 年 5 月	《自然资源部关于全面开展国土空间规划工作的通知》	全面启动国土空间编制，实现"多规合一"，抓紧启动编制全国、省级、市县和乡镇国土空间规划
2020 年 5 月	自然资源部办公厅关于加强国土空间规划监督管理的通知	各级自然资源主管部门要依法依规编制规划、监督实施规划，防止出现违规编制、擅自调整、违规许可、未批先建、监管薄弱，以及服务意识不强、作风不实等问题，切实"严起来"
2020 年 9 月	关于开展省级国土空间生态修复规划编制工作的通知	为依法履行统一行使所有国土空间生态保护修复职责，统筹和科学地推进山水林田湖草一体化保护修复
2020 年 11 月	自然资源部办公厅关于印发《国土空间调查、规划、用途管制用地用海分类指南（试行）》的通知	统一行使所有国土空间用途管制和生态保护修复、统一调查和确权登记、建立"多规合一"的国土空间规划体系并监督实施

表 8-3 中的演进过程说明，空间规划体制改革始终是围绕推进生态文明建设这一主线展开的，改革的主要目标是健全国土空间开发保护制度，夯实可持续发展基础。

4. 国土空间规划的作用

国土空间规划是国家空间发展的指南、可持续发展的空间蓝图，是各类开发保护建设活动的基本依据。建立国土空间规划体系并监督实施，将主体功能区规划、土地利用规划、城乡规划等空间规划融合为统一的国土空间规划，实现"多规合一"，强化国土空间规划对各专项规划的指导约束作用。

国土空间规划体系的改革是国家系统性、整体性、重构性改革的重要组成部分，是自然资源部履行新职能的重要抓手，是实现"三区三线"管控国土空间的基本依据，为实现国土空间开发保护更高质量、更有效率、更加公平、更可持续提供了科学保障。

5. 国土空间规划与现有各类规划的联系与区别

城市总体规划的特点：以发展建设为导向的资源与空间引导、管制，对城市远景发展的空间布局提出设想；但对全域空间资源缺乏有效配置和管控能力；缺乏有效的治理工具和手段；总体规划与下位规划职责不清，功能传导不力；土地利用总体规划的特点：用地指标目标控制，自上而下地以供定未对城市发展的现实情况充分考虑；法律约束力强，但灵活性差；国土空间总体规划则重点在于管控，继承了城市总体规划结构性管控内容；继承了土地利用总体规划指标，分类控制内容，形成了与绩效挂钩的用地指标划分机制。

国土空间规划体系不同于现行规划体系的显著特点：

一是以"多规合一"为基础。以一张蓝图为基底，充分吸收"多规合一"的编制经验，强化对各个专项的指导约束作用。

二是以生态资源保护为抓手。综合统筹不同生态要素的生态过程，构建统一生态安全格局，核算国土空间的生态服务价值。

三是以大数据平台为手段。形成市县全域"一张图"和"一个平台"，以国土空间基础信息平台为基础，同步搭建"多规合一"的国土空间信息平台。

二、国土空间规划的体系

国土空间规划体系由五级三类组成（图8-2），"五级"是从纵向看，对应我国的行政管理体系，分五个层级，就是国家级、省级、市级、县级、乡镇级。不同层级的规划体现不同空间尺度和管理深度要求。"三类"按规划详略程度不同，可以将国土空间规划分为国土空间总体规划、国土空间专项规划和国土空间详细规划。

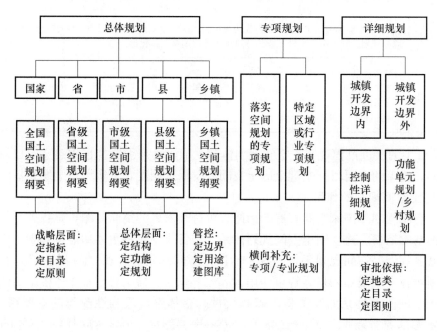

图 8-2　国土空间规划体系组成

全国国土空间规划是对全国国土空间做出的全局安排，是全国国土空间保护、开发、利用、修复的政策和总纲，侧重于战略性；省级国土空间规划是对全国国土空间规划的落实，指导市县国土空间规划编制，侧重于协调性；市县和乡镇国土空间规划是本级政府对上级国土空间规划要求的细化落实，是对本行政区域开发保护做出的具体安排，侧重于实施性。其他市县及乡镇国土空间规划由省级政府根据当地实际，明确规划编制审批内容和程序要求；各地可因地制宜，将市县与乡镇国土空间规划合并编制，也可以几个乡镇为单元编制乡镇级国土空间规划。

国土空间总体规划是对国土空间结构和功能的整体性安排，具有战略性、整体性、约束性、引导性等基本特性，是其他各类空间性规划的上位规划，是国土空间进行各类开发建设活动、实施国土空间用途管制和制定其他规划的基本依据。区域发展规划、城乡总体规划、土地利用总体规划、主体功能区规划等各类涉及空间要素的其他总体规划都应纳入或整合到国土空间总体规划，不再单独进行编制。

国土空间专项规划是在国土空间总体规划的框架控制下，针对国土空间的某一方面或某一个特定问题而制定的规划，如生态保育规划、交通港口规划、水利工程规划、国土整治规划、风景旅游规划等。专项规划必须符合总体规划的要求，与总体规划相衔接，同时又是总体规划在某一特定领域的细化，是对总体规划的某个重点领域所做的补充和深化，具有针对性、专一性和从属性。

国土空间详细规划以总体规划或专项规划为依据，对一定时期内局部地区具体地块用途、强度、空间环境和各项工程建设所做的实施性安排，是开展国土空间开发保护活动、实施国土空间用途管制、进行各项建设等的法定依据。

三、国土空间规划的编制

1. 国土空间规划的编制要求

（1）体现战略性。全面落实党中央、国务院重大决策部署，体现国家意志和国家发展规划的战略性，自上而下编制各级国土空间规划，对空间发展做出战略性、系统性安排。落实国家安全战略、区域协调发展战略和主体功能区战略，明确空间发展目标，优化城镇化格局、农业生产格局、生态保护格局，确定空间发展策略，转变国土空间开发保护方式，提升国土空间开发保护质量和效率。

（2）提高科学性。坚持生态优先、绿色发展，尊重自然规律、经济规律、社会规律和城乡发展规律，因地制宜地开展规划编制工作；坚持节约优先、保护优先、自然恢复为主的方针，在资源环境承载能力和国土空间开发适宜性评价的基础上，科学有序地统筹布局生态、农业、城镇等功能空间，划定生态保护红线、永久基本农田、城镇开发边界等空间管控边界及各类海域保护线，强化底线约束，为可持续发展预留空间。坚持山水林田湖草生命共同体理念，加强生态环境分区管治，量力而行，保护生态屏障，构建生态廊道和生态网络，推进生态系统保护和修复，依法开展环境影响评价。坚持陆海统筹、区域协调、城乡融合，优化国土空间结构和布局，统筹地上地下空间综合利用，着力完善交通、水利等基础设施和公共服务设施，延续历史文脉，加强风貌管控，突出地域特色。坚持上下结合、社会协同，完善公众参与制度，发挥不同领域专家的作用。运用城市设计、乡村营造、大数据等手段，改进规划方法，提高规划编制水平。

（3）加强协调性。强化国家发展规划的统领作用，强化国土空间规划的基础作用。国土空间总体规划要统筹和综合平衡各相关专项领域的空间需求。详细规划要依据批准的国土空间总体规划进行编制和修改。相关专项规划要遵循国土空间总体规划，不得违背总体规划强制性内容，其主要内容要纳入详细规划。

（4）注重操作性。按照谁组织编制、谁负责实施的原则，明确各级各类国土空间规划编制和管理的要点。明确规划约束性指标和刚性管控要求，同时提出指导性要求。制定实施规划的政策措施，提出下级国土空间总体规划和相关专项规划、详细规划的分解落实要求，健全规划实施传导机制，确保规划能用、管用、好用。

2. 国土空间规划双评价

"双评价"由"资源环境承载力评价"和"国土空间开发适宜性评价"两部分构成。"双评价"的提出是生态文明新时代坚持生态优先、绿色发展的重要前提，是摸清资源利用上限与环境质量底线的重要举措，更是划定"三区三线"、优化国土空间格局的基本依据。"资源环境承载力评价"：在一定发展阶段，经济技术水平和生产生活方式，一定地域范围内资源环境要素能够支撑的农业生产、城镇建设等人类活动的最大规模。概括地说，就是判断资源（利用）、环境（质量）、生态（基线）、灾害（风险）四类要素，定量测度国土空间发展的综合潜力，人类活动的承载能力，以及为人类的经济、社会活动提供的生态系统服务能力。实际上是对自然资源和生态环境本底的相对客观的评价。"国土空间开发适宜性评价"：在维系生态系统健康的前提下，综合考虑资源环境要素和区位条件及特定国土空间，进行农业生产城镇建设等人类活动的适宜程度。用于判断国土空间自然条件对城镇（开发）、农业（生产）、生态（保护）三类利用方式的适宜程度及评判分级，是着重于从资源保护和开发利用关系、人地关系分析基础上的分析和判断。

通过国土空间资源的"双评价"，对空间功能区域进行划分，将环境影响评价作为优化空间布局的重要技术方法，增强空间规划的环境合理性和协调性。通过"双评价"，客观地反映现状资源环境的优势与短板，发现未来发展的潜力。同时，通过对比现状（如开发利用现状、基本农田红线、生态保护红线等）可以对既有规划成果进行校正。此外，"双评价"成果从空间上明确规划范围内未来生态修复的要点，并有助于分析持续提升国土空间资源环境承载能力的路径。

3. 各级国土空间规划编制的主要内容

国家级国土空间规划的重点内容主要包括：

（1）体现国家意志导向，维护国家安全和国家主权，谋划顶层设计和总体部署，明确国土空间开发保护的战略选择和目标任务。

（2）明确国土空间规划管控的底数、底盘、底线和约束性指标。

（3）协调区域发展、海陆统筹和城乡统筹，优化部署重大资源、能源、交通、水利等关键性空间要素。

（4）进行地域分区，统筹全国生产力组织和经济布局，调整和优化产业空间布局结构，合理安排全国性工业集聚区、新兴产业示范基地、农业商品生产基地布局。

（5）合理规划城镇体系，合理布局中心城市、城市群或城市圈。

（6）统筹推进大江大河流域治理，跨省区的国土空间综合整治和生态保护修复，建立以国家公园为主体的自然保护地体系。

（7）提出国土空间开发保护的政策宣言和差别化空间治理的总体原则。

省级国土空间规划的重点内容主要包括：

（1）落实国家规划的重大战略、目标任务和约束性指标；落实国家区域协调发展战略和主体功能区战略定位对本地区的要求，根据自然资源禀赋、经济社会和城镇化发展阶段及人口消费变化趋势，分析风险问题，研判发展趋势，统筹经济社会发展、城乡空间布局、粮食安全、资源开发与生态建设，明确省域主体功能区划，制定省域国土空间开发保护总体战略目标。在落实国家约束性指标的同时，根据本省实际需要，拟定需要新增的约束性指标。从空间管控、资源配置、保护修复等方面提出分阶段规划指标并分解下达。

（2）提出省域国土空间组织的空间竞争战略、战略性区位、空间结构优化战略、空间可持续发展战略和解决空间问题的"一揽子"战略方案。构建绿色高质量发展、区域协调、城乡融合的省域国土空间开发保护总体格局。

（3）合理配置国土空间要素，划定地域分区，突出永久基本农田集中保护区、生态保育区、旅游休闲区、农业复合区等功能区。坚持最严格的生态环境保护制度、资源节约制度和耕地保护制度，对耕地特别是永久基本农田实行特殊保护，统筹各类自然资源和能源保护利用，明确开发利用的总量、结构和时序。坚持基本公共服务均等化和基础设施通达程度相对均衡，统筹优化重大基础设施布局，明确综合交通体系和网络，提出信息通信、新能源、水利等区域性基础设施和文化、教育、医疗、体育、养老等公共服务设施的布局原则和规划要求。

（4）加强国土空间整治修复。遵循山水林田湖草生命共同体的理念，坚持自然恢复为主，注重统筹陆海、城乡空间及流域上下游，明确生态保护修复的目标、任务、重点区域和重大工程，制定具体行动计划和进度安排。

（5）强化国土空间区际协调。强化区域协调发展，提出广域空间和省际、省内重点地区协调发展要求和措施，包括省际交界地区和省内重点地区产业协同发展、基础设施共建共享、跨区域生态廊道共治共保、资源能源统筹利用等。

（6）制定规划实施保障政策。优化省域主体功能区划，根据不同主体功能定位，制定差异的指标体系、配套政策和考核机制。提出国土空间开发保护的政策体系，提出促进乡村发展和激活乡村活力的规划政策指引。

市级国土空间规划的重点内容主要包括：

（1）落实国家级和省级规划的重大战略、目标任务和约束性指标，在科学研判当地发展趋势、面临问题挑战的基础上，提出提升城市能级和核心竞争力、实现高质量发展和创造高品质生活的战略指引。

（2）确定市域国土空间保护、开发、利用、修复、治理总体格局，构建"多中心、网络化、组团式、集约型"的城乡国土空间格局。明确全域城镇体系，划定国土空间规划功能分区，突出生态红线区、旅游休闲区、农业复合区等功能分区，明确空间框架功能指引。

（3）确定市域总体空间结构、城镇体系结构，明确中心城市性质、职能与规模，落实生态保护红线，划定市级城镇开发边界和城市周边基本农田保护区。落实省级国土空间规划提出的山、水、林、田、湖、草等各类自然资源保护、修复的规模和要求，明确约束性指标；开展耕地后备资源评估，明确补充耕地集中整备区规模和布局；明确国土空间生态修复目标、任务和重点区域，安排国土综合整治和生态保护修复重点工程的规模、布局和时序；明确各类自然保护地范围边界，提出生态保护修复要求，提高生态空间完整性和网络化。

（4）统筹安排市域交通等基础设施布局和廊道控制要求，明确重要交通枢纽地区选址和轨道交通走向；提出公共服务设施建设标准和布局要求；统筹安排重大资源、能源、水利、交通等关键性空间要素。

（5）对城乡风貌特色、历史文脉传承、城市更新、社区生活圈建设等提出原则要求。划定城市交通红线、市政黄线、绿地绿线、水体蓝线、文保紫线、安全橙线、走廊黑线"七线"。设置存量建设用地更新改造规模、地下空间开发利用等指标，设置耕地、林地、草地、水域等自然资源的管控指标。

（6）在总体规划中提出分阶段规划实施目标和重点任务，明确下位规划需要落实的约束性指标、管控边界和管控要求；提出应当编制的专项规划和相关要求，发挥国土空间规划对各专项规划的指导约束作用；提出对功能区规划、详细规划的分解落实要求，健全规划实施传导机制。

（7）建立健全从全域到功能区、社区、地块，从总体规划到专项规划、详细规划，从地级市、县（县级市、区）到乡（镇）的规划传导机制。明确国土空间用途管制、转换和准入规则。充分利用增减挂钩、增存挂钩等政策工具，完善规划实施措施和保障机制。

（8）建立城乡体征指标体系，健全规划实施动态监测、评估、预警和考核机制。明确乡村发展的重点区域，提出激活乡村活力的政策指引。

县级国土空间规划的重点内容主要包括：

（1）落实国家和省域重大战略决策部署，落实区域发展战略、乡村振兴战略、主体功能区战略和制度，落实省级和市级规划的目标任务和约束性指标。根据县域特色资源禀赋、发展阶段、产业结构基础、地方文化传统和战略区位，明确未来空间发展定位和发展方向。

（2）确定全域镇村体系、村庄类型和村庄布点原则；以资源环境承载力评价和国土空间开发适宜性评价为基础，根据县（市、区）的主体功能定位，确定全域国土空间规划分区及其准入规则，统筹、优化和确定"三条控制线"等空间控制线，明确管控要求，合理控制整体开发强度；划分国土空间用途分区，确定开发边界内集中建设地区的功能布局，明确城市主要发展方向、空间形态和用地结构。

（3）统筹安排市（县）域交通等基础设施布局和廊道控制要求，明确重要交通枢纽地区选址和轨道交通走向；提出公共服务设施建设标准和布局要求；对城乡风貌特色、历史文脉传承、城市更新、社区生活圈建设等提出原则要求。明确县域镇村体系、综合交通、基础设施、公共服务设施及综合防灾体系。

（4）以县级城镇开发边界为限，形成县级集建区与非集建区，分别构建"指标＋控制线＋分区"的管控体系，县级集建区重点突出土地开发模式引导，设置存量建设用地更新改造规模、地下空间开发利用等指标，划定县级集建区"五线"（蓝线、绿线、紫线、红线、黄线）和公益性公共服务设施范围。

（5）明确国土空间生态修复目标、任务和重点区域，安排国土综合整治和生态保护修复重点工程的规模、布局和时序；明确各类自然保护地范围边界，提出生态保护修复要求，提高生态空间完整性和网络化。提出国土空间整治和生态修复的重大工程；开展耕地后备资源评估，明确补充耕地集中整备区规模和布局。

（6）划定乡村发展和振兴的重点区域，提出优化乡村居民点空间布局的方案，提出激活乡村发展活力和推进乡村振兴的路径策略。

（7）根据需要和可能，因地制宜地划定国土空间规划单元，明确单元规划编制指引。

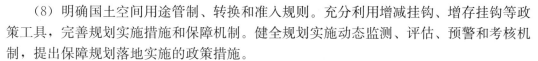

（8）明确国土空间用途管制、转换和准入规则。充分利用增减挂钩、增存挂钩等政策工具，完善规划实施措施和保障机制。健全规划实施动态监测、评估、预警和考核机制，提出保障规划落地实施的政策措施。

乡镇级国土空间规划的重点内容主要包括：

（1）落实县级规划的战略、目标任务和约束性指标。根据乡镇的特色资源禀赋、经济社会发展阶段、历史文化传统、农民发展意愿等，确定不同时段的发展定位和发展方向。

（2）统筹生态保护修复。要落实生态保护红线，把具有水源涵养、生物多样性维护、水土保持、防风固沙、海岸生态稳定等生态功能极重要区域和生态遭严重破坏的生态极敏感区、脆弱区优先划入生态空间。

（3）统筹耕地和永久基本农田保护。要落实永久基本农田，任何单位和个人不得擅自或改变用途。着力加强耕地数量、质量、生态"三位一体"保护，像保护大熊猫一样保护耕地，从严控制各项建设占用耕地特别是优质耕地。同时要统筹耕地和其他农用地的空间分布，优化农用地空间格局。

（4）统筹产业发展空间。制定乡村产业发展和新型业态发展规划，做好农业产业园、科技园、创业园等产业发展空间安排，促进农村一、二、三产业融合发展。要明确产业发展方向，制定村庄禁止和限制发展产业目录，引导产业空间高效集聚利用，推动城乡融合发展。

（5）统筹基础设施和基本公共服务设施布局。要按照县级国土空间规划确定的城乡基础设施和公共服务设施布局，以及乡（镇）国土空间规划配置的乡域公共服务设施，根据人口集聚、产业发展、资金投入等情况，制定乡村基础设施、道路交通和公共服务设施规划，合理布局乡村供水、污水和环卫、道路、电力、通信等基础设施，配置教育、卫生、医疗、养老、文化、体育等设施，改善提升农村人居环境。

（6）制定乡村综合防灾减灾规划。乡村综合防灾减灾规划主要内容包括：消防规划、防洪规划、抗震防灾规划、防风减灾规划、防疫规划、防地质灾害规划等。

（7）统筹自然历史文化传承与保护。要尊重乡村山水格局和自然脉络，顺应村庄地形地貌、河湖水系等自然环境，延续村庄传统空间格局、街巷肌理和建筑布局。深入挖掘和整理乡村历史文化资源，划定乡村建设的历史文化保护线，保护好文物古迹、传统村落、民族村寨、传统建筑、农业遗迹、灌溉工程遗产，延续村落历史文脉，传承优秀乡村传统文化，避免千村一面。

（8）根据需要因地制宜进行国土空间用途编定，制定详细的用途管制规则，全面落地国土空间用途管制制度。具体可在国土空间用途分区的基础上，进一步进行各种使用地的编定，即在用途分区图上将每一宗地的用途确定下来，并且严格要求每宗土地按用途管制图上编定的详细用途加以利用。

4. 国土空间规划的编制审批程序

（1）国土空间规划：全国国土空间规划由自然资源部会同相关部门组织编制，由党中央、国务院审定后印发。省级国土空间规划由省级政府组织编制，经同级人大常委会审议后报国务院审批。市县和乡镇国土空间规划需报国务院审批的城市国土空间总体规划，由市政府组织编制，经同级人大常委会审议后，由省级政府报国务院审批；其他市县及乡镇国土空间规划由省级政府根据当地实际，明确规划编制审批内容和程序要求。

（2）专项规划：海岸带、自然保护地等专项规划及跨行政区域或流域的国土空间规划，由所在区域或上一级自然资源主管部门牵头组织编制，报同级政府审批；涉及空间利用的某一领域专项规划，如交通、能源、水利、农业、信息、市政等基础设施，公共服务设施，军事设施，以及生态环境保护、文物保护、林业草原等专项规划，由相关主管部门组织编制。相关专项规划可在国家、省和市县层级编制，不同层级、不同地区的专项规划可结合实际选择编制的类型和精度。

（3）详细规划：详细规划是对具体地块用途和开发建设强度等做出的实施性安排，是开展国土空间开发保护活动、实施国土空间用途管制、核发城乡建设项目规划许可、进行各项建设等的法定依据。在城镇开发边界内的详细规划，由市县自然资源主管部门组织编制，报同级政府审批；在城镇开发边界外的乡村地区，以一个或几个行政村为单元，由乡镇政府组织编制"多规合一"的实用性村庄规划，作为详细规划，报上一级政府审批。

5. 国土空间规划报批审查要点

省级国土空间规划审查要点包括：①国土空间开发保护目标；②国土空间开发强度、建设用地规模，生态保护红线控制面积、自然岸线保有率，耕地保有量及永久基本农田保护面积，用水总量和强度控制等指标的分解下达；③主体功能区划分，城镇开发边界、生态保护红线、永久基本农田的协调落实情况；④城镇体系布局，城市群、都市圈等区域协调重点地区的空间结构；⑤生态屏障、生态廊道和生态系统保护格局，重大基础设施网络布局，城乡公共服务设施配置要求；⑥体现地方特色的自然保护地体系和历史文化保护体系；⑦乡村空间布局，促进乡村振兴的原则和要求；⑧保障规划实施的政策措施；⑨对市县级规划的指导和约束要求等。

国务院审批的市级国土空间总体规划审查要点，除对省级国土空间规划审查要点的深化细化外，还包括：①市域国土空间规划分区和用途管制规则。②重大交通枢纽、重要线性工程网络、城市安全与综合防灾体系、地下空间、邻避设施等设施布局，城镇政策性住房和教育、卫生、养老、文化体育等城乡公共服务设施布局原则和标准。③城镇开发边界内，城市结构性绿地、水体等开敞空间的控制范围和均衡分布要求，各类历史文化遗存的保护范围和要求，通风廊道的格局和控制要求；城镇开发强度分区及容积率、密度等控制指标，高度、风貌等空间形态控制要求。④中心城区城市功能布局和用地结构等。

其他市、县、乡镇级国土空间规划的审查要点，由各省（自治区、直辖市）根据本地实际，参照上述审查要点制定。

四、国土空间规划的实施与保障

1. 实施与监管

（1）强化规划权威。规划一经批复，任何部门和个人不得随意修改、违规变更，防止出现换一届党委和政府改一次规划。下级国土空间规划要服从上级国土空间规划，相关专项规划、详细规划要服从总体规划；坚持先规划、后实施，不得违反国土空间规划进行各类开发建设活动；坚持"多规合一"，不在国土空间规划体系之外另设其他空间规划。

相关专项规划的有关技术标准应与国土空间规划衔接。因国家重大战略调整、重大项目建设或行政区划调整等确需修改规划的，须先经规划审批机关同意后，方可按法定程序进行修改。对国土空间规划编制和实施过程中的违规违纪违法行为，要严肃追究责任。

（2）改进规划审批。按照谁审批、谁监管的原则，分级建立国土空间规划审查备案制度。精简规划审批内容，管什么就批什么，大幅缩减审批时间。减少需报国务院审批的城市数量，直辖市、计划单列市、省会城市及国务院指定城市的国土空间总体规划由国务院审批。相关专项规划在编制和审查过程中应加强与有关国土空间规划的衔接及"一张图"的核对，批复后纳入同级国土空间基础信息平台，叠加到国土空间规划"一张图"上。

（3）健全用途管制制度。以国土空间规划为依据，对所有国土空间分区分类实施用途管制。在城镇开发边界内的建设，实行"详细规划＋规划许可"的管制方式；在城镇开发边界外的建设，按照主导用途分区，实行"详细规划＋规划许可"和"约束指标＋分区准入"的管制方式。对以国家公园为主体的自然保护地、重要海域和海岛、重要水源地、文物等实行特殊保护制度。因地制宜制定用途管制制度，为地方管理和创新活动留有空间。

（4）监督规划实施。依托国土空间基础信息平台，建立健全国土空间规划动态监测评估预警和实施监管机制。上级自然资源主管部门要会同有关部门组织对下级国土空间规划中各类管控边界、约束性指标等管控要求的落实情况进行监督检查，将国土空间规划执行情况纳入自然资源执法督察内容。健全资源环境承载能力监测预警长效机制，建立国土空间规划定期评估制度，结合国民经济社会发展实际和规划定期评估结果，对国土空间规划进行动态调整完善。

（5）推进"放管服"改革。以"多规合一"为基础，统筹规划、建设、管理三大环节，推动"多审合一""多证合一"。优化现行建设项目用地（海）预审、规划选址及建设用地规划许可、建设工程规划许可等审批流程，提高审批效能和监管服务水平。

2. 法规政策与技术保障

（1）完善法规政策体系。研究制定国土空间开发保护法，加快国土空间规划相关法律法规建设。梳理与国土空间规划相关的现行法律法规和部门规章，对"多规合一"改革涉及突破现行法律法规规定的内容和条款，按程序报批，取得授权后施行，并做好过渡时期的法律法规衔接。完善适应主体功能区要求的配套政策，保障国土空间规划有效实施。

（2）完善技术标准体系。按照"多规合一"要求，由自然资源部会同相关部门负责构建统一的国土空间规划技术标准体系，修订完善国土资源现状调查和国土空间规划用地分类标准，制定各级各类国土空间规划编制办法和技术规程。

（3）完善国土空间基础信息平台。以自然资源调查监测数据为基础，采用国家统一的测绘基准和测绘系统，整合各类空间关联数据，建立全国统一的国土空间基础信息平台。以国土空间基础信息平台为底板，结合各级各类国土空间规划编制，同步完成县级以上国土空间基础信息平台建设，实现主体功能区战略和各类空间管控要素精准落地，逐步形成全国国土空间规划"一张图"，推进政府部门之间的数据共享及政府与社会之间的信息交互。

第三节　国土空间专项规划

国土空间专项规划是在国土空间总体规划的框架控制下，针对国土空间的某一方面或某一个特定问题而制定的规划，如生态保育规划、交通港口规划、水利工程规划、国土整治规划、风景旅游规划等。专项规划必须符合总体规划的要求，与总体规划相衔接，同时又是总体规划在某一特定领域的细化，是对总体规划的某个重点领域所做的补充和深化，具有针对性、专一性和从属性。它具体可以区分为区域性专项规划和行业专项规划。

一、区域性专项规划

区域性专项规划包括城市群规划，自然保护区规划，以及跨行政区域或流域的国土空间规划等。下面主要介绍城市群规划、自然区保护区规划。

1. 城市群规划

（1）城市群规划的概述

城市群是在特定的地域范围内具有相当数量的不同性质、类型和等级规模的城市，依托一定的自然环境条件，以一个或两个超大或特大城市作为地区经济的核心，借助现代化的交通工具和综合运输网的通达性及高度发达的信息网络，使城市个体之间产生内在联系，共同构成一个相对完整的城市"集合体"。

我国自1978年改革开放以来，城市化极大地推进了以强大的集聚效应和辐射力为特点的中心城市发展。随着区域工业化、现代化及区域性基础设施建设的完善，目前我国已经出现了若干个规模大小不同的城市群。其中比较成熟的有长江三角洲沪宁杭地区、珠江三角洲地区、辽宁中南部地区、环渤海京津唐地区和四川盆地地区等。城市群日益成为区域内社会经济发展的先导和区域竞争力的集中体现，其经济发展速度和城市化进程在区域中起到了支柱作用，并成为我国社会经济发展的重要载体。

城市群规划是在区域层面的总体发展战略性部署与调控，以协调城市空间发展为重点，以城市（镇）群体空间管治为主要调控手段，强调局部与整体的协调、兼顾眼前利益与长远利益，处理好人口适度增长、社会经济发展、资源合理利用与配置和保护生态环境之间的关系，以增强区域综合竞争力。城市群规划的主要内容可包括：①城市群经济社会整体发展策略；②城市群空间组织；③产业发展与就业；④基础设施建设；⑤土地利用与区域空间管治；⑥生态建设与环境保护；⑦区域协调措施与政策建议等。规划的重点可以城市群内各城市（地区）需共同解决的问题为主，如城市群的快速交通体系建设、严格控制城市群内城市发展的无序蔓延、加强区域生态环境保护等。

也有研究者提出城市群规划应包括研究城市群形成演化的动力机制；确定城市群的功能定位和产业发展方向，并进一步明确城市（镇）间的联系网络；基于区域空间资源保护、生态环境保护和可持续发展的城市群空间规划；在更高的空间层次上构建城市网络的空间组织，构建跨行政区的区域性协调发展机制；城市群支撑体系规划；城市群区域管治及营造良好的区域发展政策环境和制度环境等内容。

（2）城市群规划的实践

①长江三角洲城市群规划

长江三角洲城市群（图 8-3）以上海为中心，位于长江入海之前的冲积平原，根据 2016 年 5 月国务院批准的《长江三角洲城市群发展规划》，长三角城市群包括：上海，江苏省的南京、无锡、常州、苏州、南通、盐城、扬州、镇江、泰州，浙江省的杭州、宁波、嘉兴、湖州、绍兴、金华、舟山、台州，安徽省的合肥、芜湖、马鞍山、铜陵、安庆、滁州、池州、宣城 26 市，国土面积为 21.17 万 km^2，约占中国的 2.2%。改革开放以来，长江三角洲地区城市经济、社会发展取得了巨大成就。统计显示，2017 年，长江三角洲 26 城市共完成生产总值 165194 亿元，以占全国 2.2% 的土地面积和全国 11% 左右的人口，创造了全国 20% 的国内生产总值。

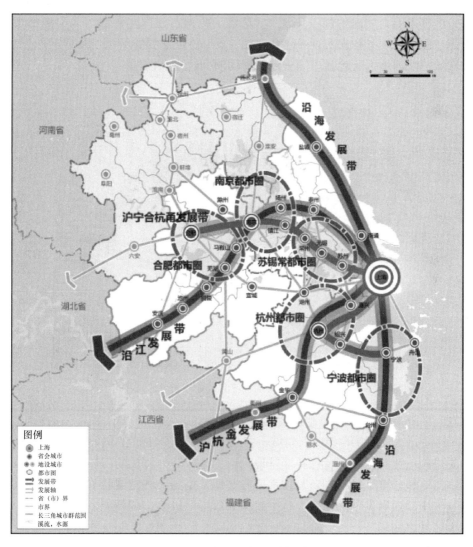

图 8-3　长江三角洲城市群

　　《长江三角洲城市群发展规划》指出，长江三角洲城市群是我国经济最具活力、开放程度最高、创新能力最强、吸纳外来人口最多的区域之一，是"一带一路"与长江经济带的重要交会地带，在国家现代化建设大局和全方位开放格局中具有举足轻重的战略地位。长江三角洲将发挥上海龙头的核心作用和区域中心城市的辐射带动作用，依托交通运输网络培育形成多级多类发展轴线，推动南京都市圈、杭州都市圈、合肥都市圈、苏锡常都市圈、宁波都市圈的同城化发展，强化沿海发展带、沿江发展带、沪宁合杭甬发展带、沪杭金发展带的聚合发展，构建"一核五圈四带"的网络化空间格局。

　　②珠江三角洲城市群规划

　　珠江三角洲城市群（图8-4）包括"广佛肇＋韶清云"（广州、佛山、肇庆＋韶关、清远、云浮，广佛肇都市圈）、"深莞惠＋汕尾、河源"（深圳、东莞、惠州＋汕尾、河源，深莞惠都市圈）、"珠中江＋阳江"（珠海、中山、江门＋阳江，珠中江都市圈）3个新型都市区发展理念率先实现一体化。由9＋6融合发展的城市所形成的珠三角城市群，大珠江三角洲地区还包括中国香港、中国澳门特别行政区。

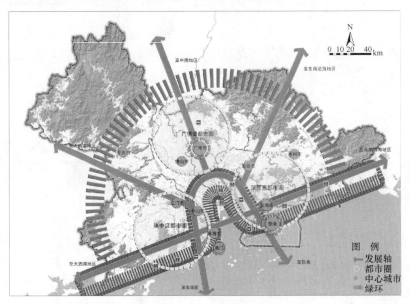

图8-4　珠江三角洲城市群

　　珠江三角洲城市群是亚太地区最具活力的经济区之一，以广东70%的人口，创造着全省85%的GDP。2016年珠三角城市群总GDP为73118.77亿元。它是具有全球影响力的先进制造业基地和现代服务业基地，南方地区对外开放的门户，中国参与经济全球化的主体区域，全国科技创新与技术研发基地，全国经济发展的重要引擎，是辐射带动华南、华中和西南发展的龙头，也是我国人口集聚最多、创新能力最强、综合实力最强的三大区域之一。

　　③京津冀城市群规划（图8-5）

　　京津冀整体定位是"以首都为核心的世界级城市群、区域整体协同发展改革引领区、全国创新驱动经济增长新引擎、生态修复环境改善示范区"。2016年，京津冀城市

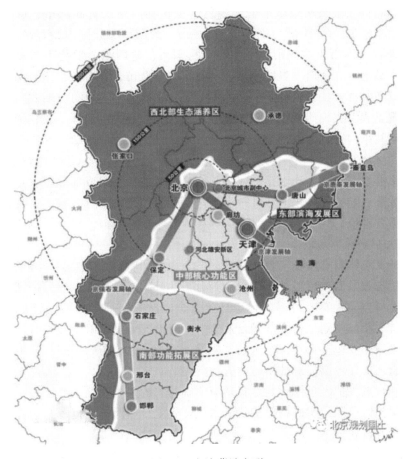

图 8-5　京津冀城市群

群总 GDP 为 68857.15 亿元，京津冀以全国 2.3％的国土面积，承载了全国 8％的人口，贡献了全国 10％的国内生产总值。

京津冀确定了"功能互补、区域联动、轴向集聚、节点支撑"的布局思路，明确了以"一核、双城、三轴、四区、多节点"为骨架，推动有序疏解北京非首都功能，构建以重要城市为支点，以战略性功能区平台为载体，以交通干线、生态廊道为纽带的网络型空间格局。"一核"即指北京，有序疏解北京非首都功能、优化提升首都核心功能。"双城"是指北京、天津，这是京津冀协同发展的主要引擎。"三轴"指的是京津、京保石、京唐秦三个产业发展带和城镇聚集轴，这是支撑京津冀协同发展的主体框架。"四区"分别是中部核心功能区、东部滨海发展区、南部功能拓展区和西北部生态涵养区，每个功能区都有明确的空间范围和发展重点。"多节点"包括石家庄、唐山、保定、邯郸等区域性中心城市和张家口、承德、廊坊、秦皇岛、沧州、邢台、衡水等节点城市，重点是提高其城市综合承载能力和服务能力，有序推动产业和人口聚集。同时，立足于三省市比较优势和现有基础，加快形成定位清晰、分工合理、功能完善、生态宜居的现代城镇体系，走出一条绿色低碳智能的新型城镇化道路。

④长江中游城市群规划

长江中游城市群以武汉为中心，是以武汉城市圈、长株潭城市群、鄱阳湖生态经济区为主体形成的特大型国家级城市群，规划范围包括：湖北省武汉市、黄石市、鄂州市、黄冈市、孝感市、咸宁市、仙桃市、潜江市、天门市、襄阳市、宜昌市、荆州市、荆门市，湖南省长沙市、株洲市、湘潭市、岳阳市、益阳市、常德市、衡阳市、娄底市，江西省南昌市、九江市、景德镇市、鹰潭市、新余市、宜春市、萍乡市、上饶市及抚州市、吉安市的部分县（区）。长江中游城市群呈极核＋走廊的点轴式空间结构。城镇群空间呈现以武汉、长沙、南昌三个省会城市成为核心，以沪蓉、京、沪昆交通走廊轴向拓展的空间结构。

长江中游城市群 2018 年实现地区生产总值 8 万亿元，人均 GDP 达到 10.48 万元。长江中游城市群承东启西、连南接北，是长江经济带的重要组成部分，也是实施促进中部地区崛起战略、全方位深化改革开放和推进新型城镇化的重点区域，在我国区域发展格局中占有重要地位。

2. 自然保护区总体规划

自然保护区总体规划是在对自然保护区的资源和环境特点、社会经济条件、资源保护与开发利用现状及潜在可能性等综合调查分析的基础上，明确自然保护区的范围、性质、类型、发展方向和发展目标，制定自然保护区保护管理各方面的计划和措施的过程。自然保护区总体规划是长期指导自然保护区建设与管理、确定较长时期建设任务的依据。总体规划主要包括自然保护区自然概况、发展目标、指导思想、基本政策、基本建设与科学管理的任务及关键的措施与方法等。

（1）编制自然保护区总体规划，具体应明确和完成以下七项主要任务：

①自然保护区范围：明确高保护价值区域，界定自然保护区范围和边界，厘清保护区内土地和资源权属。

②自然保护区类型：明确自然保护区的主要保护对象，并且根据保护对象确定自然保护区类型。

③保护管理目标：明确自然保护区的长远目标、阶段性管理目标，以及基础设施建设、社区发展等目标和指标。

④土地空间规划：明确自然保护区重点保护区域，依据主要保护对象分布和景观格局，进行功能区划和建设布局。

⑤管理规划：明确自然保护区管理体系，包级层次、内设机构、管护区划和管护队伍，以及对资源保护、宣传、公众教育、科研、监测和社区管理等规划。

⑥建设规划：明确各项保护管理基础设施、装备等规划，确定建设重点。

⑦投资估算：测算建设项目资金、财政专项费用需求。

（2）总体规划编制的内容主要有以下几个方面：

①自然保护区的指导思想、规划原则、建设思路；

②位置与范围、历史沿革与法律地位、自然环境、社区情况、土地利用状况、基础设施等自然保护区概况；

③保护管理现状、保护管理评价；

④总体布局、规划范围、功能区划等；

⑤保护管理、科研监测、公众教育、可持续发展、基础设施等主要建设内容要求；

⑥重点工程建设要求，明确建设地点、建设规模和建设期限；

⑦管理机构、人员配置与能力建设；

⑧投资估算与效益评价；

⑨规划实施的保障措施与建议。

（3）自然保护区总体规划主要编制程序：

①进行自然保护区自然环境和自然资源综合调查，收集有关资料和文件；对调查收集的资料进行整理、分析、评价。

②提出保护管理面临问题、风险及解决方案。

③在考察和分析资料的前提下，编制自然保护区规划，提出总体规划方案及附表、附图。

④规划方案征求意见并修改补充，提交送审成果。

⑤进行总体规划论证，根据论证会意见对总体规划进行补充修改，提交正式成果。

（4）编制成果附表包括：自然保护区社区情况统计表、自然保护区管理局（处）现状人员统计表、自然保护区基础设施现状统计表、自然保护区野生动植物资源情况统计表、自然保护区土地资源及利用现状表、自然保护区功能区划表、自然保护区主要建设项目规划表、自然保护区建设投资估算与安排表等。

（5）编制成果附图包括：自然保护区位置图、自然保护区土地利用现状图、自然保护区林地权属图、自然保护区植被图、自然保护区重点保护野生动植物分布图、自然保护区功能区划图、自然保护区总体规划布局图（如果是二期总体规划，需要附一期总体规划完成图）、自然保护区旅游规划图等。

二、行业专项规划

行业专项规划是以空间利用为主的某一领域专项规划，包括交通、能源、水利、信息等基础设施，公共服务设施，军事设施，国防安全设施，以及生态环境保护、文物保护等专项规划。这里仅简单介绍城市公共服务设施规划和城市工程系统专项规划。

1. 城市公共服务设施规划

（1）城市社会公共服务设施的含义［现行《城市公共服务设施规划标准》（GB 50442）］

城市公共服务设施是为城市或一定范围内的居民提供基本的公共文化、教育、体育、医疗卫生和社会福利等服务的、不以营利为目的公益性公共设施。其规划建设应遵循以人为本的发展理念，坚持集约共享、绿色开放的基本原则，合理配置、高效服务。

（2）城市社会公共服务设施的分类

公共服务设施按服务功能的不同可以分为行政办公、商业金融业、文化娱乐、体育、医疗卫生、教育科研设计、文物古迹和其他公共设施八个大项。

（3）公共服务设施规划建设要求［现行《城市公共服务设施规划标准》（GB 50442）］

公共服务设施规划建设应因地制宜、统筹规划、合理布局、配套建设、共建共享，并应符合下列规定：

①设施规划应构建以基层设施为基础，市、区级设施衔接配套的公共服务设施网络体系；

②设施建设应符合所在地气候特点与环境条件、经济社会发展水平和文化习俗，营造经济实用、绿色低碳、安全便捷的设施服务环境；

③应延续城市文脉，保护历史文化遗产并与传统风貌、地方特色相协调；

④应符合城市设计对城市公共空间与环境的有关控制要求；

⑤应符合现行《无障碍设计规范》（GB 50763）的有关规定。

（4）公共服务设施人均规划建设用地指标不得低于表 8-4 的规定

表 8-4 公共服务设施人均规划建设用地指标

用地指标	城市人口（万人）						
	20 以下	20~50	50~100	100~300	300~500	500~1000	1000 以上
人均规划建设用地指标（m²/人）	4.0			4.2			4.1

注：表中公共服务设施包括公共文化设施、教育设施（不含高等教育设施）、公共体育设施、医疗卫生设施和社会福利设施。

（5）城市公共服务设施的控制指标（城市规划原理）

城市公共设施的控制指标主要有千人指标（又可分为人口千人指标、用地面积千人指标、建筑面积千人指标）、建筑规模和用地规模等。下面主要介绍千人指标。

千人指标可较为直观地反映开发项目公共服务设施须配套的总量，同时在居住规模不足小区（居住区），需与其他小区（居住区）协调共享公共资源的时候，千人指标有助于直接量化和平衡各开发商所需承担的建设责任，以保证一定区域内资源的合理配置。对与人口规模直接相关的公共服务设施，如综合医院、综合文化中心、居民运动场、社区服务中心、养老所等，千人指标是主要的实施依据。

（6）城市公共服务设施用地控制

在公共服务设施指标体系中，对用地要求有三种类型：第一类设施由于运动、交通、安全等方面的使用必须要求独立用地，如学校、医院、居民运动场（馆）、垃圾压缩站等；第二类设施应尽量独立用地，若条件确有困难可以考虑在满足技术要求的前提下与其他用房联合布置，但是应该保证一定的底层面积或场地要求，如卫生服务中心、街道办事处、派出所、社区服务中心等；第三类设施则对用地无专门要求，可结合其他建筑物设置，如卫生站、居委会、文化活动站。我国规定的居住区公建用地占比为15%~25%，居住小区公建用地占比为12%~22%。考虑到鼓励公共服务设施集约综合布置，公建用地占比可以适当下调5%。

2. 城市工程系统专项规划

供电、燃气、供热、通信、给水、排水、防灾、环境卫生设施等各项城市工程系统构成了城市基础设施体系，为城市提供最基本的必不可少的物质运营条件。建设配置齐全、布局合理、容量充足的城市基础设施，是完善城市功能的必需手段。城市功能的完善和强化必须具有强大的基础设施支撑。

（1）供电工程

结合城市和区域电力资源状况，合理确定规划期内的城市用电量、用电负荷，进行城市电源规划；确定城市输、配电设施的规模、容量及电压等级；布置变电所（站）等变电设施和输配电网络；制定各类供电设施和电力线路的保护措施。

（2）燃气工程

结合城市和区域燃料资源状况，选择城市燃气气源，合理确定规划期内各种燃气的用量，进行城市燃气气源规划；确定各种供气设施的规模、容量；选择确定城市燃气管网系统；科学布置气源厂、气化站等产、供气设施和输配气管网；制定燃气设施和管道的保护措施。

（3）供热工程

根据当地气候、生活与生产需求，确定城市集中供热对象、供热标准、供热方式；确定城市供热量和负荷选择并进行城市热源规划，确定城市热电厂、热力站等供热设施的数量和容量；布置各种供热设施和供热管网；制定节能保温的对策与措施，以及供热设施的防护措施。

（4）通信工程

结合城市通信实况和发展趋势，确定规划期内城市通信发展目标，预测通信需求；确定邮政、电信、广播、电视等各种通信设施和通信线路；制定通信设施综合利用对策与措施，以及通信设施的保护措施。

（5）给水工程

根据城市和区域水资源的状况，最大限度地保护和合理利用水资源，合理选择水源，进行城市水源规划和水资源利用平衡工作；确定城市自来水厂等给水设施的规模、容量；布置给水设施和各级供水管网系统，满足用户对水质、水量、水压等要求，制定水源和水资源的保护措施。

（6）排水工程

根据城市自然环境和用水状况，确定规划期内污水处理设施的规模与容量，降水排放设施的规模与容量；布置污水处理厂（站）等各种污水处理与收集设施、排涝泵站等雨水排放设施及各级污水管网；制定水环境保护、污水利用等对策及措施。

（7）防灾规划

根据城市自然环境、灾害区划和城市地位，确定城市各项防灾标准，合理确定各项防灾设施的等级、规模；科学布局各项防灾设施；充分考虑防灾设施与城市常用设施的有机结合，制定防灾设施的统筹建设、综合利用、防护管理对策与措施。

（8）环卫工程

根据城市发展目标和城市布局，确定城市环境卫生设施配置标准和垃圾集运、处理方式；确定主要环境卫生设施的数量、规模；布置垃圾处理场等各种环境卫生设施，制定环境卫生设施的隔离与防护措施；提出垃圾回收利用的对策与措施。

（9）管线综合工程

根据城市规划布局和各项城市工程系统规划，检验各专业工程管线分布的合理程度，提出对专业工程管线规划的修正建议，调整并确定各种工程管线在城市道路上的水平排列位置和竖向标高，确认或调整城市道路横断面，提出各种工程管线基本埋深和覆土要求。

思政小课堂

生态文明背景下的国土空间规划体系构建。

党的十八大以来，以习近平同志为核心的党中央站在战略和全局的高度，将生态文明建设纳入中国特色社会主义事业的总体框架，为努力建设美丽中国、实现中华民族永续发展，指明了前进方向。国土空间规划在《中共中央、国务院关于生态文明体制改革总体方案》中作为一项重要的制度建设内容予以明确，在《关于建立国土空间规划体系并监督实施的若干意见》中也明确提出，国土空间规划"是加快形成绿色生产方式和生活方式、推进生态文明建设、建设美丽中国的关键举措"。可见，国土空间规划就是为践行生态文明建设提供空间保障，生态文明建设理应优先成为国土空间规划工作的核心价值观。

从工业文明时代步入生态文明时代，是世界发展的必然趋势。中国走生态文明之路，之所以必须更加积极主动，一方面源自全球自然资源环境的压力和中国作为国际大国的担当；另一方面源于中国自身的环境污染严重和生态系统退化。换言之，中国由于人均资源保有量有限，又要实现人民对美好生活的向往，就既不能延续以往高消耗的"美国模式"，也不能采用高成本的逆城镇化模式，而只能采取兼具紧约束资源投入和可支付经济投入两大特征的可持续发展模式。因此，中国走生态文明的道路，从现实看源于内外双重压力，从长远看则关系人民福祉、关乎民族未来。

从生态文明认识论的视角出发，未来国土空间规划体系的构建要明确以下两大要点：

第一，树立生态视角。生态视角是观察和理解现实的一把关键钥匙，要养成用生态视角看问题的习惯，提高用生态视角看问题的能力。当然，生态既包含自然生态，也包含经济生态、社会生态、文化生态、产业生态、创新生态甚至政治生态，只有建立了多元、整体的生态视角，才能更好地分析、研究和谋划城市。第二，树立生态价值观。要用生态文明的价值观替代工业文明的价值观，重构什么是好什么是差、什么应该什么不应该的价值体系。首先是多样性，不要单一化，单一会导致韧性不足，应对能力不强。城市多样性的涵盖面很广，不仅自然资源要多样，功能、产业、人群、空间、景观等都要多样。其次是包容性，有机包容讲究内在的关联与平衡，不能相互排斥，不能以大压小，要实现生态复合系统之间的平衡。如公共服务设施的布局，工业文明时代关注集聚和效率，传统规划将大量文化设施集中布局，提升服务能级；到了生态文明时代，更好的做法应该是将文化设施分散到社区中，让服务设施与社区形成有机融合的包容体，通过关联性提升社区的活力和设施使用的效率。

思考题

1. 现行空间规划用地分类体系差异比较分析。
2. 国土空间规划与现有各类规划的联系与区别分别是什么？
3. 国土空间规划体系"五级三类"的具体内容是什么？
4. 国土空间规划的编制要求是什么？
5. 国土空间规划双评价的含义是什么？
6. 国土空间规划的编制审批程序是什么？
7. 国土空间规划报批审查要点是什么？
8. 区域性专项规划和行业专项规划的含义及类型分别是什么？

第九章

乡村振兴和乡村规划

中国是一个传统的农业大国。一直以来，乡村在国家发展中占据着重要的地位。随着社会经济水平的不断发展，城乡差距日趋明显，城乡居民的矛盾也日益尖锐，协调城乡经济发展，进而深入推动城乡一体化，以及实现农村农业现代化的目标，已经成为当今社会各界所关注的主要问题之一。乡村规划在构建乡村发展新蓝图中具有重要作用。乡村地域和乡村人口数量庞大，制定科学合理的乡村规划是实现乡村发展的重要措施。

第一节　乡村振兴战略与乡村规划

一、乡村振兴战略意义要求与目标

1. 战略意义

党的十九大报告提出实施乡村振兴战略，具有重大的历史性、理论性和实践性意义。从历史角度看，它是在新的起点上总结过去，谋划未来，深入推进城乡发展一体化，提出了乡村发展的新要求、新蓝图。从理论角度看，它是深化改革开放、实施市场经济体制、系统解决市场失灵问题的重要抓手。从实践角度看，它是呼应老百姓新期待，以人民为中心，把农业产业搞好，把农村保护建设好，把农民发展进步服务好，提高人的社会流动性，扎实解决农业现代化发展、社会主义新农村建设和农民发展进步遇到的现实问题的重要内容。

2. 战略要求

（1）产业兴旺。部署了一系列重要举措，构建现代农业产业体系、生产体系、经营体系，完善农业支持保护制度。同时，通过发展壮大乡村产业，激发农村创新创业活力。

（2）生态宜居。提出强化资源保护与节约利用，推进农业清洁生产，集中治理农业环境突出问题，实现农业绿色发展，并确定推进美丽宜居乡村建设，持续改善农村人居环境。

（3）乡风文明。提出传承发展乡村优秀传统文化，培育文明乡风、良好家风、淳朴民风，建设邻里守望、诚信重礼、勤俭节约的文明乡村，推动乡村文化振兴。

（4）治理有效。建立健全党委领导、政府负责、社会协同、公众参与、法治保障的现代乡村社会治理体制，推动乡村组织振兴，打造充满活力、和谐有序的善治乡村。

（5）乡村生活富裕。在改善农村交通物流设施条件、加强农村水利基础设施网络建设、拓宽转移就业渠道，以及加强农村社会保障体系建设等方面都出台了一系列措施。

3. 战略目标

（1）到 2020 年，乡村振兴取得重要进展，制度框架和政策体系基本形成。

农业综合生产能力稳步提升，农业供给体系质量明显提高，农村一、二、三产业融合发展水平进一步提升；农民增收渠道进一步拓宽，城乡居民生活水平差距持续缩小；现行标准下农村贫困人口实现脱贫，贫困县全部摘帽，解决区域性整体贫困；农村基础设施建设深入推进，农村人居环境明显改善，美丽宜居乡村建设扎实推进；城乡基本公共服务均等化水平进一步提高，城乡融合发展体制机制初步建立；农村对人才吸引力逐步增强；农村生态环境明显好转，农业生态服务能力进一步提高；以党组织为核心的农村基层组织建设进一步加强，乡村治理体系进一步完善；党的农村工作领导体制机制进一步健全；各地区各部门推进乡村振兴的思路举措得以确立。

（2）到 2035 年，乡村振兴取得决定性进展，农业农村现代化基本实现。

农业结构得到根本性改善，农民就业质量显著提高，相对贫困进一步缓解，共同富裕迈出坚实步伐；城乡基本公共服务均等化基本实现，城乡融合发展体制机制更加完善；乡风文明达到新高度，乡村治理体系更加完善；农村生态环境根本好转，美丽宜居乡村基本实现。

（3）到 2050 年，乡村全面振兴，农业强、农村美、农民富全面实现。

实现乡村产业振兴、人才振兴、文化振兴、生态振兴、组织振兴，推动农业全面升级、农村全面进步、农民全面发展。

二、乡村振兴战略实施路径

1. 实现村庄规划管理基本覆盖

各地要在县（市）域乡村建设规划指导下，科学划定村庄类型，因地制宜地推进村庄建设规划编制，避免"一刀切"和"齐步走"，不得强行撤并村庄。通过编制村庄建设规划，做到农房建设有规划可依、行政村有村庄整治安排，不搞运动式编规划。暂时没有条件编制建设规划的村庄，可以将县（市）域乡村建设规划、乡规划或镇规划作为村庄建设、整治和乡村建设规划许可的管理依据；确定搬迁撤并的村庄和拟调整的空心村原则上不再编制村庄建设规划。

2. 因地制宜编制村庄建设规划

具有一定基础和基本条件的村庄，应编制以人居环境整治为重点的村庄建设规划，提出农村生活垃圾治理、卫生厕所建设、生活污水治理、村内道路建设和村庄公共设施建设等整治项目并明确时序。有基础、有条件和有需求的村庄要在人居环境整治规划基础上编制更加全面的村庄建设规划，制定厕所粪污治理、村庄产业项目、农房建设和改造、村容村貌提升和长效管护机制建设等相关措施。民宿经济发展较快、建设活动较多的城郊融合类、特色保护类村庄，还应在上述基础上提出建设管控要求和特色风貌保护要求。

3. 组织多方力量下乡编制规划

组织动员大专院校、规划院和设计院等技术单位下乡开展村庄建设规划编制和咨询服务。接受委托的编制单位要组织技术骨干，真正摸清村庄情况，深入了解村民意愿。鼓励注册规划师、注册建筑师等具有工程建设执业资格的人员，以及艺术家、热爱乡村的有识之士从事村庄建设规划编制工作，提供驻村技术指导。

4. 全面推行共谋、共建、共管、共评、共享的工作机制

乡（镇）负责做好规划编制组织工作，支持自下而上编制规划，并依法组织规划审查和报批工作。村委会组织动员村民充分表达意愿和建设需求，全程参与规划编制，并将经批准的村庄建设规划纳入村规民约一同执行。规划编制人员要通过实地调研、走访座谈、开会讨论、组织培训等方式与政府、村委会、村民共同商议村庄建设发展蓝图，将建设需求转化为规划内容，制作规划简明读本或实用手册，规划批准后定期回访村庄并指导规划实施。

5. 探索建立符合农村实际的规划审批程序

省级住房和城乡建设（规划）部门要加快完善村庄建设规划审批机制，按照党中央、国务院关于深化"放管服"改革的有关要求，制定便于基层管理人员操作的审批标准，进一步缩短审批时间，避免机械套用城市规划审批程序。

三、乡村规划的概念、内容

1. 概念

城乡规划包括城镇体系规划、城市规划、镇规划、乡规划和村庄规划。乡村规划一般是指城乡规划法中的村庄规划。乡村规划是依照法律规定，运用适宜的经济技术合理地进行乡村的空间规划布局、土地利用规划，以及生产生活服务设施和公益事业等各项建设的部署与具体安排，同时也对乡村自然资源和历史文化遗产保护、防灾减灾等方面做出规划安排。

2. 内容

乡村规划一般包括乡村空间战略规划、乡村产业发展规划、乡村居民点规划、乡村用地布局规划、乡村景观规划、乡村基础设施与公共服务设施规划等内容。

（1）乡村空间战略规划

乡村空间规划一般需关注以下几点内容：①注重功能的组合。乡村空间按功能要求一般划分为公共空间、半公共空间、私密空间三类。②注重服务系统的完善。各类服务设施的设置要充分考虑村民的生产、生活要求及使用便利的原则。③注重生态环境的保护。在乡村规划设计时应充分结合乡村的地形地貌，保护基地内原有的河流、山坡等自然因子及保护耕地。④注重人文环境的建设。结合乡村当地的历史人文传统和村民生活模式，进行乡村空间的组织。⑤注重基础设施的完善。要做好各专项规划，特别是道路、排水、环卫等专项规划。

（2）乡村产业发展规划

目前，乡村振兴的重点之一是促进产业转型，乡村产业正由传统劳动密集型向新型高新技术密集型或资本密集型转变。发展新型产业，如乡村旅游、田园综合体等则是推动产业兴旺、乡村发展、乡村振兴的另外一个重要举措。要将推动乡村产业振兴与推动乡村产业发展有机结合，紧紧围绕发展现代农业，围绕农村一、二、三产业融合发展，构建乡村产业体系，实现产业兴旺；要把产业发展落到促进农民增收上来，全力以赴消除农村贫困，进而推动乡村生活富裕。

（3）乡村居民点规划

居民点是乡村居民聚居和生产资料集中配置的场所，是组织生产和生活的地方。它是由居住生活、生产、交通运输、公用设施、园林绿化等多种体系构成的复杂综合体。自 2005 年党的十六届五中全会通过的《中共中央关于制定国民经济和社会发展第十一个五年规划的建议》文件中提出"建设社会主义新农村是我国现代化进程中的重大历史任务"以来，乡村居民点的研究与实践便得到了重视。国内针对乡村居民点的空间布局优化、乡村居民点的发展形态、乡村居民点的战略模式及乡村居民点的用地布局等主题开展了深入研究，提出了一系列可操作、可实践的乡村居民点布局模式，如提出撤村改居、联片聚合、积极发展、控制发展、原址改造、整体搬迁等乡村居民点用地调控类型。

（4）乡村用地布局规划

乡村用地布局规划强调严格遵守规划与建设红线，对非建设用地不能进行建设活动。对建设用地要本着集约节约的原则加以利用。首先，乡村拥有丰富的自然资源环境，进行乡村用地布局时应尊重自然肌理，采取适度集中的方法，避免土地资源的浪费；其次，乡村的主题是居民，进行乡村规划建设时要本着以人为本的原则，根据村庄的发展定位，在满足生活便利的同时，乡村用地布局要有利于居民进行生产活动；最后，规划应注意近、中、远期相结合，要结合乡村人口增长和经济不断发展的预测判断，留有各项设施建设的备用空地。

（5）乡村景观规划

对山区与丘陵地区，可利用高差打造地景长廊；对高铁高速沿线两侧，可增加生态林带的建设；对平原地区，可将景观打造与农田林网相结合。乡村绿化是乡村进行景观规划的重要手段，不同的绿化组织方式和绿地系统是实现乡村最佳景观效果的重要途径。乡村绿化主要包括环村林带绿化、街道绿化、庭院绿化、墙体绿化、空闲地绿化、节点绿化六种类型。进行乡村景观规划时要通过上述这几种绿化形式的合理组织，形成以环村林带为外环，公共绿地为中心，其他几种类型的绿化为基础的"点、线、面"相结合的乡村网络式绿地系统。

（6）乡村基础设施与公共服务设施规划

基础设施是乡村居民生产、生活的前提。乡村基础设施与公共服务设施的完善关乎居民生活的质量水平，也反映出村庄的整体发展水平。基础设施主要包括道路工程、给水工程、排水工程、环卫工程、燃气工程、供电工程、通信工程等，在规划阶段的专项规划中应结合上位规划及发展愿景进行合理的统筹安排。公共服务设施具有公益性和营利性，根据当地的经济发展水平、参照相关的国家规范、地方标准进行合理的选择。在进行乡村公共服务设施规划时，应采取集中和分散布置相结合的方法，使其能更好地为居民服务。

四、乡村规划的类型

1. 按规划主体划分

（1）政府主导型

政府主导型乡村规划是指由中央政府或地方政府推动，通过政策、制度、规划及项目等手段引导乡村规划发展的实践类型。在政府主导型乡村规划中，政府是乡村建设实践的启动者和组织者。政府通过制定政策或者发起规划项目，调动人力、物力，组织乡村居民与社会参与，积极推动乡村规划建设，在乡村规划建设中起着主导性作用。

政府主导型乡村规划的目标一般是实施国家发展计划，是国家或地方发展战略的重要组成部分，往往具有较强的计划性。政府主导型乡村规划是一种自上而下、行政推动的发展模式，是乡村规划建设中最基础的一类实践，往往意味着乡村发展的重大制度变迁或政策创新。

（2）乡村自发型

乡村自发型乡村规划是指依靠农民自身创造和乡村内自然发展的乡村规划建设实践类型。这类规划中的主导者往往经济实力突出，政治民主、文化水平或素质较高，他们有效组织利用各类资源，带领乡村规划建设发展。比较典型的是，改革开放以来涌现的华西村（图9-1）、滕头村、刘庄及三元朱村等"明星村"的乡村规划建设实践。

图 9-1 华西村村貌

乡村自发型规划的目标是实现乡村的经济水平进步，即主要为改善乡村生产生活环境，追求农民共同富裕，提升村民生活水平，直接的受益群体是村民自身。乡村自发型规划往往具有鲜明的地域特色，乡村建设的内容各不相同，是一种自下而上的自主创新规划模式。图9-2所示的华西村就是乡村自发型规划的典型案例。

图 9-2 华西村旅游业发展现状

（3）政府主导村民参与型

不同于政府主导和乡村自发型的权责相对单一，政府主导村民参与型乡村规划充分调动了村民的积极性，由政府主导提出可供不同经济条件和不同类型村庄选择的村民参与模式，让村民参与规划政策制定和决策，进而有效增强了乡村建设规划的合理性和科学性。

政府不仅提供政策和部分资金支持，还是组织、主持整个规划过程的主导力量；村委会主要是配合协调政府的工作；非政府组织具有"规划培训""政策宣传"和"监督招投标"的任务；规划师除了在"分析问题"和"制作多方案"两个阶段依据规划的专业思考方式和规划技巧完成，其他阶段都站在综合、协商、评判的角度处理问题和平衡利益。如图 9-3 所示的政府主导村民参与型乡村规划，村民在整个规划过程中参与"前期调研""确定规划目标""选择方案""确定方案""论证"和"方案实施"六个阶段。

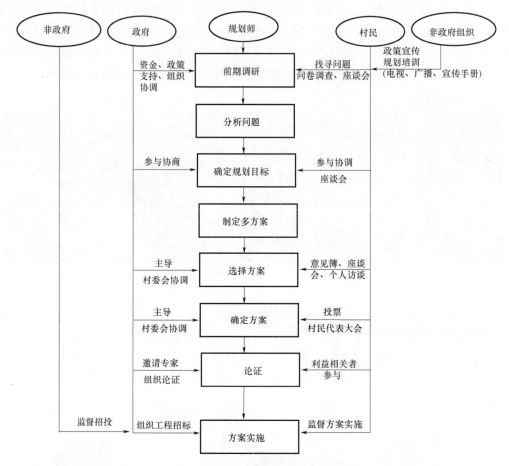

图 9-3 政府主导村民参与型乡村规划

2. 按规划层级分类

现有城乡规划体系中涉及乡村规划的只有"村庄规划"。国内学者提出乡村规划按层级可分为三层次、三类型，即县、镇域、村域（行政村）三个层次，基本对应"乡村总体规划""村庄规划""村庄建设规划"三种规划类型。其中：

乡村总体规划属于县、镇域片区规划层次，主要包括规划区内城乡建设控制和乡村地区发展引导等内容；村庄规划属于村域层次，主要包括规划区内村庄建设用地控制、村域用地布局、村庄布点和村域产业发展引导等内容；村庄建设规划属于村庄层次，主要包括村庄建设用地边界、村庄平面布局、村庄详细设施、基础设施与公共设施布局等内容。

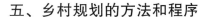

五、乡村规划的方法和程序

1. 乡村规划的方法

村庄规划编制体系需要从不同层次入手，考虑对不同层级规划的指引与管控，并采用分区、分阶段路径，分类、分级的思路提出有针对性的技术手段。这两者需要扣紧远期目标和通过建立在利益协商基础上的公众参与，实现倡导性的规划编制。从这个层面出发，乡村规划方法主要包括：

（1）远景蓝图定方向、阶段破题定路径，双线导向应对规划难点

一方面将规划目标导向与问题导向两条线索结合思考。目标导向是传统而重要的规划思路。首先在宏观层面，乡村规划的上位规划之一的县域规划应建构全域体系，确定城乡一体化发展战略，统筹镇村布局和土地、交通、公共服务、基础设施、生态等各项空间资源配置，即围绕若干合理、清晰的目标展开规划。目标的确定要基于对乡村地区发展现状的摸查和未来发展潜力、发展条件的科学预判，以保障整体、统筹全局为重点；中观层面目标关注次区域（主要指乡镇）的整体发展、主要矛盾及其解决方案，不应过度纠缠于细节；微观层面的村庄发展目标要注意既定目标的可行性和操作性，例如在规划期内能否实施、有关任务能否分解推进、责任主体和执行主体是否明确及其权限是否匹配等。

另一方面以问题为导向是适应局部复杂地区规划的有效方法。县域乡村建设规划主要以一种更宏观的视角和一些更有效的手段统筹协调各镇街、乡和村庄的利益关系；通过技术设计为各利益阶层的博弈提供一个公平的制度环境。中观层面问题导向的规划方法，要善于归类分级，深入剖析次区域发展关键、特有问题的根源和实质，提出解决方案；微观层面重在解决乡村眼前紧迫问题的同时，兼顾长远目标的实现。

（2）宏观战略布局，强调广度；微观关注战术手段，关注精度

宏观层面的规划要关注发展过程中的主要矛盾与核心问题，妥善处理长远发展目标和现阶段迫切问题的关系，从全局性、战略性的高度明确理念和思路，拟定统领整体的规划结构与框架体系。规划方法强调抓大放小，注重问题覆盖面的广度，避免深陷细节。

微观层面的规划要深入结合村庄自身发展建设的实际，结合扎实的现状踏勘和调研访谈，统筹协调政府管理意图和群众真实诉求的矛盾，集中力量解决村民最关心的生产、生活问题。农村现实情况复杂，局限、约束各有差异。

（3）分区组织规划框架、分类提出控制要求、分级确定配套标准

依据总体规划对县域主体功能区的划分和界定，县域乡村建设规划应当结合主体功能区组织规划框架，并提出不同功能区乡村差异化的规划策略。这种分区组织主要体现在两个方面：第一，有关规划内容要以主体功能区为基础进行分析和编制；第二，各项规划成果应当以主体功能区为单元分别梳理和表达，体现规划意图和内容逻辑的内在关联性。

2. 乡村规划的程序

乡村规划的编制应该涵盖总体规划、专项规划、详细规划三个层次的内容，并遵循一定的规划思路和程序。

（1）总体规划

总体规划重在把握乡村的战略发展方向，需要在宏观层面对应乡村发展问题，基于规划拟解决的核心问题明确乡村发展条件和发展目标。具体内容有：

第一，确定发展条件和发展目标：通过针对性的现状调查，全面梳理乡村外部发展环境与机遇、自身发展基础与优势、发展困难与存在问题，并在此基础上制定科学的发展目标。

第二，测算发展规模：依据城镇化水平与发展路径和建设指标体系，确定乡村人口规模与用地规模。

第三，安排空间布局：制定乡村生态环境保育和历史文化保护规划、划定建设管制分区。

第四，村镇体系规划：对接上位规划，包括重点地区与重点城镇、村庄分类、美丽乡村集群，明确上位规划对乡村地区的影响。

第五，产业发展规划：制定目标导向的产业发展战略（包括农业发展、旅游业发展及经营模式建议），构建可持续发展的乡村产业体系。

第六，用地布局规划：主要包括村庄建设用地总体布局、新增住宅、新增经济留用地、新增公服设施用地。

第七，道路交通规划：主要包括主要村道与骨架路网的衔接，确定村庄主要道路与高快速路、主干路的衔接技术要求，以及村庄不同等级道路的控制要求和建设技术标准。

第八，设施统筹规划：主要包括公共服务设施规划、基础服务设施规划。

第九，乡村风貌整治规划：包括乡村对村庄民宅的风貌指引，规划对临水边、临山地传统村落居民点进行风貌导控；道路界面风貌整治；公共活动空间风貌整治，主要包括村入口、祠堂、村民广场、中心公园的风貌导控；标识系统风貌整治等内容。

（2）专项规划

专项规划是偏发展战略指导的规划，可按照我国乡村规划的内容对应乡村产业发展规划、乡村居民点布局与节地控制规划、乡村景观规划、乡村基础设施与公共服务设施规划、乡村环境规划、乡村旅游规划等专项内容。

（3）详细规划

详细规划层面是直接与乡村要建设的具体开发项目对接的修建性详细规划，是乡村规划落实的阶段。主要是对乡村规划项目库中的试点项目、节点项目进行详细规划，以提升产业品质为目的，通过政府牵头引导市场资本的投资与建设。涉及的主要程序和内容包括：

第一，项目概括与背景解析：介绍项目区位，周边自然环境、交通环境，对项目基地现状进行分析，提出乡村项目建设规划重点与内容。

第二，总体构思与目标定位：通过现状资源的分析，构思合理的资源开发模式，进行项目定位。

第三，项目策划与空间布局：对项目进行功能分区，并对各分区进行详细规划设计，对相关用地进行土地利用与土地调整规划，制定土地利用规划平衡表。

第四，建设项目库：提出乡村项目投资开发的具体模式，基于开发模式提出项目各个时期的建设内容与建设主体，并做出项目预算，以确保项目有序实施。

第五，投资预算：对项目的经营规模进行预测，预算前期投资和运营成本，进行成本效益分析。

因此，从总体上看，乡村规划就是基于不同规划层次的乡村群产业发展、用地开发、基础设施体系框架，提出从总体规划层面、建设导控层面和修建性详细规划层面的规划侧重点，形成"功能分区划定－规模预测－空间布局－规划管理"的整体规划思路。

第二节　乡村产业布局与发展规划

一、乡村产业发展因素

1. 资源禀赋

多数乡村可充分利用山、水、林、田、湖等环境资源、动植物资源、矿产资源等建立生产基地，形成农村资源型产业链。有些乡村可将农业与商贸、旅游、教育、文化、康养等产业融合，发展旅游观光、民俗体验、文化旅游等产业，促进乡村产业发展。

2. 交通区位

交通是产业对外运输的主要路径，交通的可达性制约着乡村产业的发展。交通发达的地区，不仅能够为农业产业提供市场，也能为其提供一定的经济效益，所以乡村产业的布局一般应选择在交通聚集的地区。反之，交通区位优势不足，特别是处于较为偏僻的乡村地区，不利于产业的运输，其产业发展较为缓慢。

3. 市场规模

市场规模的大小对乡村产业发展有较大的影响。一般来说，距离乡村集市较近的产业布局受市场经济辐射大，规模较大；反之，距离乡村集市较远的产业布局受市场经济辐射小，规模较小。乡村产业的发展必须尊重产业成长规律，发挥市场在资源配置中的作用，要科学了解市场供给情况，预测市场变化。

4. 产业技术

在乡村产业发展中，应大力推广应用乡村废物循环利用技术、农作物清洁技术、立体种植技术（图9-4）。例如，在田间进行废弃物循环利用工作，将畜牧业、食用菌、废弃物循环节能使用，建立示范片区发展循环产业。

图9-4　农业产业立体种植技术

二、乡村产业发展模式

近年来，国内多个乡村在产业发展过程中充分利用产业优势和产业特色，实现了农业生产聚集、农业链条延伸、产业带动效果明显的态势。综合来看，在乡村产业发展过程中形成了五种代表性的产业发展模式（图9-5）。

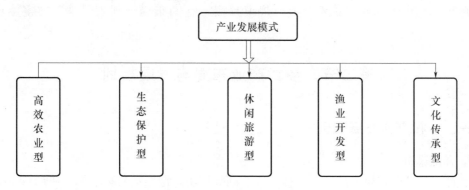

图9-5　乡村产业发展模式

1. 高效农业型

高效农业型主要指在我国农业生产区以发展农业作物为主，利用现代化农业生产技术推进农业结构优化调整，促进种养业全面发展的产业模式。如图9-6所示的福建省漳州市平和县三坝村，其特点是农田水利设施相对完善、农产品商品化率和农业机械化水平高。

2. 生态保护型

生态保护型主要指在生态优美、环境污染少的地区，合理组织农、牧、副、渔业的发展，其特点是自然条件优越、水资源和森林资源丰富、具有传统的田园风光和乡村特色、生态环境优势明显，具有将生态环境优势转变为经济优势的潜力，适宜发展生态旅游产业模式。如图9-7所示的浙江省安吉县山川乡高家堂村就是生态保护型产业发展模式的典型案例。

图9-6　福建省漳州市平和县三坝村　　　图9-7　浙江省安吉县山川乡高家堂村

3. 休闲旅游型

休闲旅游型主要指在旅游资源丰富，住宿、餐饮、休闲娱乐设施齐全，交通便捷，在适宜发展旅游的地区建立的产业发展模式。如图9-8所示的江西省婺源县江湾镇为使更多群众受惠于乡村旅游，积极引导开发农业观光旅游项目，打造篁岭梯田式四季花园生态公园，使农业种植成为致富的风景，成为乡村旅游的载体。

4. 渔业开发型

渔业开发型主要指在沿海和水网密集的渔业产业区（包括海水养殖业和淡水养殖业），乡村根据水产品需要量、养殖面积、单位养殖面积产量进行开发的产业模式。如图9-9所示，甘肃天水市武山县推广鲑鳟鱼为主的冷水鱼品种，培育发展休闲渔业，全县渔业产业实现了从粗放到精养、从单一养卖到提供垂钓、餐饮、休闲观光等综合服务方式的巨大转变，养殖规模不断扩大，呈现出良好的发展态势。

图 9-8　江西省婺源县江湾镇　　　　图 9-9　甘肃天水市武山县休闲渔业

5. 文化传承型

在具有特殊人文景观，包括古村落、古建筑、古民居及传统文化的地区，乡村文化资源丰富，适宜发展文化传承型产业模式。如图9-10所示河南省洛阳市孟津县平乐镇平乐村以牡丹画产业发展为龙头，扩大乡村旅游产业规模，探索出一条新时期依靠文化传承建设的乡村产业发展模式。"小牡丹画出大产业"的平乐村被河南省文化厅授予"河南特色文化产业村"荣誉称号，平乐镇被文化部、民政部命名为"文化艺术之乡"。

图 9-10　河南省洛阳市孟津县牡丹花画展

三、乡村产业布局要点

1. 种植业为主的产业布局要点

以种植业为主的产业布局主要以经营粮食作物、林果、花木业为主，可主要依托现代农业示范区辐射作用，建设果蔬生态基地。种植业产业布局应均衡分布，建立动静结合的种植业功能分区，规划展示区、采摘区、生产区的功能化布局，划定产业规划轴线，形成以主导产业为核心的轴线布局模式，推动种植业的发展。如图9-11所示的九真乌龙湖休闲农庄，是重点打造的国家第三批现代农业示范区之一，中草药种植是这里的一大特色，以中草药种植为特色产业来带动地区发展。

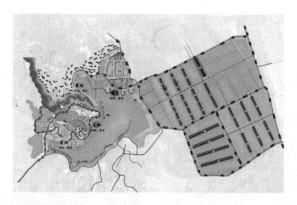

图 9-11　九真乌龙湖休闲农庄

2. 畜牧业为主的产业布局要点

以畜牧业为主的产业布局是在合理利用各地区自然资源和经济资源的基础上，确定畜牧业生产方向和饲养畜禽品种，实施分区规划，将畜牧业按照品种划分为不同区域进行生产。可以针对动物对自然生态条件的不同要求，把牲畜生产配置在最适宜它们生长发育的地区，将畜牧业生产的区域分为农区、牧区、半农半牧区三个区域。

3. 农业与乡村旅游业混合的产业布局要点

这类混合产业布局以农业资源为依托，将农业生产、艺术加工、休闲体验等产业布局融为一体，打造现代化农业旅游区，发展形成特色产业发展方向。农业与乡村旅游业混合的产业布局应将农业和旅游结合布置，以农村田园景观、农业生产活动和特色农产品为旅游亮点，开发不同特色的农业主题旅游活动，形成生态"农场养殖—种植—特色餐饮—乡村旅游"产业布局链，形成特色农业观光园、休闲农业园、民俗度假村等不同形式的混合布局模式。如图 9-12 所示，成都"五朵金花"景区由不同花卉主题组成，

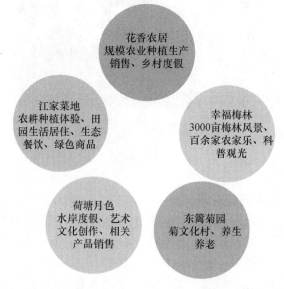

图 9-12　成都"五朵金花"农业和乡村旅游混合产业布局

注：1 亩＝666.67m²，下同。

即红砂村的"花乡农居"、万福村的"荷塘月色"、驸马村的"东篱菊园"、幸福村的"幸福梅林"、江家村的"江家菜地",打造集休闲度假、观光旅游、餐饮娱乐、商务会议等于一体的城市近郊生态休闲度假胜地。

4. 加工制造业的产业布局要点

这类产业布局要顺应绿色发展的趋势,通过布局绿色产品、建设绿色工厂、发展绿色园区,循环生产打造绿色供应链,完善绿色制造体系,打造绿色加工制造业布局。乡村加工制造业在布局上要协调加工区、产品区、生产区的功能分区的关系,扶持当地传统特色产品进行绿色加工,形成手工艺品、旅游工艺品、民俗文化纪念品等制造产品。

四、乡村典型产业布局与发展

1. 特色种植业

特色种植业指农作物、林木、果树和观赏植物形成了区域种植优势的产业,主要分为农作物种植、立体生态农业和生态林种植三类。

重点建设粮食生产区、农产品生产区和特色农产品优势区,建设稳定优质的农产品基地;划定粮食生产片区,选择资源条件较好、相对片区集中、生态环境良好、基础设施比较完备的区域进行生产,要求集中生产种植比例大致合理,稳定设置蔬菜面积,保障蔬菜均衡供应。

如图9-13所示的湘潭盘龙大观园种植产业园位于湘潭市岳塘区荷塘乡指方村、青山村、荷塘村3个村范围内,是长株潭"绿心"区域。园内生产区主要包括:蔬菜博览园,主要布局以现代农业技术为主,园中所有生产要素、生产工艺全部采用环保、无污染标准,技术采用滴灌、水培、雾培;采摘园,主要包括茶花园、紫藤园、农耕园,形成花卉片区、苗木种植区和精品盆花区,功能分布合理,呈轴线布局;展示区,主要包括杜鹃园、樱花园、荷花园、兰花园、盆景园,产业布局采用集约种植的方式,合理规划植物种植面积,优化区域布局。

图9-13　湘潭盘龙大观园种植产业园

2. 加工制造业

加工制造业是指乡村发展过程中对第一产业产品进行加工的部门，以发展农副产品加工、手工制作、建筑材料、造纸、纺织、食品等作为主要内容，积极引进循环无污染工业，防止化工、印染、电镀等高污染、高能耗、高排放的产业向乡村转移，着力打造一批市场竞争力强、辐射带动面广的产业。

统筹布局生产、加工、物流、研发、示范、服务等功能板块，集中完善加工制造基础设施和配套服务体系；明确自身的资源优势，通过当地合理的加工发展模式，集合产业发展规划，把当地传统特色产品进行绿色加工。

响洪甸村位于安徽省六安市西部大别山地区，是六安瓜片茶叶的核心产区，茶园总面积约为3510亩，茶叶总产量为60t（据2012麻埠镇农业统计年报表），在村域范围内分布范围较广，共有茶叶生产企业12家，茶叶品质略有差异，齐山所产茶叶品质最佳。响洪甸村茶产业特色循环加工流程如图9-14所示。

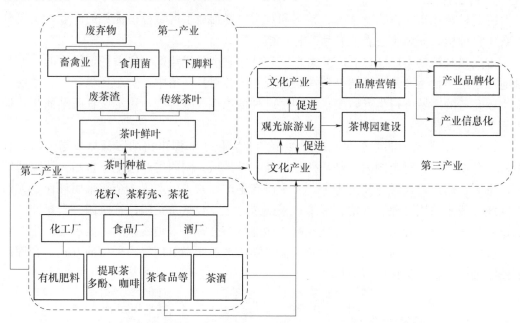

图 9-14　响洪甸村茶产业特色循环加工流程

3. 休闲旅游业

休闲旅游业指以山、水、林、田等自然资源为依托，将农产品和旅游相结合，拓展农业景观功能，提高农产业附加值，在融合一产和三产的基础上，集"休闲-观光-生态"一体化的产业。

发挥乡村特色与优势，选择有利于发挥自身优势的乡村休闲旅游产品，推进农业、林业、文化、康养等产业深度融合，满足游客多元化需求；布局上可划分为休闲主次功能区，动态和静态布局相互结合，配套适当的游客服务中心、停车场、旅游厕所、标识标牌等旅游公共基础设施。

如图9-15所示，株洲市荷塘月色核心区是株洲市的天然生态屏障，现已形成"一环两带、一心三区"的产业空间布局结构。一心为荷塘月色核心景区（以千亩荷塘为核心），三区为文化体验区、山地探险区、田园观光区。其中，文化体验区主要由仙庾岭道教公园、渔樵耕读、佛教公园三个功能区组成，供游人分别体验道教养生文化、传统的耕读文化和佛教文化，以打造宗教文化的修炼交流中心和健康养生文化的体验发展中心；山地探险区主要发展国际赛车运动、郊野健身休闲、拓展生存训练、自驾车野营等项目；田园观光区主要发展生态农业、设施农业、特色瓜果种植业。荷塘月色核心区将建设成为"两型社会"乡村休闲旅游产业的典范。

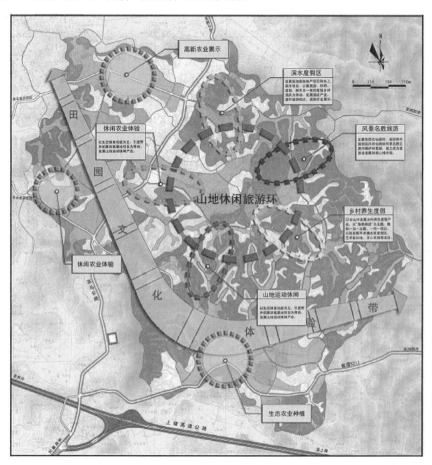

图 9-15　株洲市荷塘月色核心区乡村旅游产业布局

第三节　乡村居民点布局与节地控制规划

一、乡村居民点的定义

乡村居民点一般是指从事农业生产人口聚居的场所，主要包括农业集镇（乡镇）、中心村和基层村三类。从这个定义出发，乡村居民点即遵循可持续发展战略，通过乡村生态系统结构调整与功能整合、生态文化建设与生态产业发展，实现农村社会经济稳定发展与农村生态环境有效保护的农业居民点。乡村居民点用地一般以村民住宅用地为主，辅以村庄公共服务用地、产业用地和基础设施用地等其他村庄建设用地。

节地控制规划是一定地区范围内，在保证土地的利用能满足国民经济各部门按比例发展的要求下，依据现有自然资源、技术资源和人力资源的分布和配置状况，对土地资源的合理使用和优化配置所做出的集约性安排和控制性规划。

二、乡村居民点布局与优化

1. 布局要素

（1）地形气候

乡村所在区域地形主要包括平原、谷地、丘陵和山地等类型。例如，平原和河谷地形平坦、腹地广阔，有利于规模化农业生产活动的开展和乡村居民点集中成片建设，其规模往往较大，人口数量多、密度高。

（2）地理区位

地理区位方面，距离城市或镇区较近的乡村受市场经济辐射较大，经济社会发展水平较高，规划布局与建设发展更加规范有序。反之，偏远地区受到的辐射较小，一般乡村居民点布局建设的随意性与盲目性更强。

（3）资源禀赋

乡村发展一般以种植业、采摘业和畜牧养殖业等为主要产业，其发展基本都以自然资源为依托，尤其是河流水系往往对村落布局起到决定性作用。

（4）交通条件

随着经济社会的发展，道路交通成为乡村发展方向的主要廊道，同时道路延伸的可达性也成为制约乡村空间生长的瓶颈。

（5）服务设施

为了充分利用乡村已有基础设施、公共服务设施等条件，服务设施的服务半径、服务能力及布局模式对村落的空间结构、居民点规模及布局具有重大影响。

（6）经济水平

社会经济发展水平是乡村内部持续变动的根本因素，也往往对居民点空间布局的动态变化产生决定性作用。

（7）人口结构

随着大量农村劳动力向城市的转移，村内老人、儿童、妇女等家庭成员的留守推动着村庄家庭人口结构的变化，农村人口结构的两极分化加深了乡村居民点的固有矛盾，也带来了更复杂的农村问题。

（8）社会观念

我国传统农业社会受封建思想的绑缚较为严重，较早的农业聚居点都注重阴阳堪舆、象天法地等布局思路，而后宗法思想和礼教秩序对村庄的空间结构、建筑体制都有较为深刻的影响。

（9）其他要素

除以上因素外，政策引导、文化观念、地方习俗等其他要素也会影响居民点的选址布局。

2. 布局模式

乡村居民点布局模式是乡村长期农业经济社会发展过程中人类生产活动和区位选择

的累积成果。它反映了人类及其经济活动的区位特点及在地域空间中的相互关系。通过梳理归纳，乡村居民点布局模式大致可以分为如图 9-16 所示的四种。

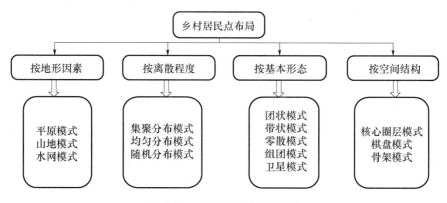

图 9-16　布局模式分类示意图

3. 布局原则

（1）集约节约用地原则

集约用地主要是为提高乡村居民点建设用地的集约程度和使用效率，努力盘活存量用地。节约用地主要是指在乡村居民点建设过程中最大限度地利用村内空地、废弃地、闲置宅基地和"四荒地"，以及低缓的山丘坡地进行建设活动。

（2）适当集中布局原则

遵循土地集约节约的利用原则，适当集中布置建设项目，引导居民集中紧凑建造房屋，最大限度地提高土地利用的集约度和利用率。

（3）突出重点，循序渐进原则

在调整居民点内部空间时要找准问题重点，有计划、有条理地安排规划建设的进程，合理协调各类资源高效运用，逐步推进闲置土地和不合理用地的功能调整。

（4）因地制宜，分类引导原则

对出现的不同问题，要进行科学的、分门别类的指导，采取多种解决问题的方式有效调整居民点布局。

（5）统筹城乡建设用地，实现区域动态平衡原则

统筹城镇建设用地与乡村居民点用地两大主体，实现区域范围内建设用地动态平衡，协调区域整体发展，增强地区发展的系统性和总体平衡。

4. 优化思路

首先，要结合乡村的实际情况、居民建设的需求和布局优化的意愿等，提出合适的优化方案；其次，要对提出的优化方案在组织、运行、机制保障等方面进行细节性的落实；再次，对不同的优化方案进行综合性效果评价和绩效考核，以评估和监督方案制定和实施，使实际作用效果达到最佳；最后，也是特别值得注意的是，优化方案一定要遵循乡村居民点布局所提出的原则，达到因地制宜、科学合理的效果，充分考虑对历史文化内涵的尊重和延续，充分考虑乡村居民群众的意愿与利益（图 9-17）。

5. 优化设计

（1）优化要素系统集成

图 9-17　乡村居民点布局优化思路流程图

乡村居民点空间布局要素系统主要包括建筑系统、道路系统、开发空间系统与功能结构系统。

（2）布局优化模式

布局优化模式是在广泛的乡村居民点布局调整实践与研究过程中总结出的科学经验。当前优化模式主要包括功能主导优化、农户主导优化、撤并优化和等级优化模式等。

（3）布局优化设计策略

针对不同类型乡村居民点的具体实际情况与发展模式，提出因地制宜的布局优化策略，如宅基地置换策略、旅游及资源开发策略、高效农业发展策略。

（4）布局优化设计路径

基于合理的优化调整策略，归纳出乡村居民点布局优化设计路径，主要包含三个阶段，即调研、分析论证和成果反馈，如图 9-18 所示。

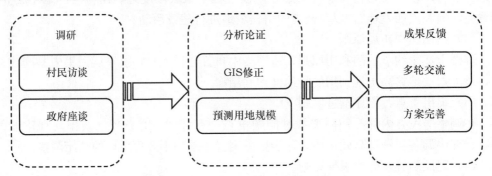

图 9-18　乡村居民点布局规划设计思路

三、乡村居民点节地控制规划

1. 节地控制技术体系构建

（1）目标与原则

乡村节地规划技术体系的构建是为土地资源节约集约利用提供技术层面指导，使节地控制规划具备完整的技术集成系统。

构建乡村节地控制规划技术体系应遵循以下原则：第一，实用性原则。技术体系应该以具体实践性技术方法为内容，服务土地资源集约节约利用。第二，整体性原则。各层面技术应该着眼于节地整体布局，要求相互配合应用以取得最佳效果。第三，动态性原则。随着科学技术的不断发展，完善节地控制规划技术体系，适应新时期土地资源利用出现的新问题。

（2）体系内容构架

如图 9-19 所示，乡村节地控制规划技术体系按照技术分类法主要分为规划技术和专项技术两个层面。规划技术层面以各层次各专项规划为主要内容，进行有针对性的宏观政策调控和用地布局安排；专项技术层面以直接用于生产资料和生活资料实体的开发和生产的技术为主要内容，实现微观层面专项土地节约集约功能的改进与完善。

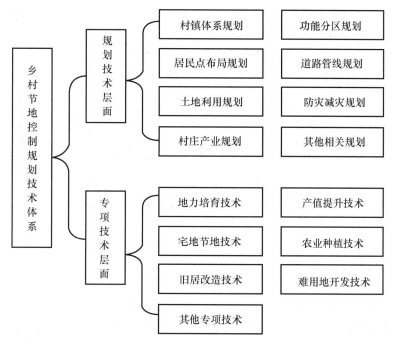

图 9-19　乡村节地控制规划技术体系

2. 节地控制标准

乡村节地控制标准是为了实现节地规划目标而设定的技术标准，主要涉及政策管理、技术方法、相关行业标准等方面。根据《2008—2010 年资源节约与综合利用标准发展规划》，可将乡村节地控制标准具体分为管理类、监测类、规划类、使用类、整理类、其他行业标准六大类节地控制标准，见表 9-1。

表 9-1　乡村节地控制标准

序号	一级标准	二级标准
1	管理类标准	土地利用标准、土地集约利用综合性标准、节地术语分类标准等
2	监测类标准	土地监测标准、土地统计标准、农村建成区监测标准、农用地等级评估标准、耕地质量评价标准、林草地监测评价标准等
3	规划类标准	土地总体利用规划标准、村庄建设规划标准、基础设施规划标准、功能结构规划标准、产业用地规划标准、基本农田保护规划标准等
4	使用类标准	建设用地使用标准、农业用地使用标准、其他产业用地使用标准、重大基础设施使用标准、交通建设用地使用标准等
5	整理类标准	居民点土地整理标准、农用地整理标准、林草用地整理标准、废弃地整理标准、中低产田改造标准等
6	其他行业标准	农业种植技术标准、第二、三产业节地标准等

3. 节地控制规划评价体系

为保证乡村节地控制规划效率与节地控制效果，可尝试构建节地控制规划评价体系。主要分为节地技术落实监测和节地效果衡量评价两个方面（图 9-20）。

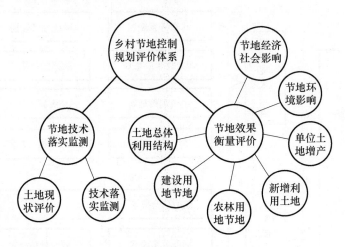

图 9-20　乡村节地控制规划评价体系

（1）节地技术落实监测

主要是对乡村现有土地状况和现行土地政策、规划、技术程度进行收集评估，对乡村节地控制规划指标体系的动态性调整和落实使用程度进行动态追踪和实时评价，判断节地技术的实际实施效果。

（2）节地效果衡量评价

通过建设密度与容积率计算法、面积增减算法、节地率计算法、集中程度分析法、层次分析法等计算方法，对区域土地总体利用结构、建设用地节地、农林用地节地、新增利用土地、单位土地增产、节地环境影响、节地经济社会影响等节地控制规划实施后的效果进行量化评估与评价。

第四节　乡村基础设施与公共服务设施规划

一、规划内容

乡村的公共服务设施一般包括服务中心、卫生、教育、文化、商业、邮电等生产和生活性服务设施。在规划建设时，需要重点考虑村域的共建共享、服务半径的合理性。村庄规划用地分类和代码见表 9-2。

村庄规划用地分类指南中明确规定了村庄公共服务用地（V2）。该用地类型主要指用于提供基本公共服务的各类集体建设用地，包括公共服务设施用地、公共场地。

村庄公共服务设施用地（V21）应为独立占地的公共管理、文体、教育、医疗卫生、社会福利、宗教、文物古迹等设施用地，以及兽医站、农机站等农业生产服务设施用地。

村庄公共场地（V22）是指用于村民活动的公共开放空间用地，应包含为村民提供公共活动的小广场、小绿地等。

村庄产业用地（V3）应为独立占地的用于生产经营的各类集体建设用地。村庄产业用地细分为两小类，即村庄商业服务业设施用地（V31）和村庄生产仓储用地（V32）。

村庄基础设施用地（V4）是指为村民生产生活提供基本保障的村庄道路、交通和公用设施等用地。它包括村庄道路用地（V41）、村庄交通设施用地（V42）、村庄公用设施用地（V43）。

表 9-2　村庄规划用地分类和代码

类别代码			类别名称	内容
大类	中类	小类		
			村庄建设用地	村庄各类集体建设用地，包括村民住宅用地、村庄公共服务用地、村庄产业用地、村庄基础设施用地及村庄其他建设用地等
	V1		村民住宅用地	村民住宅及其附属用地
		V11	住宅用地	只用于居住的村民住宅用地
		V12	混合式住宅用地	兼具小卖部、小超市、农家乐等功能的村民住宅用地
	V2		村庄公共服务用地	用于提供基本公共服务的各类集体建设用地，包括公共服务设施用地、公共场地
		V21	村庄公共服务设施用地	包括公共管理、文体、教育、医疗卫生、社会福利、宗教、文物古迹等设施用地，以及兽医站、农机站等农业生产服务设施用地
		V22	村庄公共场地	用于村民活动的公共开放空间用地，包括小广场、小绿地等
V	V3		村庄产业用地	用于生产经营的各类集体建设用地，包括村庄商业服务业设施用地、村庄生产仓储用地
		V31	村庄商业服务业设施用地	包括小超市、小卖部、小饭馆等配套商业、集贸市场及村集体用于旅游接待的设施用地等
		V32	村庄生产仓储用地	用于工业生产、物资中转、专业收购和存储的各类集体建设用地，包括手工业、食品加工、仓库、堆场等用地
	V4		村庄基础设施用地	村庄道路、交通和公用设施等用地
		V41	村庄道路用地	村庄内的各类道路用地
		V42	村庄交通设施用地	包括村庄停车场、公交站点等交通设施用地
		V43	村庄公用设施用地	包括村庄给排水、供电、供气、供热和能源等工程设施用地；公厕、垃圾站、粪便和垃圾处理设施等用地；消防、防洪等防灾设施用地
	V9		村庄其他建设用地	未利用及其他需进一步研究的村庄集体建设用地
			非村庄建设用地	除村庄集体用地之外的建设用地
N	N1		对外交通设施用地	包括村庄对外联系道路、过境公路和铁路等交通设施用地
	N2		国有建设用地	包括公用设施用地、特殊用地、采矿用地，以及边境口岸、风景名胜区和森林公园的管理和服务设施用地等

1. 交通类

乡村道路网是乡村的基本骨架，用以划分及联通各用地并且串联各基础设施。通过不同道路网结构将形成不同的乡村空间结构及不同的空间发展形态。一般来讲，通过乡村道路的不同组合，往往形成方格网式、环形放射式、自由式及混合式四种主要发展形态（图 9-21）。

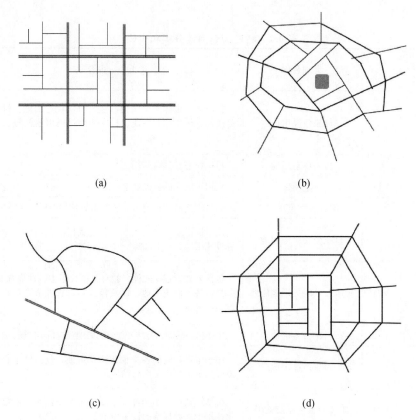

图 9-21　道路组织形式示意图
(a) 方格网式；(b) 环形放射式；(c) 自由式；(d) 混合式

由于不同等级及性质的道路在断面选择时考虑的侧重点的不同，乡村道路路幅宽度及断面的选择要因地制宜，选择适合该路通行量及符合地形条件的断面形式。在进行乡村规划建设时，可参考的不同路幅宽度道路如图 9-22 所示。

2. 行政类

乡村的行政类基础设施主要是村民委员会（村部）及其他机构部门。规划者需要征求乡村居民意愿并根据现状及未来发展的需求选择一个适合发展村委会及其他行政部门的用地，或是在原址上进行更新改造。乡村行政类设施一般主要包括村部九室：书记室、主任室、图书室、会议室、活动室、值班室、计划生育工作室、卫生室、党员活动室。

乡村村部一般布局在乡村主要道路及较大的居民点或学校附近，多为人口较为密集的区域，公共服务设施多集中布置。例如《山东省村庄建设规划编制技术导则》明确给出几种公共设施布局示意图（适用于村部）（图 9-23、图 9-24）。

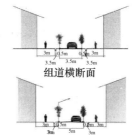

组道横断面

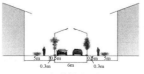

乡道横断面

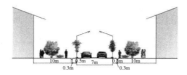

乡道横断面

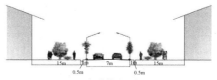

县道横断面

省道横断面

国道横断面

图 9-22 道路横断面示意图

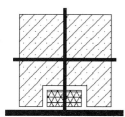

布置于村庄主要出入口处

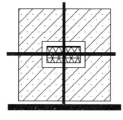

布置于村庄中心位置

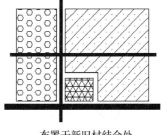

布置于新旧村结合处

图 9-23 公共设施布点示意图

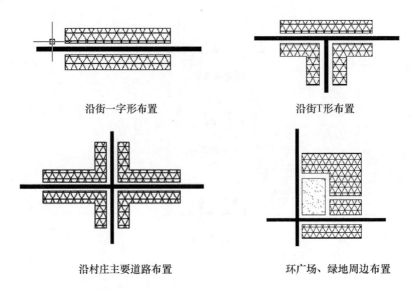

沿街一字形布置   沿街T形布置

沿村庄主要道路布置   环广场、绿地周边布置

图 9-24 乡村行政类公共设施排列方式示意图

3. 教育及养老类

乡村教育及养老设施主要包括小学、幼儿园、托儿所、卫生院（所、室）等。其中，乡村幼儿园和中小学建设应符合教育部门布点规划要求，也要符合村镇规划编制办法及村庄规划标准中对不同层次乡村的布点要求。

大部分乡村尤其是偏远地区乡村及山区乡村均有留守儿童，乡村居民对教育资源需求迫切。由于该类乡村地区人口分布较分散，因此教育资源的布置必须考虑交通的便捷性，其中，小学的布置主要在中心村；基层村由于教育资源需求较小较少布置中小学，一般结合现状布置幼儿园。公共建筑项目配置表见表 9-3。

表 9-3 公共建筑项目配置表

类别	项目	中心镇	一般镇	中心村	基层村
教育机构	专科院校	○	—	—	—
	高级中学、职业中学	●	○	—	—
	初级中学	●	●	○	—
	小学	●	●	●	—
	幼儿园、托儿所	●	●	●	○
医疗保健	中心卫生院	●	●	—	—
	卫生院（所、室）	—	●	○	○
	防疫、保健站	●	○	—	—
	计划生育指导站	●	●	○	—

注：表中●表示应设的项目；○表示可设的项目。

4. 商业类

对乡村商业类设施的布局除引导与行政类、教育类设施的有效结合，定期赶集的场所需要尊重现有场所外，地方政府也应提供场所保障。以山东省为例，山东省对商业服务性设施包括各类商业服务业的店铺（日用百货、食品店、综合修理店、小吃店、便利店、理发店、盈利性娱乐场所、物业管理服务公司、农副产品收购加工点等）和集市贸易提供专用建筑和场地。

5. 生活配套类

生活配套类设施包括的类别较多，主要包括为乡村居民生产、生活提供配套服务的设施。各类公共服务设施应以方便村民使用为原则，结合村民习惯进行合理布局。公共服务设施宜相对集中布置，考虑混合使用，形成乡村居民活动中心。以长沙市为例，为进一步改善农村居民的配套设施，长沙市村庄规划编制技术标准中明确乡村需配置的项目，相应建筑面积控制指标及设置要求，见表9-4。

表9-4　长沙市公共服务设施项目规定

项目名称	建筑面积控制指标	设置要求
文化站	$200\sim600m^2$	内容包括多功能厅、文化娱乐、图书、老人活动用房等，其中老人活动用房占三分一以上
综合便民商店	$100\sim500m^2$	内容包括小食品、小副食、日用杂品及粮油等
自行车、摩托车存车处	1.5辆/户	一般每300户左右设一处
汽车厂库	0.5辆/户	预留将来的发展用地

注：大、中、小型农村应依次分别选择其高、中、低值。

6. 市政工程类

工程管线类设施主要包括给水、排水设施，电力、电信设施，环保环卫设施等。乡村给水、排水设施要依据地形及道路布置，以自流管线为最佳。水源可以考虑地下井水、泉水，靠近镇区或水厂的可考虑自来水厂进行集中供水、尽量避免每户各自打井取水。排水管线要结合污水处理池布置，经污水池处理后依据地形就近排放至农林用地、水系等自然用地。给水管网和排水管网需以自流为主，给水管网可采取部分压力管网或布置增压设施，以保障供水。

电力电信工程应以上位规划为依据进行乡村电力电信规划设计。其中，高压线走山林或农田上方，并设置高压走廊、远离人群密集区域；一般电力电信管线主要沿道路布置，变电器、变电箱等布置在路旁方便管理的位置。

环卫设施如垃圾桶、垃圾池应布置在路旁，环卫路线要呈环线布置，尽量避免垃圾收集路线穿过居民点内部。环线的回程最好远离居民点，以减少对乡村居民的影响。将垃圾统一收集至集中处理站进行无害化处理，有条件的地区可采取垃圾发电，将废物资源化利用以减少对环境的污染，提高资源利用率、资源化和无害化处理率。

二、规划要点

1. 乡村生活性基础设施

（1）给水、排水及污水处理设施

乡村的水源主要来源为地下水、泉水、自来水。地下水和泉水的供水方式是集中采水，再布置管线连接至有需要的地方。一般仅有城镇附近的乡村或者水厂附近的乡村才会采用自来水厂集中供水。

乡村一般生活性废水普遍经污水处理池处理再经排水管网排入附近的农田、绿地、水系等。但工业废水及养殖废水经一般的污水处理池并不能完全处理，需配置对应的处理池或小型污水处理厂。

（2）道路设施

乡村道路交通系统规划设计的要点是通过整合乡村各级道路，改造乡村土路，建造宅前步行硬化路面道路等，形成环式与尽端式相结合的路网形式。

①道路分级

规划应结合相关规范要求及乡村道路的情况，将乡村道路分为四级：

过境道路：乡村重要的对外交通联系道路。

乡村主要道路：主要是用于各项用地之间联系的道路，内部联系各用地之间车流和人流的主要道路。

乡村次要道路：各用地内的主要道路，以更新改造为主，拥有完整道路网，用地内部供车辆及人行的主要道路。

宅前道路：各居民点内部联系乡村次要道路与各乡村居民住宅入口的道路。

②道路类型

结合村庄的实际及乡村居民日常生活的特点，规划乡村道路分为生活型及生产型道路两种类型。

生活型道路：主要满足乡村居民日常生活出行的需要，同时也是乡村居民日常交流的重要场所，是充满生活气息的道路。生活型道路的特点为交通流量较为稳定且应考虑安全防护。

生产型道路：主要满足乡村居民生产活动的需要，道路等级为村庄主要道路。生产型道路的特点为农忙时节交通流量较大且应满足农畜机械及运输车辆的通行要求。

2. 乡村社会发展基础设施

（1）乡村义务教育设施

根据当地乡村的具体情况结合相关法律法规、技术规范与标准具体配置农村义务教育类基础设施，尽量避免重复配置、过度配置或配置缺失等问题。

（2）乡村卫生设施

乡村卫生设施主要指卫生站（室）。与农村义务教育设施相似的是，多个省市的乡村规划导则同样制定了具体的配置标准。例如长沙市公共服务设施项目规定明确了卫生站（室）建筑面积控制指标为 $0.06 \sim 0.27 \mathrm{m}^2 /$ 户，设置要求为可与其他公建合设。

（3）乡村文化设施

乡村文化设施主要指文化站、党政宣传栏及老年人活动站，多布置于村委会附近或与其他公建合设，通常伴有小型广场。

3. 防灾减灾类设施

乡村防灾减灾设施主要包括消防、防洪排涝、抗震减灾、防地质灾害、气象灾害防御等类型。对乡村防灾减灾，应按照"预防为主，防、治、避、救相结合"的原则，保护村民生命和财产安全，保障村庄建设顺利进行。

（1）防洪设施

乡村的防洪规划应按现行《防洪标准》（GB 50201）的有关规定制定。乡村的防洪设施一般达到 10～20 年一遇标准，并根据具体情况制定。乡村的防洪规划应与当地的江河、水库、农田水利设施、绿化造林等规划相结合，统一整治。

（2）消防设施

乡村应按规范设置消防通道、消防供水设施，尤其是在主要公共建筑及集中的居民点应配置消防设施。各类消防设施的配置需考虑死角问题，避免出现消防设施覆盖死角，充分保障乡村的消防安全。

（3）防地质灾害设施

乡村的防灾减灾应与乡村的公共空间相结合，如村委会、学校等有开敞空间的用地可作为主要疏散场地，并结合卫生室保障救援，同时乡村的主要道路一般为疏散通道及救援通道。

三、案例

下面以湖南省浏阳市北盛镇亚洲湖村为例进行介绍。

1. 基本情况

亚洲湖村位于湖南省浏阳市北盛镇捞刀河西岸，东与北盛镇隔河相望，北与浏阳经开区毗邻，西、南两向与拔茅村、百塘村相连。村庄距浏阳城区 26.6km，距长沙中心城区 40km 以内，驾车只需 1h 左右。村庄分别处在株洲、湘潭、岳阳的 1.5h、2h、2.5h 交通圈内。浏醴高速和开元东路在村内交叉互通，浏阳市国家级经济开发区健康大道穿村而过，交通便利，区位优势独特。

2. 规划结构

亚洲湖村规划形成"一心一环三水四片"的结构（图 9-25）。

一心：村部。

一环：村内主要绿道。

三水：亚洲湖、月牙湾、托塘湿地公园。

四片：田园风光区、神秘探索区、丝绸村部落、休闲创意街。

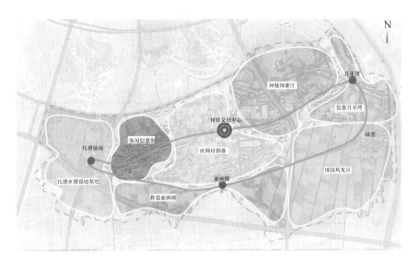

图 9-25　空间结构规划图

3. 基础设施与公共服务设施规划

亚洲湖村规划完善基础设施与公共服务设施，主要从标识标牌规划指引、公共服务设施规划、市政公用设施规划及综合防灾规划等方面着手（图9-26、图9-27）。

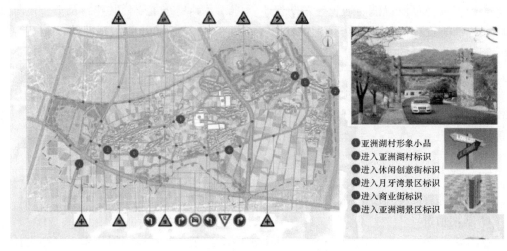

图 9-26　标识标牌规划引导图

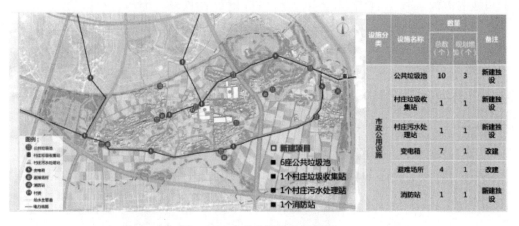

图 9-27　市政公用设施规划图

第五节　乡村景观规划与环境规划

一、景观规划内涵

近年来，国内理论界对乡村景观规划进行了深入分析。如刘滨谊认为乡村景观规划是在认识和理解景观特征与价值的基础上，通过规划减少人类对环境的影响，将乡村景观视为自然景观、经济和社会三大系统高度统一的复合景观系统。刘黎明则认为乡村景观规划与设计就是要解决如何合理地安排乡村土地及土地上的物质和空间来为人们创造高效、安全、健康、舒适、优美的环境的科学和艺术，为社会创造一个可持续发展的整体乡村生态系统。

总体来看，国内普遍都强调乡村景观在规划过程中的适宜性、功能性、生态特性、经济合理性、文化性和继承性，认为运用生态规划方法使乡村能够合理布局，体现地方特色，指出乡村景观规划首先应平衡景观、经济、社会三者之间的关系，使之能够成为一个稳定的乡村景观系统，提出在城市化进程中，通过对乡村景观规划理论和方法的研究对乡村进行合理布局，能够有效地避免因城镇化而牺牲乡村特有景观，能够维护乡村生态系统，保护其稳定的乡村景观格局，提升产业经济与社会水平，营造一个良好的生态环境。

二、景观规划内容

1. 水域景观规划

水域景观是体现乡村景观生态性的重要因素。在保证其功能作用下，应考虑挖掘美观价值及休闲价值。水域景观主要包括水塘景观、沟渠景观及河道景观。

（1）水塘景观

要注重修复生态系统，尽量以自然式亲水岸为主，采用当地石材或植被进行驳岸处理，避免大面积的混凝土铺置，实现水陆的自然过渡，提升水塘的美观价值及生态价值，深入挖掘水塘景观的休闲价值，提高农民的收入（图9-28）。

（2）沟渠景观

对沟渠的设计，主排水渠通常用混凝土或者条石进行砌筑，渠坡采用缓坡形，缓冲水位过大时对边坡的冲击力。缓坡上种植草皮进行生态护坡。田间地头的次水渠一般用土质沟渠，尽量减少人造硬性化设计，沟渠的边坡可以任其生长杂草，保证田间的生态性（图9-29）。

图 9-28　水塘景观　　　　　　　图 9-29　沟渠景观

（3）河道景观

河道是乡村的廊道景观，具有蓄水、灌溉、美观、游憩等多种功能。在规划中要注意疏通河道及垃圾处理，在保证排洪畅通的前提下，要注意生态理念的体现。对断头水应找清原因，因地制宜、合理地进行各水系连通，保证水系的畅流（图9-30）。

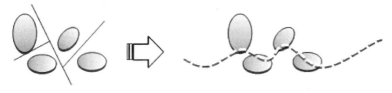

图 9-30　水系梳理图

2. 绿化景观规划

乡村绿化景观主要包括庭院绿化景观、公共绿地景观、边缘绿化景观及道路绿化景观。

（1）庭院绿化景观

为突出乡村特色，庭院绿化一般选择当地适宜的蔬菜、果树，对房前屋后进行美化绿化。本着经济性、生态性、科学性的原则，房前屋后可适量种植核桃、杏、柚子、梨、枣等植物，院内可栽植葡萄、丝瓜。为体现生态性，可在屋后栽植杨树，院内种植适量的月季、紫藤、紫薇等。科学性表现在植物的合理搭配上，尤其是院落的绿化景观要考虑到通风和光照（图9-31）。

图 9-31　乡村庭院绿化景观

（2）公共绿地景观

乡村公共绿地的建设应该坚持生态性、特色性原则，主要以乡土植物为主，选取抗性强、适应性广、便于粗放管理的植物，采用自然式的搭配方式，以求营造一个自然生态的绿地景观（图9-32）。

图 9-32　乡村公共绿地景观

（3）边缘绿化景观

就地取材使用边缘空地种植速生林，在建筑庭院外围及院落内种植低矮的林木、果木，共同营造聚落边缘景观，形成乡村良好的天际线，与乡村自然生态的田园景观融为一体，使乡村的聚落边缘在一定程度上隔绝外界污染及噪声，保持聚落内部的生态平衡（图9-33）。

图 9-33 乡村边缘绿化景观

（4）街道绿化景观

街道绿化为乡村绿化的重点，绿化可按照乔、灌、草合理搭配。乔木宜选择冠大、荫浓、抗病、寿命长、具有良好视觉效果的种类，如银杏、栾树等；灌木可选丁香、连翘等；地被可选择多年生且造价低廉便于管理的植物。应合理划分层次，打造错落有致的景观带或者景观道路线。

3. 生产景观规划

（1）农田景观规划

农田景观规划包括农田斑块及农作物配置。从生态学的景观空间配置来看，比较科学的农田配置是以大面积的农田斑块为中心，周围绕以农田小斑块附着相连（图 9-34）。但在实际规划中要考虑当地的地形及沟渠现状，小斑块可以培养农产品的多样性，大斑块利于农作物的机械化操作。因此，在农作物的配置选择上，宜采用竖向种植、套作及轮作等方式，增强农田景观的稳定性。另外可考虑农作物的景观潜力，发展大地艺术。

图 9-34 农田景观布置示意图

（2）林、果业景观规划

林、果业生产区是乡村景观过渡较强的区域。出于生产上的考虑，乡村地域林区树种的配置以混交林为主比较好，相比较而言有更加稳定的生态系统，且生长快、景观好。除此之外，林木的规划要自然，横向上疏密有致，竖向上富有层次。林区草坪面积不宜过大，一般不超过 1hm^2，宽度宜为 10～50m，长度不限，草地形状尽量避免呈规则的形状，边缘的树木呈自然布置小树群，树群的面积不应小于总面积的 50%。树群应结合林木种植，以小树群混交为好，每个树群面积以 5～20hm^2 为宜，最大不过 30hm^2。

4. 美观效应规划

（1）道路景观

根据乡村的地形地貌条件，按照道路功能的不同，乡村道路通常划分为三个等级，即主干道（5.0～10m）、次干道（5.0m）和游步道（2～3.5m）。乡村道路一般以外线为主干道，尽量设计成环状，无论是主干道还是次干道，应尽可能沿着原来的路线整治，以沥青路面或水泥混凝土路面为主；游步道选线应注重道路线条走向的景观艺术美感，路网密度不宜过大，以免分割区域内重要的斑块，导致景观过于破碎化，路面应以碎石路面、青石板路面、陶瓷透水砖路面等为主。

（2）建筑景观

新建民居布局形式灵活自由，以院落式为主，遵循大聚集小分散的原则，建议用现代的建筑材料及手法表现地域的建筑特征，在整个外形上仍保持传统的面貌；改建民居遵循因地制宜的原则，尽可能使用当地建材，保留乡村原汁原味的淳朴风情（图9-35）。

图9-35 建筑景观

三、乡村景观规划案例

下面以北京市平谷区挂甲峪村为例进行介绍。

1. 基本情况

挂甲峪村位于北京市平谷区北部大华山镇，属燕山南麓余脉的一部分，北、东、南三面环山，中间为一狭小的丘陵盆地，地势东南高西北低，鸟瞰视角下，如龙庭座椅一般。其外环峰峦连绵不断，内伏丘壑蜿蜒起伏，海拔在180～623m，是一处不可多得的自然风景区，面积约为5km²（图9-36）。

2. 空间结构

以文化为灵魂，以生态为亮点，生态与文化并重，通过生态展示文化，通过文化提升生态内涵，使生态山水资源成为逍遥文化的表现载体，将空间结构布局规划为"一带一心三组团"（图9-37）。

图 9-36 挂甲峪村

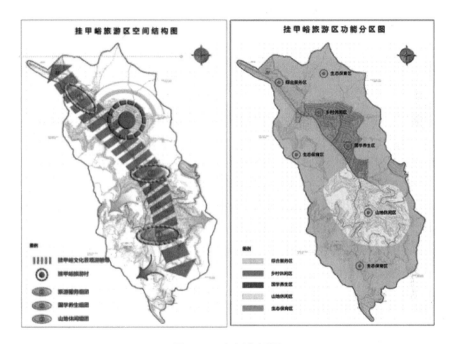

图 9-37 空间布局图

3. 重点项目

（1）旅游服务综合体：在入口处，建设集游客服务中心、标志性寨门于一体的建筑，以"六郎挂甲"为主题，构建风貌古朴、彩旗飘扬的入口景观（图 9-38）。

（2）养生休闲街：采用临建木屋形式，沿入村路侧布局，集合养生餐饮、休闲茶吧等（图 9-39）。

图 9-38 综合服务区 　　　图 9-39 养生休闲街

（3）乡土游乐园：依托鹿鸣湖和现有欧式童话建筑，改造现有水系，形成"泉、瀑、潭、溪"自然野趣的水景观，将漂流与戏水活动结合，引入水上拔河、斗鸡、摔跤等各种乡土游戏。布局石坝、石阶、栈道、汀步、石桥、独木桥等，景随路变，沿途设水车坊、亲水平台、活动秋千、接力吊环、摇摇桥等乡土游憩小品，让游客在这里享受乡土之乐（图9-40）。

图9-40　乡村客栈群

四、乡村环境规划的内容

乡村环境规划的主要程序是在乡村环境调查分析的基础上开展环境预测，进而制定恰当的环境目标，并在一定时空范围内提出具体的污染防治和自然保护的措施与对策。

1. 乡村环境现状调查与评价

乡村环境现状调查与评价是规划方案制定的基础，包括乡村自然环境状况、社会经济状况、环境现状等方面调查与评估。环境现状调查应特别重视污染源的调查与评价，找出总量控制的主要污染物和主要污染源。

2. 乡村环境预测

结合乡村社会经济与环境现状、社会发展规划、社会经济发展目标、其他产业发展规划，运用相关公式和模型，预测产业发展方向和规模，对区域环境随社会、经济、产业发展而变化的情况进行预测分析，主要包括人口和经济发展预测、资源需求预测、主要污染物排放量预测、环境污染预测、环境质量预测及乡村环境的变化趋势预测，并对预测过程和结果进行详细描述和说明。

3. 环境规划目标

乡村环境规划目标的确定一般遵循以下原则：以规划区环境特征、性质和功能为基础；以经济、社会发展的战略思想为依据；环境规划目标应当满足人类生存发展对环境质量的基本要求；环境规划目标应当满足现有技术经济条件；环境规划目标要求能做到时空分解、定量化。

4. 环境措施研究

可采取的乡村污染防治和自然保护措施有：①根据自然生态系统环境的特点确定适宜的农业生产结构；②采取改良和增加农作物品种的措施，促进农业生态系统的稳定，增强其抵御自然病虫灾害的能力；③推广有效的农业生产技术，充分利用和保护土地资源，发展生态农业；④做好乡村工业的规划与管理，合理使用化学农药及肥料等，减少化学物质对土地和农作物的污染；⑤合理规划乡村住房等非农业用地，健全基础生活设施，美化乡村生态环境。

五、乡村环境规划的要点与实施路径

1. 生态环境：保护乡村生态环境和自然面貌

乡村环境规划要充分保护和利用村庄原有的山体、河流、水塘、树木和自然环境资源，充分考虑结合地形地势，尽可能避免对生态环境和自然景观的破坏，综合采用多种绿化手段，结合乡村原有的景观特色，完善原有的绿化系统，建设以自然风光为主调，突出乡村特色、地方特色和民族特色的新乡村环境。

2. 文化环境：发挥文化环境景观优势

乡村环境规划既要求与自然山水有机融合，保护好具有历史文化价值的古村落和古民宅，又要延续地域原有的建筑文化特色及传统村落的空间格局，深入挖掘积极健康的民俗文化活动，并逐项落实到新村的空间布局、景观规划、活动场所及建筑风格和功能设计之中。

3. 生活环境：改善乡村生活生态环境

（1）因地制宜地建设符合节约要求的居住房

乡村规划应发扬传统，结合实际，根据各地不同的气候地理环境，就地取材、因材施工，建设经济实用又具地方特色的乡土民居建筑。就地取材，有助于降低建筑成本。一般民居营建中，建筑材料投资占比最大，可达 70％～80％，甚至更高，选取经济实用的建筑材料显然更为实惠。一般采用新建、改建和扩建三种方式进行改造。建设情况良好且符合规划的现有村民居住区，宜采取改建或扩建的方式进行改造建设；对需要搬迁的村民居住区，拟采取拆除旧住房、建设以多层公寓为主的新住房的方式进行改造建设。

（2）改善村民生活条件，完善生活配套设施

进一步实施"三清三改"工作。"三清"主要是发动广大群众清除房内外的生产、生活垃圾；清除门前屋后污泥，铲除杂草，防止蚊子、苍蝇滋生；清除有碍行人通过的道路两边搭建物与垃圾，保持道路畅通。"三改"主要是改水、改厕、改路。

（3）改善乡村环境卫生

乡村环境卫生工作重点主要包括乡村规划和乡村整治两个方面。整治的类别包括散户散村迁建、移民并村、旧村整治及空心村整治。整治内容涵盖农村生产生活所必需的基础设施、公共服务设施，以及村庄风貌、环境治理等，包括村容村貌整治，村庄废坑废塘整治，村内闲置荒地改造和私搭乱建清理，打通乡村连通道路和硬化村内主要道路，配套建设村庄供水设施、排水沟渠、垃圾集中堆放点，村庄露天粪坑整治和公共厕所建设，村庄集中场院、村民活动场所和消防设施建设等。

（4）采取措施，有效控制乡镇企业带来的污染

按照统一规划、合理布局、综合治理的要求，整治乡镇企业，该淘汰的企业要坚决淘汰，该保留的乡镇企业要引导其向工业园区集中，实行乡镇企业污染的集中治理；要按照小城镇环境保护规划的要求，加快乡镇企业技术改造和生产技术升级换代，以降低物耗、能耗，减少污染排放，推行清洁生产，发展循环经济。

4. 环境建设：因地制宜，科学自主地实施环境规划建设

（1）编好环境规划

各地乡村的发展差距很大，在编制乡村环境规划中，需要根据当地的自然条件、经

济发展水平、资源优势、历史因素、文化内涵，因地制宜地编制科学合理的环境规划。在发达地区，应着手大规模解决环境问题；在经济比较落后的地区，要充分考虑农民的切身利益和发展要求，重在改善生态，消灭"脏乱差"，引进必要的生活设施。

（2）做好分期计划

乡村环境规划建设的实施是一项长期任务，既要着眼于改善村容村貌，又要尊重农民的意愿和充分考虑农民的承受能力；既要坚持节约和集约使用土地的基本原则，又要方便农民的生产生活，因此必须做好分期计划。

（3）坚持自主建设

乡村环境规划建设是乡村居民自己的事业，必须坚持以乡村居民为主体，集中群众的智慧，充分调动广大乡村居民进行环境规划、建设的积极性、主动性和创造性，依靠群众自己打造美好家园环境。

六、乡村环境规划案例

下面以湖南省长沙市望城县白箬铺镇光明村为例进行介绍。

1. 基本情况

如图 9-41 所示的光明村位于湖南省长沙市望城县白箬铺镇，全村总面积为 7.13km²，有 42 个村民小组 946 户，总人口有 3405 人。西与宁乡县毗邻，距长沙市 15km，属于长沙大河西先导区，金洲大道贯穿该村。金洲大道在望城县境内长度 12.42km，被称作"长沙大河西先导区第一路"，是先导区最具发展潜力的产业走廊的重要载体。金洲大道沿线风光秀丽、环境宜人，保持了原生态的田园风貌。金洲大道通车后，为光明村发展带来了前所未有的机遇。同时，光明村以其独有的自然山水特色和区位交通优势，赢得了政府领导、投资商客的青睐。借着长株潭"两型社会"综合配套改革试验区的机遇，为高起点、高标准地建设光明村社会主义新农村示范基地，打造"具有湖湘特色、集休闲、度假、观光于一体的生态农庄第一品牌"。

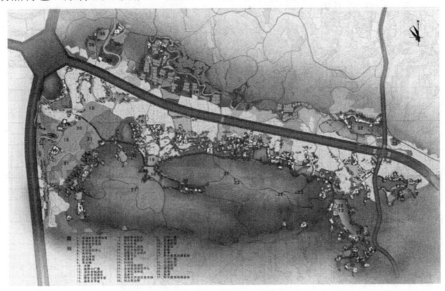

图 9-41　光明村总平面图

2. 乡村环境规划要点

（1）坚持民居改造与传承湘湘文化相结合

在实行民居改造时充分体现乡土风俗民情，强调"湖湘文化"特征，坚持不大拆大建，只是按照屋面、外墙、门窗、扫脚"四统一"要求进行"穿衣戴帽"改造，节约了大量资源。同时，宅内进行了改水、改厨、改厕，院内整理了菜园、花园、果园，环境实现了硬化、绿化、净化。

（2）坚持生态优先与改善基础设施相结合

乡村旅游公路、自行车道和登山游道都依山顺势修建，做到"不填塘、不挖山、不砍树"，完成了残次林改造补植树苗约1200株。推广生态能源，人居环境得到明显改善。充分考虑环保节能，登山游道路灯、自行车道灯都使用太阳能，群众做饭用沼气，洗澡用太阳能热水器。

（3）坚持外力推动与激活内生动力相结合

光明村每改造民居1户市财政奖励3万元，县、镇配套奖励1.8万元，使民居改造迅速走上良性发展轨道。182户主动申请改造的民居有85％主动完成建新拆旧工作，拆除旧屋54栋、围墙8处，主动敲破水泥坪地，建成生态绿地和庭院绿化带。对农民办"农家乐"缺乏资金的，财政提供3年贴息贷款8万元，目前，全村共申办"农家乐"五十多家，成为一批农村能人创业致富的"孵化器"，实现了"遵循自然改造，顺应民心发展"。

（4）坚持产业发展与对接城乡消费相结合

光明村依托省会城市巨大的消费市场，坚持以服务城市为主题对接城乡消费，找准了产业发展的着力点。流转出去的土地主要用于葡萄、荷花、蔬菜的种植和建设自行车训练比赛场地，大力发展现代生态休闲农业，并带动游、玩、吃、住、购等多种产业协调发展，走出了一条城乡统筹特色的产业发展道路。

第六节　乡村规划的实施

一、相关法律法规及国家技术规范与标准

1.《中华人民共和国城乡规划法》

为了加强城乡规划管理，协调城乡空间布局，改善人居环境，促进城乡经济社会全面协调可持续发展，中华人民共和国第十届全国人民代表大会常务委员会第三十次会议于2007年10月28日通过《中华人民共和国城乡规划法》，自2008年1月1日起施行。

《中华人民共和国城乡规划法》颁布以后，乡村规划的重视度才逐渐提升。城乡规划法新增了乡规划和村庄规划的相关内容，并且明确指出城乡规划应保持地方特色，合理确定发展规模，加快乡村基础设施的建设，提高农村居民生活水平。

2.《村庄和集镇规划建设管理条例》

《村庄和集镇规划建设管理条例》是国家为加强村庄、集镇的规划建设管理，改善村庄、集镇的生产、生活环境，促进农村经济和社会发展制定。该条例由中华人民共和国国务院于1993年6月29日发布，自1993年11月1日起施行。该条例第九条规定，村庄、集镇规划的编制，应当遵循下列原则：

（1）根据国民经济和社会发展计划，结合当地经济发展的现状和要求，以及自然环境、资源条件和历史情况等，统筹兼顾，综合部署村庄和集镇的各项建设；

（2）处理好近期建设与远景发展、改造与新建的关系，使村庄、集镇的性质和建设的规模、速度和标准，同经济发展和农民生活水平相适应；

（3）合理用地，节约用地，各项建设应当相对集中，充分利用原有建设用地，新建、扩建工程及住宅应当尽量不占用耕地和林地；

（4）有利生产，方便生活，合理安排住宅、乡（镇）村企业、乡（镇）村公共设施和公益事业等的建设布局，促进农村各项事业协调发展，并适当留有发展余地；

（5）保护和改善生态环境，防治污染和其他公害，加强绿化和村容镇貌、环境卫生建设。

3.《美丽乡村建设指南》

《美丽乡村建设指南》（GB/T 32000—2015）为推荐性国家标准。该国家标准由质检总局、国家标准委于 2015 年 5 月 27 日发布，并于 2015 年 6 月 1 日起正式实施。该指南坚持政府引导、村民主体、以人为本、因地制宜，持续改善农村人居环境；规划先行，统筹兼顾，生产、生活、生态和谐发展；村务管理民主规范，村民参与积极性高；集体经济发展，公共服务改善，村民生活品质提升的原则。该指南主要涵盖美丽乡村范围、规范性引用文件、术语和定义、总则、村庄规划、村庄建设、生态环境、经济发展、公共服务、乡风文明、基层组织、长效管理等十二个方面。

二、地方法规条例及政策

除了以上的城乡规划相关法律法规及国家技术标准以外，在编制乡村规划时也要依据当地具体的相关法规条例及政策具体制定适合当地发展的乡村规划。下面以《浙江省村庄规划编制导则》规划导则为例进一步说明。

为改善农村人居环境，建立适应浙江省的村庄规划编制体系，科学指导村庄规划编制，浙江省住房和城乡建设厅于 2015 年根据国家相关法律法规及标准规范的要求，结合浙江实际制定《浙江省村庄规划编制导则》。该导则在村域规划方面明确：

1. 资源环境价值评估

综合分析自然环境特色、聚落特征、街巷空间、传统建筑风貌、历史环境要素、非物质文化遗产等，从自然环境、民居建筑、景观元素等方面系统地进行村庄自然、文化资源价值评估。

2. 发展目标与规模

依据县市域总体规划、镇（乡）总体规划、镇（乡）域村庄布点规划及村庄发展的现状和趋势，提出近、远期村庄发展目标，进一步明确村庄功能定位与发展主题、村庄人口规模与建设用地规模。

3. 产业发展规划

尊重村庄的自然生态环境、特色资源要素及发展现实基础，充分发挥村庄区位与资源优势，围绕培育旅游相关产业，进行业态与项目策划，提出村庄产业发展的思路和策略，实现产业发展与美丽乡村建设相协调。统筹规划村域第一、第二、第三产业发展和空间布局，合理确定产业集中区的选址和用地规模。

4. 村域空间发展框架

依据村域发展定位和目标，以路网、水系、生态廊道等为框架，明确"生产、生活、生态"三生融合的村域空间发展格局，明确生态保护、农业生产、村庄建设的主要区域。

5. 两规衔接与土地利用规划

以行政村村域为规划范围，以土地利用现状数据为编制基数，按照"两规合一"的要求，加强村庄规划与土地利用规划的衔接，明确生态用地、农业用地、村庄建设用地、对外交通水利及其他建设用地等规划要求，重点确定村庄建设用地边界及村域范围内各居民点（村庄建设用地）的位置、规模，实现村庄用地"一张图"管理。

三、成果形式与要求

（1）规划文本主要包括规划总则、村域规划、居民点规划及相关附表等。

规划总则：一般包括指导思想、规划原则和重点、规划范围、规划依据、规划期限等。

村域规划：一般包括发展目标与规模、村域空间发展框架、村域产业发展规划、两规衔接与土地利用规划、五线划定等。

居民点（村庄建设用地）规划：一般包括村庄建设用地布局、公共服务设施规划、基础设施规划、村庄安全与防灾减灾、村庄历史文化保护规划、景观风貌规划与村庄设计引导、近期行动计划等。

相关附表：一般包括村庄建设用地汇总表、村庄主要经济技术指标表和近期实施项目及投资估算表等。

（2）规划图纸有村域规划和居民点（村庄建设用地）规划两大类。

村域规划（地形图比例尺一般为1：2000）：主要包括村域现状图、村域规划图、村域两规衔接与土地利用规划图、村域五线划定规划图等。

居民点（村庄建设用地）规划〔图纸比例一般为（1：500）～（1：2000）〕：主要包括村庄用地现状图、村庄用地规划图、村庄总平面图、村庄公共服务设施规划图、村庄基础设施规划图、近期建设规划图等。同时，为加强村庄设计引导，可增加景观风貌规划与村庄设计引导图、重点地段（节点）设计图及效果图等。

附件主要是对规划说明与主要图纸进行补充解释，可包括基础资料汇编、专题研究等。

思政小课堂

习近平总书记指出，打好脱贫攻坚战是实施乡村振兴战略的优先任务。乡村振兴从来不是另起炉灶，而是在脱贫攻坚的基础上推进。在脱贫攻坚的基础上接续乡村振兴战略已经成为越来越紧迫的任务，要清醒认识其重要意义。脱贫攻坚与乡村振兴的有机衔接，要有机地从"脱贫攻坚"过渡到"乡村振兴"，从"两不愁三保障"过渡到"产业兴旺、生态宜居、乡风文明、治理有效、生活富裕"。

第一，构建产业体系，实现从产业扶贫到产业振兴转变，为乡村振兴打牢基础。脱贫攻坚与乡村振兴衔接的基础在于产业振兴，产业振兴是建立解决相对贫困人口长效机制的"牛鼻子"，为生态振兴、文化振兴、人才振兴、组织振兴奠定经济基础。以产业发展为重点，发展多种形式规模经营，提升市场竞争力，做长链条，转型升级，构建现代农业产业体系，推进脱贫攻坚与乡村振兴多元化有机衔接。

第二，培育人才队伍，实现扶贫"尖兵"到人才振兴转变。脱贫攻坚与乡村振兴衔接的关键之一在于人的振兴、人才的振兴。无论是脱贫攻坚还是乡村振兴，激发人民群众的主体意识、培育自我发展的内生动力是根本办法。在脱贫攻坚中，把扶贫与扶志、扶贫与扶智有机地结合起来，着力培育贫困群众的内生动力，是我们打赢脱贫攻坚战的关键之举。扶志扶智可以通过开展劳动力转移培训、农村实用技能培训等，以精神激励人、以智力带动人，贫困群众有了"我要脱贫"的强烈意愿和"我能脱贫"的发展能力；乡村振兴中既需要"特别能吃苦、特别能战斗、特别能担当、特别能奉献"的优秀干部继续发挥"带头人"和"突击队"示范引领作用，更需要通过"内育"和"外引"，培养大批懂农业、爱农村、爱农民的新农民、新企业家、新技术专家。

第三，建设文明乡风，实现从文化扶贫到文化振兴转变。文化在脱贫攻坚与乡村振兴中具有引领作用。文化振兴应以社会主义核心价值观为引领，采取符合农村、农民特点的有效方式，加强爱国主义、集体主义、社会主义教育。一方面应充分发挥线上与线下两个平台作用，用科学的理论教育农民、武装农民。另一方面应整理乡规民约、族谱家训等道德资源，充分发挥村民身边先进典型的示范效应，弘扬中华民族传统美德，教育引导村民向上向善、孝老爱亲、重义守信、勤俭持家，培育文明乡风、良好家风、淳朴民风，深入推进乡村社会公德、家庭美德、村民品德建设。

第四，培育生态农业，实现从生态扶贫到生态振兴转变，以生态固本实现生态宜居。脱贫攻坚与乡村振兴的环境衔接在于生态振兴，要立足农村的生态优势，让良好生态成为乡村振兴的支撑点。生态振兴，要牢固树立"绿水青山就是金山银山"和"人不负青山，青山定不负人"的绿色发展理念，以生态振兴促进宜业、宜居、美丽乡村建设，坚持走生态优先、绿色发展之路，促进生态扶贫与生态振兴有效衔接。通过生态振兴，创新发展思路，探索将绿水青山转化为金山银山的具体路径，实现农业强、农村美、农民富的乡村振兴目标。

第五，完善乡村治理，为乡村振兴提供治理有效的组织保障。党的领导是乡村全面振兴的基石和保障，基层党组织在脱贫攻坚中发挥了重要作用，是"不走的工作队"，也是实施乡村振兴战略的"主心骨"，是乡村振兴的政治保障和组织保障。因此，要继续发挥基层党组织的组织优势，把广大基层党员和群众的思想、行动、力量和智慧凝聚起来，使他们齐心聚力投身乡村经济社会建设中。

思考题

1. 请结合某一具体乡村，分析乡村的内涵。
2. 请结合实际，论述乡村发展的主要途径。
3. 请简述乡村产业发展模式。

4. 请结合实际，论述乡村产业布局的要点。

5. 思考乡村居民点的模式分类。

6. 请结合某一县体乡村，论述乡村景观规划的框架与主要内容。

7. 请结合某一具体乡村，简述乡村基础设施与公共服务规划有哪些内容。

8. 乡村基础设施与公共服务规划需要注意什么要点？

9. 请结合某一具体乡村，论述乡村环境规划的主要内容。

10. 请结合实例，论述"乡村振兴"对乡村规划实施的"新要求"。

第十章

城市规划实施管理

城市规划实施管理主要是对各项建设活动实行审批或许可、监督检查及对违法建设行为进行查处等工作。通过对各项建设活动进行规划管理，保证各项建设能够符合城市规划的内容和要求，使各项建设对城市规划实施做出贡献，并限制和杜绝超出经法定程序批准的规划所确定的内容，保证法定规划得到全面和有效的实施。所谓"三分规划，七分实施"，说的就是实施管理比规划本身更重要。

第一节　城市规划实施管理概述

一、城市规划实施管理的概念

城市规划的实施主要是通过城市各项建设的运行和发展来实现。因此，城市规划实施管理主要是对城市土地使用和各项建设进行管理。城市规划实施管理是一种行政管理，具有一般行政管理的特征。它是以实施城市规划为目标，行使行政权力的过程和形式。具体地说，就是城市人民政府及其规划行政主管部门依据法定城市规划和相关法律规范，运用行政的、法制的、经济的和社会的管理资源与手段，对城市土地的使用和各项建设活动进行控制、引导、调节和监督，保障城市健康发展。

二、城市规划实施管理的根本目的

城市规划实施管理的根本目的是对城市空间资源加以合理配置，使城市经济、社会活动及建设活动能够高效、有序、持续地按照既定规划进行。城市规划的核心作用必须通过城市规划的实施才能得到真正体现，城市规划的制定目的在于规划能够得到实施，也即在城市建设和发展的过程中能够起到作用。

三、城市规划实施管理的作用

城市规划实施的首要作用就是使经过多方协调并经法定程序批准的城市规划在城市建设和发展过程中发挥作用，保证城市中的各项建设和发展活动之间协同行动，提高城市建设和发展中的决策质量，推进城市发展目标的有效实现。

城市规划的实施就是为了使城市的功能与物质性设施及空间组织之间不断地协调，这种协调主要体现在以下几个方面：

（1）根据城市发展的需要，在空间和时序上有序安排城市各项物质性设施的建设，使城市的功能、各项物质性设施的建设在满足各自要求的基础上相互之间能够协调、相

· 238 ·

辅相成，促进城市的协调发展。

（2）根据城市的公共利益，适时建设满足各类城市活动所需的公共设施，推进城市各项功能的不断优化。

（3）适应城市社会的变迁，在满足不同人群和不同利益集团的利益需求的基础上取得相互之间的平衡，同时又不损害城市的公共利益。

（4）处理好城市物质性设施建设与保障城市安全、保护城市的自然和人文环境等的关系，全面改善城市和乡村的生产和生活条件，推进城市的可持续发展。

四、城市规划实施管理的基本制度

城市规划实施管理的基本制度是规划许可制度，即城乡规划行政主管部门根据依法审批的城乡规划和有关法律规范，通过核发建设项目选址意见书、建设用地规划许可证、建设工程规划许可证和乡村建设规划许可证（通称"一书三证"），对各项建设用地和各类建设工程进行组织、控制、引导和协调，使其纳入城乡规划的轨道。

1. 建设项目选址意见书

建设项目选址意见书是在建设项目的前期可行性研究阶段，由城乡规划行政主管部门依据城市规划对建设项目的选址提出要求的法定文件，是保证各项工程选址符合城市规划，按规划实施建设的重要管理环节。

2. 建设用地规划许可证

《中华人民共和国城乡规划法》中规定："建设单位或者个人在取得建设用地规划许可证后，方可向县级以上地方人民政府土地管理部门申请用地。"第三十九条规定："对未取得建设用地规划许可证的建设单位批准用地的，由县级以上人民政府撤销有关批准文件；占用土地的，应当及时退回；给当事人造成损失的，应当依法给予赔偿。"明确规定了建设用地规划许可证是建设单位在向土地管理部门申请征用、划拨土地前，经城市规划行政主管部门确认建设项目位置和范围符合城市规划的法定凭证。核发建设用地规划许可证的目的是确保土地利用符合城市规划，同时，为土地管理部门在城市规划区内行使权属管理职能提供必要的法律依据。土地管理部门在办理征用、划拨建设用地过程中，若确需改变建设用地规划许可证核定的用地位置和界限，必须与城市规划行政主管部门商议，并取得一致意见，修改后的用地位置和范围应符合城市规划要求。

3. 建设工程规划许可证

建设工程规划许可证是有关建设工程符合城市规划要求的法律凭证。《中华人民共和国城乡规划法》中规定："在城市、镇规划区内进行建筑物、构筑物、道路、管线和其他工程建设的，建设单位或者个人应当向城市、县人民政府城乡规划主管部门或者省、自治区、直辖市人民政府确定的镇人民政府申请办理建设工程规划许可证。申请办理建设工程规划许可证，应当提交使用土地的有关证明文件、建设工程设计方案等材料。需要建设单位编制修建性详细规划的建设项目，还应当提交修建性详细规划。对符合控制性详细规划和规划条件的，由城市、县人民政府城乡规划主管部门或者省、自治区、直辖市人民政府确定的镇人民政府核发建设工程规划许可证。城市、县人民政府城乡规划主管部门或者省、自治区、直辖市人民政府确定的镇人民政府应当依法将经审定的修建性详细规划、建设工程设计方案的总平面图予以公布。"

建设工程规划许可证的作用，一是确认有关建设活动的合法地位，保证有关建设单位和个人的合法权益；二是作为建设活动进行过程中接受监督时的法定依据，城市规划管理工作人员要根据建设工程规划许可证规定的建设内容和要求进行监督检查，并将其作为处罚违法建设活动的法律依据；三是作为有关城市建设活动的重要历史资料和城市建设档案的重要内容。

4. 乡村建设规划许可证

2008年，随着《中华人民共和国城市规划法》调整为《中华人民共和国城乡规划法》，乡村的建设规划也被纳入新法范畴。《中华人民共和国城乡规划法》第四十一条规定："在乡、村庄规划区内进行乡镇企业、乡村公共设施和公益事业建设的，建设单位或者个人应当向乡、镇人民政府提出申请，由乡、镇人民政府报城市、县人民政府城乡规划主管部门核发乡村建设规划许可证。在乡、村庄规划区内使用原有宅基地进行农村村民住宅建设的规划管理办法，由省、自治区、直辖市制定。在乡、村庄规划区内进行乡镇企业、乡村公共设施和公益事业建设以及农村村民住宅建设，不得占用农用地；确需占用农用地的，应当依照《中华人民共和国土地管理法》有关规定办理农用地转用审批手续后，由城市、县人民政府城乡规划主管部门核发乡村建设规划许可证。建设单位或者个人在取得乡村建设规划许可证后，方可办理用地审批手续。"

5. 建设行为规划监察

建设行为的规划监察是保证土地利用和各项建设活动符合规划许可要求的重要手段。《中华人民共和国城乡规划法》中规定："县级以上地方人民政府城乡规划主管部门按照国务院规定对建设工程是否符合规划条件予以核实。未经核实或者经核实不符合规划条件的，建设单位不得组织竣工验收。建设单位应当在竣工验收后六个月内向城乡规划主管部门报送有关竣工验收资料"。

第二节　城市规划实施管理的主要内容

城市规划实施管理的主要内容，取决于城市规划实施管理的任务。它反映了城市规划实施要求和行政管理职能的要求。就城市规划实施要求来看，一是主要管好城市规划区内土地的使用；二是管好各项建设工程的安排；三是加强城市规划实施的监督检查。城市规划实施管理的内容分两个部分，即城市规划实施管理的工作内容和具体管理内容。

一、建设项目选址规划管理

顾名思义，建设项目选址是选择和确定建设项目建设地址。它是各项建设使用土地的前提，是城市规划实施管理对建设工程实施引导、控制的第一道工序，是保障城市规划合理布局的关键。该项工作审核的内容有：

（1）建设项目的基本情况。主要是根据经批准的建设项目建议书，了解建设项目的名称、性质、规模，对市政基础设施的供水、能源的需求量，采取的运输方式和运输量，"三废"的排放方式和排放量等，以便掌握建设项目选址的要求。

（2）建设项目与城市规划布局的协调。建设项目的选址必须按照批准的城市规划进行。建设项目的性质大多数是比较单一的，但是，随着经济、社会的发展和科学技术的进步，出现了土地使用的多元化，也深化了土地使用的综合性和相容性。按照土地使用相符和相容的原则安排建设项目的选址，才能保证城市布局的合理。

（3）建设项目与城市交通、通信、能源、市政、防灾规划和用地现状条件的衔接与协调。建设项目一般都有一定的交通运输要求、能源供应要求和市政公用设施配套要求等。

在选址时，要充分考虑拟使用土地是否具备这些条件，以及能否按规划配合建设的可能性，这是保证建设项目发挥效益的前提。没有这些条件的，则坚决不予安排选址。同时，建设项目的选址还要注意对城市市政交通和市政基础设施规划用地的保护。

（4）建设项目配套的生活设施与城市居住区及公共服务设施规划的衔接与协调。一般建设项目特别是大中型建设项目都有生活设施配套的要求。同时，征用农村土地、拆迁宅基地的建设项目还有安排被动迁的农民、居民的生活设施的安置问题。这些生活设施，不论是依托旧区还是另行安排，都有交通配合和公共生活设施的衔接与协调问题。建设项目选址时必须考虑周到，使之有利生产，方便生活。

（5）建设项目与城市环境保护规划和风景名胜、文物古迹保护规划、城市历史风貌区保护规划等相协调。建设项目的选址不能对城市环境造成污染和破坏，而要与城市环境保护规划相协调，保证城市稳定、均衡、持续地发展。生产或存储易燃、易爆、剧毒物的工厂、仓库等建设项目，以及严重影响环境卫生的建设项目，应当避开居民密集的城市市区，以免影响城市安全和损害居民健康。产生有毒、有害物质的建设项目应当避开城市的水源保护地和城市主导风向的上风向，以及文物古迹和风景名胜保护区。建设产生放射性危害的设施，必须避开城市市区和其他居民密集区，并设置防护工程和废弃物处理设施，妥善考虑事故处理措施。

（6）交通和市政设施选址的特殊要求。港口设施的建设，必须综合考虑城市岸线的合理分配和利用，保证留有足够的城市生活岸线。城市铁路货运干线、编组站、过境公路、机场、供电高压走廊及重要的军事设施应当避开居民密集的城市市区，以免割裂城市，妨碍城市的发展，造成城市有关功能的相互干扰。

（7）珍惜土地资源、节约使用城市土地。建设项目尽量不占、少占良田和菜地，尽可能挖掘现有城市用地的潜力，合理调整使用土地。

（8）综合有关管理部门对建设项目用地的意见和要求。根据建设项目的性质和规模及所处区位，对涉及的环境保护、卫生防疫、消防、交通、绿化、海港、河流、铁路、航空、气象、防汛、军事、国家安全、文物保护、建筑保护和农田水利等方面的管理要求，必须符合有关规定，并征求有关管理部门的意见，作为建设项目选址的依据。

二、建设用地规划管理

建设用地规划管理是城市规划实施管理的核心，它与土地管理既有联系又有区别。其区别在于管理职责和内容。建设用地规划管理负有实施城市规划的责任，它是按照城市规划确定建设工程使用土地的性质和开发强度，根据建设用地要求确定建设用地范围，协调有关矛盾，综合提出土地使用规划要求，保证城市各项建设用地按照城市规划实施。土地管理的职责是维护国家土地管理制度，调整土地使用关系，保护土地使用者的权益，节约、合理利用土地和保护耕地。土地管理部门负责土地的征用、划拨和出让；受理土地使用权的申报登记；进行土地清查、勘察、发放土地使用权证；制定土地使用费标准，向土地使用者收取土地使用费；调解土地使用纠纷；处理非法占用、出租和转让土地等。

建设用地规划管理与土地管理的联系在于管理的过程。城市规划行政主管部门依法核发的建设用地规划许可证，是土地行政主管部门在城市规划区内审批土地的前提和重要依据。《中华人民共和国城乡规划法》规定："在城市规划区内，未取得建设用地规划许可证而取得建设用地批准文件占用土地的，批准文件无效，占用的土地由县级以上人民政府责令退回。"因此，建设用地的规划管理和土地管理应该密切配合，共同保证和促进城市规划的实施和城市土地的有效管理，决不能对立或割裂开来。

建设用地规划管理的主要内容如下：

1. 核定土地使用性质

土地使用性质的控制是保证城市规划布局合理的重要手段。为保证各类建设工程都能遵循土地使用性质相容性的原则，互不干扰，各得其所，应严格按照批准的详细规划控制土地使用性质，选择建设项目的建设地址。尚无批准的详细规划可依，且详细规划来不及制定的特殊情况，城市规划行政主管部门应根据城市总体规划，充分研究建设项目对周围环境的影响和基础设施条件具体核定。核定土地使用性质应符合标准化、规范化的要求，必须严格执行现行《城市用地分类与规划建设用地标准》（GB 50137）的有关规定。凡因情况变化确需改变规划用地性质的，如对城市总体规划实施和周围环境无碍，应先做出调整规划，按规定程序报经批准后执行。

2. 核定土地开发强度

核定土地开发强度是通过核定建筑容积率和建筑密度两个指标实现的。

建筑容积率是指建筑基地范围内地面以上建筑面积总和与建筑基地面积的比值。建筑容积率是保证城市土地合理利用的综合指标，是控制城市土地使用强度最重要的指标。容积率过低，会造成城市土地资源的浪费和经济效益的下降；容积率过高，又会带来市政公用基础设施负荷过重、交通负荷过高、环境质量下降等负面影响。容积率不合适，不仅建设项目效能难以正常发挥，城市的综合功能和集聚效应也会受到影响。

建筑密度是指建筑物底层占地面积与建筑基地面积的比率。核定建设项目的建筑密度，是为了保证建设项目建成后城市的空间环境质量，保证建设项目能满足绿化、地面停车场地、消防车作业场地、人流集散空间和变电站、煤气调压站等配套设施用地的面积要求。建筑密度指标和建筑物的性质有密切的关系。如居住建筑，为保证舒适的居住空间和良好的日照、通风、绿化等方面的要求，建筑密度一般较低；而办公、商业建筑等底层使用频率较高，为充分发挥土地的效益，争取较好的经济效益，建筑密度则相对较高。同时，建筑密度的核定，还必须考虑消防、卫生、绿化和配套设施等各方面的综合技术要求。对成片开发建设的地区应编制详细规划，重要地区应进行城市设计，并根据经批准的详细规划和城市设计所确定的建筑密度指标作为核定依据。

3. 确定建设用地范围主要是通过审核建设工程设计总平面图确定

需要说明的是，对土地使用权有偿出让的建设用地范围，应根据经城市规划行政主管部门确认，并附有土地使用规划要求的土地使用权出让合同确定。

4. 核定土地使用其他规划管理要求

城市规划对土地使用的要求是多方面的，除土地使用性质和土地使用强度外，还应根据城市规划核定其他规划管理要求，如建设用地内是否涉及规划道路，是否需要设置绿化隔离带等。另外，对临时用地，应提出使用期限和控制建设的要求。

三、建设工程规划管理

建设工程类型繁多，性质各异，归纳起来可以分为建筑工程、市政管线工程和市政交通工程三大类。这三类建设工程形态不一，特点不同，城市规划实施管理需有的放矢，分类管理。下面就建筑工程规划管理、市政管线工程规划管理和市政交通工程规划管理分别加以介绍。

1. 建筑工程规划管理主要内容

（1）建筑物使用性质的控制

建筑物使用性质与土地使用性质是有关联的。在管理工作中，要对建筑物使用性质进行审核，保证建筑物使用性质符合土地使用性质相容的原则，保证城市规划布局的合理。

（2）建筑容积率和建筑密度的控制

主要根据详细规划确定的建筑容积率和建筑密度进行控制。

（3）建筑高度的控制

建筑高度应按照批准的详细规划和管理规定进行控制，应综合考虑道路景观视觉因素、文物保护或历史建筑保护单位环境控制要求、机场和电信对建筑高度的要求，以及其他有关因素对建筑物高度进行控制。

（4）建筑间距的控制

建筑间距是建筑物与建筑物之间的平面距离。建筑物之间因消防、卫生防疫、日照、交通、空间关系，以及工程管线布置和施工安全等要求，必须控制一定的间距，确保城市的公共安全、公共卫生、公共交通及相关方面的合法权益。例如，近几年城市高层建筑增多，有些城市由于日照间距控制不严，引发了居民纠纷，影响社会稳定。

（5）建筑退让的控制

建筑退让是指建筑物、构筑物与比邻规划控制线之间的距离要求。如拟建建筑物后退道路红线、河道蓝线、铁路线、高压电线及建设基地界线的距离。建筑退让不仅是为保证有关设施的正常运营，而且也是维护公共安全、公共卫生、公共交通和有关单位、个人的合法权益的重要方面。

（6）建设基地相关要素的控制

建设基地内相关要素涉及城市规划实施管理的有绿地率、基地出入口、停车泊位、交通组织和建设基地标高等。审核这些内容的目的是维护城市生态环境，避免妨碍城市交通和相邻单位的排水等。

（7）建筑空间环境的控制

建筑工程规划管理，除对建筑物本身是否符合城市规划及有关法规进行审核外，还必须考虑与周围环境的关系。城市设计是帮助规划管理对建筑环境进行审核的途径，特别是对重要地区的建设，应按城市设计的要求，对建筑物高度、体量、造型、立面、色彩进行审核。在没有进行城市设计的地区，对较大规模或较重要建筑的造型、立面、色彩亦应组织专家进行评审，从地区环境出发，使其在更大的空间内达到最佳景观效果。同时，基地内部空间环境亦应根据基地所处的区位，合理地设置广场、绿地、户外雕塑，并同步实施。对较大的建设工程或者居住区，还应审核其环境设计。

（8）各类公建用地指标和无障碍设施的控制

在地区开发建设的规划管理工作中，要根据批准的详细规划和有关规定，对中小学、托幼及商业服务设施的用地指标进行审核，并考虑居住区内的人口增长，留有公建和社区服务设施发展备用地，使其符合城市规划和有关规定，保证开发建设地区的公共服务设施使用和发展的要求，不允许房地产开发挤占居住区配套公建用地。同时，对于办公、商业、文化娱乐等公共建筑的相关部位，应按规定设置无障碍设施并进行审核。对地区开发建设基地，还应对地区内的人行道是否设置残疾人轮椅坡道和盲人通道等设施进行审核，保障残疾人的权益。

（9）临时建设的控制

对各类临时建设提出使用期限和建设要求等。

（10）综合有关专业管理部门的意见

建筑工程建设涉及有关的专业管理部门较多，有的已在各城市制定的有关管理规定中明确需征求哪些相关部门的意见。在建筑工程管理阶段比较多的是需征求消防、环保、卫生防疫、交通、园林绿化等部门的意见。有的建筑工程，应根据工程性质、规模、内容及其所在地区环境，确定还需征求其他相关专业管理部门的意见。作为规划管理人员，对有关专业知识的主要内容，特别是涉及规划管理方面的知识，应有一定的了解，不断积累经验，以便及早发现问题，避免方案反复，达到提高办事效率的目的。

以上各项审核内容，需根据建筑工程规模和基地区位，在规划管理审核中有所侧重。

2. 市政交通工程管理的主要内容

（1）地面道路（公路）工程的规划控制

主要是根据城市道路交通规划，在管理中控制其走向、路幅宽度、横断面布置、道路标高、交叉口形式、路面结构，以及广场、停车场、公交车站、收费口等相关设施的安排。

（2）高架市政交通工程的规划控制

无论是城市高架道路工程，还是城市高架轨道交通工程，都必须严格按照它们的系统规划和单项工程规划进行控制。其线路走向、控制点坐标等控制，应与其地面道路部分相一致。它们的结构、立柱的布置等要与地面道路及横向道路的交通组织相协调，并要满足地下市政管线工程的敷设要求。高架道路的上、下匝道的设置，要考虑与地面道路及横向道路的交通组织相协调。高架轨道交通工程的车站设置，要留出足够的停车场面积，方便乘客换乘。高架市政交通工程在城市中"横空出世"，要考虑城市景观的要求。高架市政交通工程还应设置有效的防治噪声、废气的设施，以满足环境保护的要求。

（3）地下轨道交通工程的规划控制

地下轨道交通工程必须严格按照城市轨道交通系统规划及其单项工程规划进行规划控制。其线路走向除需满足轨道交通工程的相关技术规范要求外，尚应考虑保证其上部和两侧现有建筑物的结构安全；当地下轨道交通工程在城市道路下穿越时，应与相关城市道路工程相协调，并须满足市政管线工程敷设空间的需要。地铁车站工程的规划控制，必须严格按照车站地区的详细规划进行规划控制。先期建设的地铁车站工程，必须考虑系统中后期建设的换乘车站的建设要求，车站与相邻公共建筑的地下通道、出入口必须同步实施，或预留衔接构造口。地铁车站的建设应与详细规划中确定的地下人防设施、地区地下空间的综合开发工程同步实施。地铁车站附属的通风设施、变配电设施的设置，除满足其功能要求外，尚应考虑城市景观要求，体量宜小不宜大，要妥善处理好外形与环境。地铁车站附近的地面公交换乘站点、公共停车场等交通设施应与车站同步实施。与城市道路规划红线的控制一样，城市轨道交通系统规划确定的走向线路及其两侧的一定控制范围（包括车站控制范围）必须严格地进行规划控制。

（4）城市桥梁、隧道、立交桥等交通工程的规划控制

城市桥梁（跨越河道的桥梁、道路或铁路立交桥梁、人行天桥等）、隧道（含穿越河道、铁路、其他道路的隧道、人行地道等）的平面位置及形式是根据城市道路交通系统规划确定的，其断面的宽度及形式应与其衔接的城市道路相一致。桥梁下的净空应满足地区交通或通航等要求；隧道纵向标高的确定既要保证其上部河道、铁路、其他道路等设施的安全，又要考虑与其衔接的城市道路的标高。需要同时敷设市政管线的城市桥梁、隧道工程，尚应考虑市政管线敷设的特殊要求。在城市立交桥和跨河、路线桥梁的坡道两端，以及隧道进出口 30m 的范围内，不宜设置平面交叉口。城市各类桥梁结构选型及外观设计应充分注意城市景观的要求。

（5）其他

有些市政交通工程项目在施工期间往往会影响一定范围的城市交通的正常通行。因此在其工程规划管理中还需要考虑工程建设期间的临时交通设施建设和交通管理措施的安排，以保证城市交通的正常运行。

3. 市政管线工程规划管理主要内容

市政管线是指城市各类工程管线，如给水管、雨水管、污水管、煤气管、电力和电信管线、电车缆线和各类特殊管线（如化工物料管、输油管、热力管等）。很多市政管线工程是地下隐蔽工程，往往被人们忽视。但如不加强管理，各类管线随意埋设，不仅不能有效地利用地下空间，还会破坏其他管线，引发矛盾，妨碍建设的协调、可持续发展。市政管线工程规划管理，就是根据城市规划实施和综合协调相关矛盾的要求，按照批准的城市规划和有关法律规范及现场具体情况，综合平衡协调，控制走向、水平和竖向间距、埋置深度或架设高度，并处理好与相关道路施工、沿街建筑、途经桥梁、行道树等方面的关系，保证其合理布置。当市政管线埋设遇到矛盾时，原则上是非主要管线服从主要管线，临时性管线服从永久性管线，压力管线服从重力管线，可弯曲管线服从不可弯曲管线。

第三节　城市规划实施的监督检查

城市规划实施的监督检查是对城市开发建设活动的过程监控，具有两方面的作用：其一是对违法建设行为的查处，规范建设行为；其二是通过对开发建设过程的跟踪，发现和反馈城市规划问题，以便及时调整规划。

一、城市规划实施监督检查的内容

1. 城市土地使用情况的监督检查

城市土地使用情况的监督检查包括两个方面：

（1）对建设工程使用土地情况的监督检查

建设单位和个人领取建设用地规划许可证后，应当按规定办妥土地征用、划拨或者受让手续，领取土地使用权属证件后方可使用土地。城市规划行政主管部门应当对建设单位和个人使用土地的性质、位置、范围、面积等进行监督检查。发现用地情况与建设用地规划许可证的规定不相符的，应当责令其改正，并依法做出处理。

（2）对规划建成地区和规划保护、控制地区规划实施情况的监督检查

城市规划行政主管部门应当对城市中建成的居住区、工业区和各类综合开发地区，以及规划划定的各类保护区、控制区及其他分区的规划控制情况进行监督检查，特别要严格监督检查文物保护单位和历史建筑保护单位的保护范围和建筑控制地带，以及历史风貌地区（地段、街区）的核心保护区和协调区的建设控制情况。

城市规划行政主管部门核发的建设工程规划许可证，是确认有关建设工程符合城市规划和城市规划法律规范要求的法律凭证。它确认了有关建设活动的合法性，确定了建设单位和个人的权利和义务。检查建设活动是否符合建设工程规划许可证的规定，是监督检查的重要任务之一。具体任务包括：

①建设工程开工前的确定红线界桩和复验灰线；

②施工过程中的跟踪检查；

③建设工程竣工后的规划验收。

2. 查处违法用地和违法建设

（1）查处违法用地

建设单位或个人未取得城市规划行政主管部门批准的建设用地规划许可证，或者未按照建设用地规划许可证核准的用地范围和使用要求使用土地的，均属违法用地。城市规划行政主管部门应当依法进行监督检查和处理。按照《中华人民共和国城乡规划法》规定，建设单位或个人未取得城市规划行政主管部门批准的建设用地规划许可证，而取得土地批准文件，占用土地的，用地文件无效，占用的土地，由县级以上人民政府责令收回。

（2）查处违法建设

建设单位或者个人根据其需要，时常会未向城市规划行政主管部门申请领取建设工程规划许可证就擅自进行建设，即无证建设；或虽领取了建设工程规划许可证，但违反建设工程规划许可证的规定进行建设，即越证建设。按照城市规划法律、法规的规定，无证建设和越证建设均属违法建设。城市规划行政主管部门通过监督检查，应及时制止，并依法做出处理。

3. 对建设用地规划许可证和建设工程规划许可证的合法性进行监督检查

建设单位或者个人采取不正当的手段获得建设用地规划许可证和建设工程规划许可证的，或者私自转让建设用地规划许可证和建设工程规划许可证的，均属不合法，应当予以纠正或者撤销。城市规划行政主管部门违反城市规划法及其法律、法规的规定，核发的建设用地规划许可证和建设工程规划许可证，或者做出其他错误决定的，应当由同

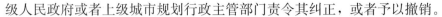

级人民政府或者上级城市规划行政主管部门责令其纠正，或者予以撤销。

4. 对建筑物、构筑物使用性质的监督检查

在市场经济体制和经济结构调整的条件下，随意改变建筑物规划使用性质的情况日益增多，一些建筑物使用性质的改变，对环境、交通、消防、安全等产生不良影响，也影响到城市规划的实施。对此也应进行监督检查，但目前这方面还是管理的空白，尚需研究和探索。

二、城市规划实施的监督检查

1. 行政监督检查

行政监督检查是指各级人民政府及城市规划主管部门对城市规划实施的全过程实行的监督管理。城市规划实施的行政监督检查主要包括两部分内容：

一是各级人民政府及其城市规划主管部门对城市规划编制、审批、实施、修改的监督检查。其中包括对是否依法组织编制法定规划，是否按法定程序编制、审批、修改城市规划，是否委托具有相应资质等级的单位编制；对城市规划的规划编制组织机构进行监督检查；对本级或下级城市规划主管部门核发选址意见书、建设用地规划许可证、建设工程规划许可证、乡村建设规划许可证的规划管理行为进行监督检查；对修建性详细规划、建设工程设计方案总平面的公布及其修改是否听取利害相关人的意见等管理程序进行监督检查；对各类违法建设活动的查处进行监督检查等。县级以上人民政府对本级或下级人民政府有关部门在建设项目审批、土地使用权出让及划拨国有土地使用权的过程中是否遵守《中华人民共和国城乡规划法》的规定等进行监督检查。

二是对各项建设活动的开展及其与城市规划实施之间的关系进行监督管理。后者与上述"城市规划实施的管理"中的对建设项目实施的监督检查内容一致。

2. 立法机关的监督检查

《中华人民共和国城乡规划法》规定：地方各级人民政府应当向本级人民代表大会常务委员会或者乡镇人民代表大会报告城乡规划的实施情况，并接受监督。省域城镇体系规划、城市总体规划、镇总体规划的组织编制机关应定期对规划实施情况进行评估，向本级人民代表大会常务委员会、镇人民代表大会和原审批机关提出评估报告并附具征求公众意见的情况。

另外，城市人民代表大会或其常委会有权对城市规划的实施情况进行定期或不定期的检查。就实施城市规划的进展、城市规划实施管理的执法情况提出批评和意见，并督促城市人民政府加以改进或完善。

3. 社会监督

社会监督是指城市中的所有机构单位和个人对城市规划实施的组织和管理等行为的监督，其中包括对城市规划实施管理各个阶段的工作内容和规划实施过程中各个环节的执法行为和相关程序的监督。

根据《中华人民共和国城乡规划法》的规定，任何单位和个人都有权就涉及其利害关系的建设活动是否符合规划的要求向城乡规划主管部门查询。

任何单位和个人都有权向城乡规划主管部门或者其他有关部门举报或者控告违反城乡规划的行为。城乡规划主管部门或者其他有关部门对举报或者控告，应当及时受理并组织核查、处理。

思政小课堂

从 20 世纪 60 年代开始，阮仪三教授对我国历史城镇尤其是江南地区的水乡古镇进行广泛的调查研究。进入 80 年代以后，由于我国农村经济的迅速发展，这些古镇发生了巨大变化，一些富有特色的历史城镇遭到严重的破坏。为了抢救祖国优秀文化遗产，阮仪三教授对多处江南古镇进行了调查研究，制定了保护规划，并促使当地领导、群众实施这些计划。经过长期不懈的努力，阮仪三教授终于保住了江苏省的周庄、同里、甪直，浙江省的南浔、乌镇、西塘等江南水乡古镇，开创了我国历史城镇保护与发展的典型范例。目前江南地区 10 个水乡古镇已列入中国世界文化遗产预备清单，每个古镇都是经过阮仪三教授亲自主持保护与规划的，其中江南水乡六镇保护规划于 2003 年荣获联合国教科文组织亚太地区文化遗产保护杰出成就奖。二十多年来，阮仪三教授又陆续保护了上海的朱家角、新场、枫泾，浙江的楠溪江古村落、绍兴安昌、富阳龙门、浦江郑宅、宁海前童，江苏的常熟沙家浜、苏州木渎、太湖东山西山古村落、无锡荡口等近百处古镇古村。

随着中西部地区城市化速度的加快，历史城镇的保护刻不容缓。从 1997 年开始，阮仪三教授自筹资金带领其学生开始对云南、贵州、四川、湖南、江西等中西部地区进行历史城镇的普查调研工作，二十多年来完成了近 200 处历史城镇的调研报告，其研究成果受到业内的高度赞扬，并在国家中文核心期刊《城市规划》杂志"遗珠拾粹"栏目进行系列专题连载，在学界形成强烈反响和广泛共识。同时，通过历史城镇的普查，阮仪三教授抢救了众多如湖南凤凰等濒临破坏、不为人知的古镇古村，为中西部地区历史文化遗产保护的基础研究和规划实践做出了重要贡献。

阮仪三教授作为全国历史文化名城保护专家委员会委员，积极参与并推动了中国历史文化名城制度的创立和发展，自 1982 年起为国家级历史文化名城的申报、审批等做了大量全面的调查研究工作，直接参与了国家历史文化名城保护政策的制定、保护规划的技术咨询和规范的制定等工作。这些具有先导作用的规划工程直接推动了我国历史城镇和历史街区的保护实践。

同时，阮仪三教授积累了六十多年的实践经验和理论研究，编著了国内首部关于"历史文化名城保护理论与规划"的著作，发表了五十多部专著、上百篇重要学术论文，提出并建立了一整套关于历史城镇保护规划的理论体系。这些实践工程与理论成果对研究中国快速城镇化进程中，保护、继承和发扬优秀历史文化遗产，留住乡愁，促进城乡经济、社会、文化方面的可持续发展，走建设有中国特色的城乡规划与建设之路，无疑有着特殊的贡献。

思考题

1. 城市规划实施管理的目的是什么？
2. 城市规划实施的作用是什么？
3. 城市规划实施管理的基本制度是什么？

4. 城乡规划管理实行的"一书三证"具体指什么？

5. 建设项目选址规划管理工作审核的具体内容是什么？

6. 建设用地规划管理的主要内容是什么？

7. 建筑工程规划管理的主要内容是什么？

8. 市政交通工程管理的主要内容是什么？

9. 城市规划实施的监督检查主要包括哪些内容？

10. 分析我国城市规划实施管理的问题及策略。

附录

用地用海分类

用地用海分类的含义应符合下表的规定。

用地用海分类名称、代码和含义

代码	名称	含义
01	耕地	指利用地表耕作层种植农作物为主，每年种植一季及以上（含以一年一季以上的耕种方式种植多年生作物）作物的土地，包括熟地，新开发、复垦、整理地，休闲地（含轮歇地、休耕地）；以及间有零星果树、桑树或其他树木的耕地；包括南方宽度＜1.0m，北方宽度＜2.0m固定的沟、渠、路和地坎（埂）；包括直接利用地表耕作层种植的温室、大棚、地膜等保温、保湿设施用地
0101	水田	指用于种植水稻、莲藕等水生农作物的耕地，包括实行水生、旱生农作物轮种的耕地
0102	水浇地	指有水源保证和灌溉设施，在一般年景能正常灌溉，种植旱生农作物（含蔬菜）的耕地
0103	旱地	指无灌溉设施，主要靠天然降水种植旱生农作物的耕地，包括没有灌溉设施，仅靠引洪淤灌的耕地
02	园地	指种植以采集果、叶、根、茎、汁等为主的集约经营的多年生作物，覆盖度大于50％或每亩株数大于合理株数70％的土地，包括用于育苗的土地
0201	果园	指种植果树的园地
0202	茶园	指种植茶树的园地
0203	橡胶园	指种植橡胶的园地
0204	其他园地	指种植桑树、可可、咖啡、油棕、胡椒、药材等其他多年生作物的园地，包括用于育苗的土地
03	林地	指生长乔木、竹类、灌木的土地。不包括生长林木的湿地，城镇、村庄范围内的绿化林木用地，铁路、公路征地范围内的林木，以及河流、沟渠的护堤林用地
0301	乔木林地	指乔木郁闭度≥0.2的林地，不包括森林沼泽
0302	竹林地	指生长竹类植物，郁闭度≥0.2的林地
0303	灌木林地	指灌木覆盖度≥40％的林地，不包括灌丛沼泽
0304	其他林地	指疏林地（树木郁闭度≥0.1、＜0.2的林地）、未成林地，以及迹地、苗圃等林地
04	草地	指生长草本植物为主的土地，包括乔木郁闭度＜0.1的疏林草地、灌木覆盖度＜40％的灌丛草地，不包括生长草本植物的湿地、盐碱地
0401	天然牧草地	指以天然草本植物为主，用于放牧或割草的草地，包括实施禁牧措施的草地

代码	名称	含义
0402	人工牧草地	指人工种植牧草的草地，不包括种植饲草的耕地
0403	其他草地	指表层为土质，不用于放牧的草地
05	湿地	指陆地和水域的交汇处，水位接近或处于地表面，或有浅层积水，且处于自然状态的土地
0501	森林沼泽	指以乔木植物为优势群落、郁闭度≥0.1的淡水沼泽
0502	灌丛沼泽	指以灌木植物为优势群落、覆盖度≥40%的淡水沼泽
0503	沼泽草地	指以天然草本植物为主的沼泽化的低地草甸、高寒草甸
0504	其他沼泽地	指除森林沼泽、灌丛沼泽和沼泽草地外、地表经常过湿或有薄层积水，生长沼生或部分沼生和部分湿生、水生或盐生植物的土地，包括草本沼泽、苔藓沼泽、内陆盐沼等
0505	沿海滩涂	指沿海大潮高潮位与低潮位之间的潮浸地带，包括海岛的滩涂，不包括已利用的滩涂
0506	内陆滩涂	指河流、湖泊常水位至洪水位间的滩地，时令河、湖洪水位以下的滩地，水库正常蓄水位与洪水间的滩地，包括海岛的内陆滩地，不包括已利用的滩地
0507	红树林地	指沿海生长红树植物的土地，包括红树林苗圃
06	农业设施建设用地	指对地表耕作层造成破坏的，为农业生产、农村生活服务的乡村道路用地，以及种植设施、畜禽养殖设施、水产养殖设施建设用地
0601	乡村道路用地	指村庄内部道路用地及对地表耕作层造成破坏的村道用地
060101	村道用地	指在农村范围内，乡道及乡道以上公路以外，用于村间、田间交通运输，服务于农村生活生产的对地表耕作层造成破坏的硬化型道路（含机耕道），不包括村庄内部道路用地和田间道
060102	村庄内部道路用地	指村庄内的道路用地，包括其交叉口用地，不包括穿越村庄的公路
0602	种植设施建设用地	指对地表耕作层造成破坏的，工厂化作物生产和为生产服务的看护房、农资农机具存放场所等，以及与生产直接关联的烘干晾晒、分拣包装、保鲜存储等设施用地，不包括直接利用地表种植的大棚、地膜等保温、保湿设施用地
0603	畜禽养殖设施建设用地	指对地表耕作层造成破坏的，经营性畜禽养殖生产及直接关联的圈舍、废弃物处理、检验检疫等设施用地，不包括屠宰和肉类加工场所用地等
0604	水产养殖设施建设用地	指对地表耕作层造成破坏的，工厂化水产养殖生产及直接关联的硬化养殖池、看护房、粪污处置、检验检疫等设施用地
07	居住用地	指城乡住宅用地及其居住生活配套的社区服务设施用地
0701	城镇住宅用地	指用于城镇生活居住功能的各类住宅建筑用地及其附属设施用地
070101	一类城镇住宅用地	指配套设施齐全、环境良好，以三层及以下住宅为主的住宅建筑用地及其附属道路、附属绿地、停车场等用地
070102	二类城镇住宅用地	指配套设施较齐全、环境良好，以四层及以上住宅为主的住宅建筑用地及其附属道路、附属绿地、停车场等用地
070103	三类城镇住宅用地	指配套设施较欠缺、环境较差，需要加以改造的简陋住宅为主的住宅建筑用地及其附属道路、附属绿地、停车场等用地，包括危房、棚户区、临时住宅等用地

代码	名称	含义
0702	城镇社区服务设施用地	指为城镇居住生活配套的社区服务设施用地，包括社区服务站以及托儿所、社区卫生服务站、文化活动站、小型综合体育场地、小型超市等用地，以及老年人日间照料中心（托老所）等社区养老服务设施用地，不包括中小学、幼儿园用地
0703	农村宅基地	指农村村民用于建造住宅及其生活附属设施的土地，包括住房、附属用房等用地
070301	一类农村宅基地	指农村用于建造独户住房的土地
070302	二类农村宅基地	指农村用于建造集中住房的土地
0704	农村社区服务设施用地	指为农村生产生活配套的社区服务设施用地，包括农村社区服务站，以及村委会、供销社、兽医站、农机站、托儿所、文化活动室、小型体育活动场地、综合礼堂、农村商店及小型超市、农村卫生服务站、村邮站、宗祠等用地，不包括中小学、幼儿园用地
08	公共管理与公共服务用地	指机关团体、科研、文化、教育、体育、卫生、社会福利等机构和设施的用地，不包括农村社区服务设施用地和城镇社区服务设施用地
0801	机关团体用地	指党政机关、人民团体及其相关直属机构、派出机构和直属事业单位的办公及附属设施用地
0802	科研用地	指科研机构及其科研设施用地
0803	文化用地	指图书、展览等公共文化活动设施用地
080301	图书与展览用地	指公共图书馆、博物馆、科技馆、公共美术馆、纪念馆、规划建设展览馆等设施用地
080302	文化活动用地	指文化馆（群众艺术馆）、文化站、工人文化宫、青少年宫（青少年活动中心）、妇女儿童活动中心（儿童活动中心）、老年活动中心、综合文化活动中心、公共剧场等设施用地
0804	教育用地	指高等教育、中等职业教育、中小学教育、幼儿园、特殊教育设施等用地，包括为学校配建的独立地段的学生生活用地
080401	高等教育用地	指大学、学院、高等职业学校、高等专科学校、成人高校等高等学校用地，包括军事院校用地
080402	中等职业教育用地	指普通中等专业学校、成人中等专业学校、职业高中、技工学校等用地，不包括附属于普通中学内的职业高中用地
080403	中小学用地	指小学、初级中学、高级中学、九年一贯制学校、完全中学、十二年一贯制学校用地，包括职业初中、成人中小学、附属于普通中学内的职业高中用地
080404	幼儿园用地	指幼儿园用地
080405	其他教育用地	指除以上之外的教育用地，包括特殊教育学校、专门学校用地
0805	体育用地	指体育场馆和体育训练基地等用地，不包括学校、企事业、军队等机构内部专用的体育设施用地
080501	体育场馆用地	指室内外体育运动用地，包括体育场馆、游泳场馆、大中型多功能运动场地、全民健身中心等用地
080502	体育训练用地	指为体育运动专设的训练基地用地
0806	医疗卫生用地	指医疗、预防、保健、护理、康复、急救、安宁疗护等用地
080601	医院用地	指综合医院、中医医院、中西医结合医院、民族医院、各类专科医院、护理院等用地

代码	名称	含义
080602	基层医疗卫生设施用地	指社区卫生服务中心、乡镇（街道）卫生院等用地，不包括社区卫生服务站、农村卫生服务站、村卫生室、门诊部、诊所（医务室）等用地
080603	公共卫生用地	指疾病预防控制中心、妇幼保健院、急救中心（站）、采供血设施等用地
0807	社会福利用地	指为老年人、儿童及残疾人等提供社会福利和慈善服务的设施用地
080701	老年人社会福利用地	指为老年人提供居住、康复、保健等服务的养老院、敬老院、养护院等机构养老设施用地
080702	儿童社会福利用地	指为孤儿、农村留守儿童、困境儿童等特殊儿童群体提供居住、抚养、照护等服务的儿童福利院、孤儿院、未成年人救助保护中心等设施用地
080703	残疾人社会福利用地	指为残疾人提供居住、康复、护养等服务的残疾人福利院、残疾人康复中心、残疾人综合服务中心等设施用地
080704	其他社会福利用地	指除以上之外的社会福利设施用地，包括救助管理站等设施用地
09	商业服务业用地	指商业、商务金融及娱乐康体等设施用地，不包括农村社区服务设施用地和城镇社区服务设施用地
0901	商业用地	指零售商业、批发市场及餐饮、旅馆及公用设施营业网点等服务业用地
090101	零售商业用地	指商铺、商场、超市、服装及小商品市场等用地
090102	批发市场用地	指以批发功能为主的市场用地
090103	餐饮用地	指饭店、餐厅、酒吧等用地
090104	旅馆用地	指宾馆、旅馆、招待所、服务型公寓、有住宿功能的度假村等用地
090105	公用设施营业网点用地	指零售加油、加气、充换电站、电信、邮政、供水、燃气、供电、供热等公用设施营业网点用地
0902	商务金融用地	指金融保险、艺术传媒、研发设计、技术服务、物流管理中心等综合性办公用地
0903	娱乐康体用地	指各类娱乐、康体等设施用地
090301	娱乐用地	指剧院、音乐厅、电影院、歌舞厅、网吧及绿地率小于65%的大型游乐等设施用地
090302	康体用地	指高尔夫练习场、赛马场、溜冰场、跳伞场、摩托车场、射击场，以及水上运动的陆域部分等用地
0904	其他商业服务业用地	指除以上之外的商业服务业用地，包括以观光娱乐为目的的直升机停机坪等通用航空、汽车维修站，以及宠物医院、洗车场、洗染店、照相馆、理发美容店、洗浴场所、废旧物资回收站、机动车、电子产品和日用产品修理网点、物流营业网点等用地
10	工矿用地	指用于工矿业生产的土地
1001	工业用地	指工矿企业的生产车间、装备维修、自用库房及其附属设施用地，包括专用铁路、码头和附属道路、停车场等用地，不包括采矿用地
100101	一类工业用地	指对居住和公共环境基本无干扰、污染和安全隐患，布局无特殊控制要求的工业用地
100102	二类工业用地	指对居住和公共环境有一定干扰、污染和安全隐患，不可布局于居住区和公共设施集中区内的工业用地
100103	三类工业用地	指对居住和公共环境有严重干扰、污染和安全隐患，布局有防护、隔离要求的工业用地

代码	名称	含义
1002	采矿用地	指采矿、采石、采砂（沙）场，砖瓦窑等地面生产用地及排土（石）、尾矿堆放用地
1003	盐田	指用于盐业生产的用地，包括晒盐场所、盐池及附属设施用地
11	仓储用地	指物流仓储和战略性物资储备库用地
1101	物流仓储用地	指国家和省级战略性储备库以外，城、镇、村用于物资存储、中转、配送等设施用地，包括附属设施、道路、停车场等用地
110101	一类物流仓储用地	指对居住和公共环境基本无干扰、污染和安全隐患，布局无特殊控制要求的物流仓储用地
110102	二类物流仓储用地	指对居住和公共环境有一定干扰、污染和安全隐患，不可布局于居住区和公共设施集中区内的物流仓储用地
110103	三类物流仓储用地	指用于存放易燃、易爆和剧毒等危险品，布局有防护、隔离要求的物流仓储用地
1102	储备库用地	指国家和省级的粮食、棉花、石油等战略性储备库用地
12	交通运输用地	指铁路、公路、机场、港口码头、管道运输、城市轨道交通、各种道路，以及交通场站等交通运输设施及其附属设施用地，不包括其他用地内的附属道路、停车场等用地
1201	铁路用地	指铁路编组站、轨道线路（含城际轨道）等用地，不包括铁路客货运站等交通场站用地
1202	公路用地	指国道、省道、县道和乡道用地及附属设施用地，不包括已纳入城镇集中连片建成区，发挥城镇内部道路功能的路段，以及公路长途客货运站等交通场站用地
1203	机场用地	指民用及军民合用的机场用地，包括飞行区、航站区等用地，不包括净空控制范围内的其他用地
1204	港口码头用地	指海港和河港的陆域部分，包括用于堆场、货运码头及其他港口设施的用地，不包括港口客运码头等交通场站用地
1205	管道运输用地	指运输矿石、石油和天然气等地面管道运输用地，地下管道运输规定的地面控制范围内的用地应按其地面实际用途归类
1206	城市轨道交通用地	指独立占地的城市轨道交通地面以上部分的线路、站点用地
1207	城镇道路用地	指快速路、主干路、次干路、支路、专用人行道和非机动车道等用地，包括其交叉口用地
1208	交通场站用地	指交通服务设施用地，不包括交通指挥中心、交通队等行政办公设施用地
120801	对外交通场站用地	指铁路客货运站、公路长途客运站、港口客运码头及其附属设施用地
120802	公共交通场站用地	指城市轨道交通车辆基地及附属设施，公共汽（电）车首末站、停车场（库）、保养场，出租汽车场站设施等用地，以及轮渡、缆车、索道等的地面部分及其附属设施用地
120803	社会停车场用地	指独立占地的公共停车场和停车库用地（含设有充电桩的社会停车场），不包括其他建设用地配建的停车场和停车库用地
1209	其他交通设施用地	指除以上之外的交通设施用地，包括教练场等用地
13	公用设施用地	指用于城乡和区域基础设施的供水、排水、供电、供燃气、供热、通信、邮政、广播电视、环卫、消防、干渠、水工等设施用地

代码	名称	含义
1301	供水用地	指取水设施、供水厂、再生水厂、加压泵站、高位水池等设施用地
1302	排水用地	指雨水泵站、污水泵站、污水处理、污泥处理厂等设施及其附属的构筑物用地，不包括排水河渠用地
1303	供电用地	指变电站、开关站、环网柜等设施用地，不包括电厂等工业用地。高压走廊下规定的控制范围内的用地应按其地面实际用途归类
1304	供燃气用地	指分输站、调压站、门站、供气站、储配站、气化站、灌瓶站和地面输气管廊等设施用地，不包括制气厂等工业用地
1305	供热用地	指集中供热厂、换热站、区域能源站、分布式能源站和地面输热管廊等设施用地
1306	通信用地	指通信铁塔、基站、卫星地球站、海缆登陆站、电信局、微波站、中继站等设施用地
1307	邮政用地	指邮政中心局、邮政支局（所）、邮件处理中心等设施用地
1308	广播电视设施用地	指广播电视的发射、传输和监测设施用地，包括无线电收信区、发信区，以及广播电视发射台、转播台、差转台、监测站等设施用地
1309	环卫用地	指生活垃圾、医疗垃圾、危险废物处理和处置，以及垃圾转运、公厕、车辆清洗、环卫车辆停放修理等设施用地
1310	消防用地	指消防站、消防通信及指挥训练中心等设施用地
1311	干渠	指除农田水利以外，人工修建的从水源地直接引水或调水，用于工农业生产、生活和水生态调节的大型渠道
1312	水工设施用地	指人工修建的闸、坝、堤林路、水电厂房、扬水站等常水位岸线以上的建（构）筑物用地，包括防洪堤、防洪枢纽、排洪沟（渠）等设施用地
1313	其他公用设施用地	指除以上之外的公用设施用地，包括施工、养护、维修等设施用地
14	绿地与开敞空间用地	指城镇、村庄建设用地范围内的公园绿地、防护绿地、广场等公共开敞空间用地，不包括其他建设用地中的附属绿地
1401	公园绿地	指向公众开放，以游憩为主要功能，兼具生态、景观、文教、体育和应急避险等功能，有一定服务设施的公园和绿地，包括综合公园、社区公园、专类公园和游园等
1402	防护绿地	指具有卫生、隔离、安全、生态防护功能，游人不宜进入的绿地
1403	广场用地	指以游憩、健身、纪念、集会和避险等功能为主的公共活动场地
15	特殊用地	指军事、外事、宗教、安保、殡葬，以及文物古迹等具有特殊性质的用地
1501	军事设施用地	指直接用于军事目的的设施用地
1502	使领馆用地	指外国驻华使领馆、国际机构办事处及其附属设施等用地
1503	宗教用地	指宗教活动场所用地
1504	文物古迹用地	指具有保护价值的古遗址、古建筑、古墓葬、石窟寺、近现代史迹及纪念建筑等用地，不包括已作其他用途的文物古迹用地
1505	监教场所用地	指监狱、看守所、劳改场、戒毒所等用地范围内的建设用地，不包括公安局等行政办公设施用地

续表

代码	名称	含义
1506	殡葬用地	指殡仪馆、火葬场、骨灰存放处和陵园、墓地等用地
1507	其他特殊用地	指除以上之外的特殊建设用地，包括边境口岸和自然保护地等的管理与服务设施用地
16	留白用地	指国土空间规划确定的城镇、村庄范围内暂未明确规划用途、规划期内不开发或特定条件下开发的用地
17	陆地水域	指陆域内的河流、湖泊、冰川及常年积雪等天然陆地水域，以及水库、坑塘水面、沟渠等人工陆地水域
1701	河流水面	指天然形成或人工开挖河流常水位岸线之间的水面，不包括被堤坝拦截后形成的水库区段水面
1702	湖泊水面	指天然形成的积水区常水位岸线所围成的水面
1703	水库水面	指人工拦截汇集而成的总设计库容≥10万 m^3 的水库正常蓄水位岸线所围成的水面
1704	坑塘水面	指人工开挖或天然形成的蓄水量<10万 m^3 的坑塘常水位岸线所围成的水面
1705	沟渠	指人工修建，南方宽度≥1.0m、北方宽度≥2.0m用于引、排、灌的渠道，包括渠槽、渠堤、附属护路林及小型泵站，不包括干渠
1706	冰川及常年积雪	指表层被冰雪常年覆盖的土地
18	渔业用海	指为开发利用渔业资源、开展海洋渔业生产所使用的海域及无居民海岛
1801	渔业基础设施用海	指用于渔船停靠、进行装卸作业和避风，以及用以繁殖重要苗种的海域，包括渔业码头、引桥、堤坝、渔港港池（含开敞式码头前沿船舶靠泊和回旋水域）、渔港航道及其附属设施使用的海域及无居民海岛
1802	增养殖用海	指用于养殖生产或通过构筑人工鱼礁等进行增养殖生产的海域及无居民海岛
1803	捕捞海域	指开展适度捕捞的海域
19	工矿通信用海	指开展临海工业生产、海底电缆管道建设和矿产能源开发所使用的海域及无居民海岛
1901	工业用海	指开展海水综合利用、船舶制造修理、海产品加工等临海工业所使用的海域及无居民海岛
1902	盐田用海	指用于盐业生产的海域，包括盐田取排水口、蓄水池等所使用的海域及无居民海岛
1903	固体矿产用海	指开采海砂及其他固体矿产资源的海域及无居民海岛
1904	油气用海	指开采油气资源的海域及无居民海岛
1905	可再生能源用海	指开展海上风电、潮流能、波浪能等可再生能源利用的海域及无居民海岛
1906	海底电缆管道用海	指用于埋（架）设海底通信光（电）缆、电力电缆、输水管道及输送其他物质的管状设施所使用的海域
20	交通运输用海	指用于港口、航运、路桥等交通建设的海域及无居民海岛
2001	港口用海	指供船舶停靠、进行装卸作业、避风和调动的海域，包括港口码头、引桥、平台、港池、堤坝及堆场等所使用的海域及无居民海岛
2002	航运用海	指供船只航行、候潮、待泊、联检、避风及进行水上过驳作业的海域

续表

代码	名称	含义
2003	路桥隧道用海	指用于建设连陆、连岛等路桥工程及海底隧道海域，包括跨海桥梁、跨海和顺岸道路、海底隧道等及其附属设施所使用的海域及无居民海岛
21	游憩用海	指开发利用滨海和海上旅游资源，开展海上娱乐活动的海域及无居民海岛
2101	风景旅游用海	指开发利用滨海和海上旅游资源的海域及无居民海岛
2102	文体休闲娱乐用海	指旅游景区开发和海上文体娱乐活动场建设的海域，包括海上浴场、游乐场及游乐设施使用的海域及无居民海岛
22	特殊用海	指用于科研教学、军事及海岸防护工程、倾倒排污等用途的海域及无居民海岛
2201	军事用海	指建设军事设施和开展军事活动的海域及无居民海岛
2202	其他特殊用海	指除军事用海以外，用于科研教学、海岸防护、排污倾倒等的海域及无居民海岛
23	其他土地	指上述地类以外的其他类型的土地，包括盐碱地、沙地、裸土地、裸岩石砾地等植被稀少的陆域自然荒野等土地，以及空闲地、田坎、田间道
2301	空闲地	指城、镇、村庄范围内尚未使用的建设用地。空闲地仅用于国土调查监测工作
2302	田坎	指梯田及梯状坡地耕地中，主要用于拦蓄水和护坡，南方宽度≥1.0m、北方宽度≥2.0m 的地坎
2303	田间道	指在农村范围内，用于田间交通运输，为农业生产、农村生活服务的未对地表耕作层造成破坏的非硬化道路
2304	盐碱地	指表层盐碱聚集，生长天然耐盐碱植物的土地。不包括沼泽地和沼泽草地
2305	沙地	指表层为沙覆盖、植被覆盖度≤5％的土地。不包括滩涂中的沙地
2306	裸土地	指表层为土质，植被覆盖度≤5％的土地。不包括滩涂中的泥滩
2307	裸岩石砾地	指表层为岩石或石砾，其覆盖面积≥70％的土地。不包括滩涂中的石滩
24	其他海域	指需要限制开发，以及从长远发展角度应当予以保留的海域及无居民海岛

参考文献

[1] 沈福煦. 建筑概论 [M]. 3 版. 北京：中国建筑工业出版社，2019.

[2] 王玥. 建筑设计基础 [M]. 2 版. 杭州：浙江大学出版社，2016.

[3] 马珂，师宏儒. 建筑初步 [M]. 北京：中国青年出版社，2013.

[4] 李延龄. 建筑初步 [M]. 北京：中国建筑工业出版社，2013.

[5] 同济大学. 房屋建筑学 [M]. 5 版. 北京：中国建筑工业出版社，2016.

[6] 吴薇. 中外建筑史 [M]. 北京：北京大学出版社，2014.

[7] 陈志华. 外国建筑史 [M]. 北京：中国建筑工业出版社，2010.

[8] 杨维菊. 建筑构造设计 [M]. 北京：中国建筑工业出版社，2016.

[9] 樊振和. 建筑构造原理与设计 [M]. 5 版. 天津：天津大学出版社，2018.

[10] 刘加平. 绿色建筑概论 [M]. 北京：中国建筑工业出版社，2010.

[11] 西安建筑科技大学. 建筑材料 [M]. 4 版. 北京：中国建筑工业出版社，2013.

[12] 张念莎. 传统建筑元素在现代建筑设计中的传承与应用 [J]. 中国住宅设施，2021（02）：77-78.

[13] 王欣茹. 建筑界面中层构成的手法解读与视觉体验研究 [D]. 沈阳：沈阳建筑大学，2020.

[14] 姚刚，袁亭亭，王蒙. 结构—形态—空间——基于结构塑形的建筑设计教学研究 [J]. 华中建筑，2020，38（03）：149-153.

[15] 潘定祥. 建筑美的构成 [M]. 北京：东方出版社，2010.

[16] 坂本一成. 建筑构成学 [M]. 上海：同济大学出版社，2018.

[17] 小林克弘. 建筑构成手法 [M]. 陈志华，译. 北京：中国建材工业出版社，2004.

[18] 田学哲. 形态构成解析 [M]. 北京：中国建筑工业出版社，2005.

[19] 李钰. 建筑形态构成审美基础 [M]. 北京：中国建筑工业出版社，2014.

[20] 钟宜. 建筑色彩设计控制方法研究 [D]. 重庆：重庆大学，2014.

[21] 彭一刚. 建筑空间组合论 [M]. 3 版. 北京：中国建筑工业出版社，2008.

[22] 保罗·拉索. 图解思考——建筑表现技法 [M]. 3 版. 邱贤丰，等译. 北京：中国建筑工业出版社，2002.

[23] 周立军. 建筑设计基础 [M]. 哈尔滨：哈尔滨工业大学出版社，2003.

[24] 西蒙·昂温. 解析建筑 [M]. 伍江，谢建军，译. 北京：中国水利水电出版社，2002.

[25] 黎志涛. 建筑设计方法入门 [M]. 北京：中国建筑工业出版社，2003.

[26] 吴焕加. 论现代西方建筑 [M]. 北京：中国建筑工业出版社，1997.

[27] 卢少夫. 立体构成 [M]. 杭州：中国美术学院出版社，2001.

[28] 芦原义信. 外部空间设计 [M]. 尹培桐，译. 北京：中国建筑工业出版社，1985.

[29] 扬·盖尔. 交往与空间 [M]. 何人可，译. 北京：中国建筑工业出版社，2002.

[30] 刘永德. 建筑空间的形态·结构·涵义·组合 [M]. 天津：天津科学技术出版社，1998.

[31] 布鲁诺·赛维. 建筑空间论：如何品评建筑 [M]. 张似赞，译. 北京：中国建筑工业出版社，2006.

[32] 黄旭升，朱渊，郭茹. 从城市到建筑——分解与整合的建筑设计教学探讨 [J]. 建筑学报，2021（03）：95-99.

［33］王景亮．建筑艺术：从世界建筑艺术发展历史谈艺术教育［J］．建筑学报，2021（02）：125.

［34］严丹，徐淑娟．基于地域性的建筑空间设计策略探讨［J］．城市建筑，2021，18（05）：88-90.

［35］岳华．"建筑设计入门"课程思政的探索与实践［J］．华中建筑，2020，38（09）：134-138.

［36］孟宪川．面向建筑设计的结构优化策略［J］．建筑学报，2020（06）：100-105.

［37］程大锦．建筑：形式、空间和秩序［M］．天津：天津大学出版社，2005.

［38］孙瑞丰，吕静．建筑学基础［M］．北京：清华大学出版社，2006.

［39］曹茂庆．建筑设计构思与表达［M］．天津：中国建材工业出版社，2017.

［40］舒平，连海涛，严凡，等．建筑设计基础［M］．北京：清华大学出版社，2018.

［41］鲍家声，鲍莉．建筑设计教程［M］．北京：中国建筑工业出版社，2021.

［42］肯尼思·弗兰普顿．建构文化研究［M］．北京：中国建筑工业出版社，2007.

［43］刘易斯，芒福德．城市发展史——起源、演变和前景［M］．北京：中国建筑出版社，2005.

［44］吴志强，李德华．城市规划原理［M］．4版．北京：中国建筑工业出版社，2010.

［45］全国城市规划执业制度管理委员会．城市规划原理［M］．北京：中国计划出版社，2011.

［46］华南理工大学建筑学院城市规划系．城乡规划导论［M］．北京：中国建筑出版社，2011.

［47］陈锦富．城市规划概论［M］．北京：中国建筑工业出版社，2005.

［48］MichaelBayer，NancyFrank，JasonValerius．城市规划师职业指南［M］．张叶琳，等译．北京：电子工业出版社，2014.

［49］邹德慈．什么是城市规划［J］．城市规划，2005（11）：25-29，36.

［50］陈秉利．世纪之交对中国城市规划学科及规划教育的回顾和展望［J］．城市规划汇刊，1999（1）：1-4，80.

［51］任致远．城市规划师的历史与社会责任［J］．规划师，2003（01）：84-86.

［52］沈玉麟．外国城市建设史［M］．北京：中国建筑工业出版社，2007.

［53］本奈沃格．西方现代建筑史［M］．邹德侬，等译．天津：天津科学技术出版社，1996.

［54］张京祥．西方城市规划思想史纲［M］．南京：东南大学出版社，2005.

［55］孙施文．现代城市规划理论［M］．北京：中国建筑工业出版社，2007.

［56］霍华德．明日的田园城市［M］．金经元，译．北京：商务印书馆，2000.

［57］李允鉌．华夏意匠：中国古典建筑设计原理分析［M］．香港：广角镜出版社，1984.

［58］华南理工大学建筑学院城市规划系．城乡规划导论［M］．北京：中国建筑工业出版社，2011.

［59］邓伟志．社会学辞典［M］．上海：上海辞书出版社，2009.

［60］张京祥，胡嘉佩．中国城镇体系规划的发展演进［M］．南京：东南大学出版社，2016.

［61］大同市人民政府．大同市域城镇体系规划（2016—2030年）［EB/OL］．http：//www.dt.gov.cn/dtzww/ghbzgs/201801/2ae0f1f0a749434f84c1663d614a0c0b.shtml．［2018-1-26］．

［62］周俭，夏南凯．新理想空间Ⅳ［M］．上海：同济大学出版社，2010.

［63］吴次芳，等．国土空间规划［M］．北京：地质出版社，2019.

［64］方勇，林建伟．构建统一的空间规划用地分类思考［J］．中国土地，2019，10（5）：16-18.

［65］孔江伟，高梦溪，曾坚，等．空间规划改革视角下的用地分类体系及其应用［A］．共享与品质——中国城市规划年会论文集［C］，杭州，2018.

［66］徐晶，朱志兵，余亦奇．空间规划用地分类体系初探［J］．中国土地，2018，11（7）：22-24.

［67］中华人民共和国自然资源部．自然资源部关于全面开展国土空间规划工作的通知（自然资发〔2019〕87号）［EB/OL］．http：//gi.mnr.gov.cn/201905/t20190530_2439129.html．［2019-5-28］．

［68］新华社．中共中央国务院关于建立国土空间规划体系并监督实施的若干意见（中发〔2019〕18号）［EB/OL］．http：//www.gov.cn/zhengce/2019-05/23/content_5394187.htm．［2019-5-23］．

［69］崔功豪．区域分析与区域规划［M］．2版．北京：高等教育出版社，2006.

[70] 顾朝林，于涛石，刘志虹，等．城市群规划的理论与方法 [J]．城市规划，2007 (10)．

[71] 彭震伟．区域研究与区域规划 [M]．上海：同济大学出版社，1998．

[72] 姚士谋，陈振光，朱英明．中国城市群 [M]．3 版．合肥：中国科学技术大学出版社，2006．

[73] 人民网．长三角：世界级城市群从这里兴起 [EB/OL]．http：//politics. people. com. cn/n1/
2016/0714/c1001-28552703. html．[2016-7-14]．

[74] 王建国．城市设计 [M]．南京：东南大学出版社，2011．

[75] 周海波，朱旭辉，张榜．理想空间 (48) 新城城市设计．上海：同济大学出版社，2011．

[76] 李德华．城市规划原理 [M]．3 版．北京：中国建筑工业出版社，2001．

[77] 胡纹．城市规划概论 [M]．武汉：华中科技大学出版社，2016．

[78] 梁漱溟．往都市去还是到乡村来 [J]．乡村建设，1935．

[79] 费孝通．江村经济 [M]．上海：上海人民出版社，2006．

[80] 方明．新农村社区规划设计研究 [M]．北京：中国建筑工业出版社，2006．

[81] 刘利轩．新时期乡村规划与建设研究 [M]．北京：中国水利水电出版社，2017．

[82] 王宇．生态文明建设中新农村规划设计 [M]．北京：中国水利水电出版社，2017．

[83] 吕宾．加强节地技术和模式的推广应用 [N]．中国国土资源报，2014-10-28 (001)．

[84] 周跃云，赵先超，张旺．长株潭两型社会农村社区建设——技术集成与实践 [M]．西安：西安
交通大学出版社，2017．

[85] 梁印龙，田莉．新常态下农村居民点布局优化探讨与实践——以上海市金山区为例 [J]．上海
城市规划，2016 (04)：42-49．

[86] 刘滨谊，陈威．关于中国目前乡村景观规划与建设的思考 [J]．小城镇建设，2005 (9)：45-47．

[87] 刘黎明，曾磊，郭文华．北京近郊区乡村景观规划方法初探 [J]．农村生态环境，2001，17
(3)：55-58．

[88] 涂海峰，王鹏程，陈曦．"城乡统筹"和"两型社会"背景下新农村规划设计探讨——以湖南省
望城县光明村规划为例 [J]．规划师，2010 (03)．

[89] 杨玲．广东"三规合一"规划实践三阶段——从概念走向实施的"三规合一"规划 [C]．2014
年中国城乡规划年会．

[90] 刘馨月．基于"多规合一"的乡村规划编制研究 [C] //中国城市规划学会．规划 60 年：成就与
挑战——2016 中国城市规划年会论文集．北京：中国建筑工业出版社，2016．

[91] 全国城市规划执业制度管理委员会．城市规划管理与法规 [M]．北京：中国计划出版社，2011．

[92] 中国法制出版社．中华人民共和国城乡规划法·实用版 (2015 新版) [M]．北京：中国法制出
版社，2015．

[93] 耿慧志．城市规划管理教程 [M]．南京：东南大学出版社，2008．

[94] 戴慎志．城市规划与管理 [M]．北京：中国建筑工业出版社，2011．

[95] 冯现学．快速城市化进程中的城市规划管理 [M]．北京：中国建筑工业出版社，2006．

[96] 王国恩．城乡规划管理与法规 [M]．北京：中国建筑工业出版社，2009．